河南省水文观测站及资料系列研究

王增海　原喜琴　杨　新　王择明　朱文升　著

黄河水利出版社

·郑州·

内 容 提 要

本书对河南省境内有正规水文记录以来的水文观测站点及水文资料系列进行了考证,并根据最新资料及规范要求,对水文年鉴中的水文编码、河名、站名、地址、面积、基面、高差改正数等信息进行了订正。根据各水文断面变迁前后的水文特性,对各站点的水文资料系列进行了合并或分裂。

本书主要供工程技术人员进行河南省境内水文资料分析、计算时使用,同时也可供研究河南省境内水文观测站点及站网分布时参考。

图书在版编目(CIP)数据

河南省水文观测站及资料系列研究/王增海等著.—郑州:黄河水利出版社,2012.9
ISBN 978 - 7 - 5509 - 0358 - 6

Ⅰ.①河… Ⅱ.①王… Ⅲ.①水文站 - 研究 - 河南省
②水文资料 - 研究 - 河南省 Ⅳ.①P336.261 ②P337.261

中国版本图书馆 CIP 数据核字(2012)第 219174 号

组稿编辑:王路平 电话:0371 - 66022212 E-mail:hhslwlp@126.com

出 版 社:黄河水利出版社
　　　　地址:河南省郑州市顺河路黄委会综合楼 14 层 邮政编码:450003
发行单位:黄河水利出版社
　　　　发行部电话:0371 - 66026940、66020550、66028024、66022620(传真)
　　　　E-mail:hhslcbs@126.com
承印单位:河南地质彩色印刷厂
开本:787 mm×1 092 mm 1/16
印张:10.5
字数:340 千字　　　　　　　　　　　　　印数:1—1 000
版次:2012 年 9 月第 1 版　　　　　　　　　印次:2012 年 9 月第 1 次印刷

定价:80.00 元

前　言

　　河南省1919年第一次有正规水文资料记录,1950年开始按流域整理刊印水文资料,1955年实行水文年鉴卷册刊印。河南省横跨长江、淮河、黄河、海河四大流域,水文年鉴卷册较多,资料刊印比较分散。几十年来,水文年鉴卷册刊印范围和内容多次调整,观测断面的停止、恢复、迁移等,给水文资料的查找、使用带来了困难。

　　本书采用表格的形式,根据测站所属流域及河道,按水文编码顺序,对河南省境内的水文站点、雨量站点进行了认真的系统分析,对水文测站隶属领导机关变动、水文年鉴卷册划分等原因造成的同一站点资料进行了归纳,对水文年鉴内的河名、站名、集水面积、经纬度、水文编码的错误进行了更正。

　　本书对水文站点的撤销、恢复观测、停止观测、断面迁移现象以及站别变动等造成资料的不连续原因进行了注明,对测验位置迁移前后的基面情况进行了分析。根据规范规定,水文特性发生变化的,按新断面资料系列处理,对水文特性相同的资料进行了合并,延长了迁站前后测站资料系列。

　　本书对各站存在的高程基面进行了考证,对刊印错误的基面名称、高差改正数进行了订正,方便了资料的使用。

　　本书第一次全面地反映了河南省境内有水文记录以来水文站网变化的研究成果,是最权威的河南省境内的水文资料系列的查找工具。

　　本书由王增海、原喜琴、杨新、王择明、朱文升著。在本书的编写过程中,王红燕、崔亚军、刘航、贺旭东、马松根、王少平、张志松、靳永强、赵轩府、韩庚申、郭有明、梁维富、焦迎乐、林承道提供了帮助,在此表示感谢。

　　由于作者水平有限,本书不足之处在所难免,希望读者批评指正。

作　者

2012年6月

前　言

目　录

一、资料说明

河南省横跨长江、淮河、黄河、海河四大流域,1919 年开始有正规记录的水文资料,1950 年开始对历史积存的水文资料进行了系统的整编,并按测验项目分册刊印。1955 年开始水文卷册划分,当年资料次年按卷册刊印。期间,资料的刊印格式及内容多次变动,卷册范围也多次变化。1987 年起水文年鉴逐步停刊,1991 年水文年鉴全部停刊。2001 年全国重点地区的水文年鉴开始恢复刊印,2006 年水文年鉴全部恢复刊印。

按 2010 年《水文年鉴汇编刊印规范》划分,全国共划分 10 卷 75 册 84 本,共有 18 个水系(分区)。其中,河南省水文资料刊布在 10 册 11 本水文年鉴内,见表 1。

表 1 河南省河流水系(分区)代码表

流域名称及代码		水系名称及代码		水文年鉴卷册	资料汇编单位
海河	3	10	南运河	3 卷 6 册	河南省水文水资源局
		11	徒骇马颊河、德惠新河	3 卷 7 册	山东省水文水资源勘测局
黄河	4	01	黄河干流	4 卷 5 册	黄河水利委员会河南水文水资源局
		09	黄河中游区下段	4 卷 4 册	黄河水利委员会中游水文水资源局
		14	黄河下游区	4 卷 5 册	黄河水利委员会河南水文水资源局
		16	伊洛河	4 卷 6 册	黄河水利委员会河南水文水资源局
		17	沁河	4 卷 5 册	黄河水利委员会河南水文水资源局
淮河	5	01	淮河干流	5 卷 1 册	河南省水文水资源局
		02	淮河上游区	5 卷 1 册	河南省水文水资源局
		03	洪河	5 卷 1 册	河南省水文水资源局
		04	淮河中游区	5 卷 2 册	安徽省水文局
		05	史河	5 卷 2 册	安徽省水文局
		06	颍河	5 卷 1 册	河南省水文水资源局
		08	涡河	5 卷 3 册	安徽省水文局
		09	洪泽湖	5 卷 3 册	安徽省水文局
		12	运泗河及南四湖	5 卷 6 册	山东省水文水资源勘测局
长江	6	19	汉江中游区	6 卷 15 册	长江水利委员会水文局
		20	丹江、唐白河	6 卷 15 册	长江水利委员会水文局

随着计算机的普及使用，水文资料的查找手段由人工摘抄水文年鉴改为水文数据库直接调取。虽然方便了查阅，但必须熟悉历史上各流域的水文站网分布以及水文站点的变迁，才能查到符合工程设计要求的水文资料，否则查找到的资料可能代表性差或不符合设计要求。

由于我省水文年鉴受四个流域处理数据差异的影响，其个别成果表要求也不相同。本次主要根据流域、水系、河名、站名、断面地址、站别、设立日期、经纬度、基面名称、冻结基面与绝对基面高差改正数等项目的变动对测站资料产生的影响进行考证，以供全面了解我省水文站网及水文系列的历史资料情况，方便查询。

水文站在《水文测站代码编制导则》中指"为经常收集水文数据而在河渠、湖、库上或流域内设立的各种水文观测场所的总称"。因为水文站有管理一个水文测验断面的，有管理几个水文测验断面的，所以这里指的是一个行政管理单位，是广义的水文站。平时我们讲的水文站资料，指的是狭义的水文站，即具体的水文测验断面。本次按水文测验断面位置分析研究，所称水文站是指某一水文测验断面。

为了本书水文站点内容查询方便，本次水文站编排原则为：一、按流域编码大小排列，如海河流域、黄河流域、淮河流域、长江流域；二、各流域内按水系编码大小顺序排列，即按照水文测验断面的水文编码排列。

下面对水文系列资料存在的问题以及本次改正、处理问题的方法进行简单说明，以便在查找、使用资料时注意。

一、站名

站名指的是收集水文资料的某测验断面的名称。一般用地名命名，如漯河水文站、周口水文站等。当测验断面上下迁移，但迁移前后的资料系列仍是一个系列时，其站名加数字后缀区分，如周口水文站测验断面下迁 700 m 到周口（二）水文站。当同一个地方有多个水文断面时，站名后面加地址后缀区分，如周口（二）、周口（贾鲁河闸上）、周口（颍河闸上），分别表示周口断面位置在颍河、贾鲁河闸上、颍河闸上的三个断面。

站名变化表示收集水文资料的位置发生了变动，位置变动对系列资料的影响较大，是我们本次研究的一个重点。其主要变化有下面几种情况：

（1）虽然断面发生了变动，不影响资料系列时，前后仍采用同一站名、编码。石漫滩水文站（水库站）1951 年设立，1975 年冲毁，1975 年在原址建立石漫滩水文站（河道站），1980 年下迁 5 km，设立滚河李水文站（河道站），1997 年在冲毁前同位置恢复石漫滩水库，虽然水位资料系列发生了变化，但考虑流量资料一致，水库站以流量资料为主，并且也没有更好的命名方法，所以在原址恢复的水文站，只能用原来的站名"石漫滩水文站"。

（2）改正不合理站名。如玄武水文站是涡河上的一个控制断面，建在鹿邑县玄武镇孟村。此断面迁移时站名可以命名为玄武（一）水文站。涡河支流白沟河上有一个断面，是涡河通过白沟河向外引水的一个断面，地址在鹿邑县玄武镇时口村，属玄武水文站管理。站名玄武（一）水文站明显不符合规范要求，将来影响玄武水文站迁移。所以，白沟河上的水文站改为时口水文站，水文编码不变。

（3）冗余的站名，如新村水文站于 1952 年设立，一直在基本断面处观测水位、测流量，1996 年在断面处建一水坝，受回水的影响，基本断面测流困难，全年大部分时间都在基上 1 000 m 处测流，并增加一组水位。当时为了计算机整编资料方便，基上 1 000 m 断面处还增加了水文编码，刊印流量资料，同时基本断面刊印水位资料。本次考虑到这样处理割裂了流量资料系列，给资料的使用造成了不便，所以这次撤销 1 000 m 处流量的站名及编码，资料全部整理到基本断面，延长了资料系列。

1970年以后,随着工农业用水的增加,引水渠过水量一般比主河道下泄水量还多。为了计算水量,当时用一个虚拟的堰闸总断面来反映各个断面总水量,但个别站用总断面摘录表代替河道下泄洪水要素摘录表,造成了资料的混乱。考虑到各断面资料已反映了基本情况,所以堰闸总断面站名及资料本次不再保留,所有摘录表资料重新计算,恢复堰闸下泄洪水过程。

(4)前后不一致的站名。由于我省横跨四大流域,各流域对一些虚拟断面名称要求不一样,有的前后时段的叫法也不一样。本次我们也尽量统一。如水库各断面出库总流量,有的是"某某水库",有的是"某某水库(总量)",有的是"某某水库(出库总量)"等,我们这次采用"某某水库(出库总量)"。

《水文资料整编规范》要求水文站名确定后,测验位置未移动,站名不改变。如1950年前,商水县周家口镇周家口水文站,1955年后为商水县周口水文站,周口市周口水文站,周口市川汇区周口水文站,地址名称变动,位置没变,站名一直不改,即周口水文站。

实际工作中也有未执行规范的特殊变动情况,如原赵礼庄水文站,1960年设立,位置在济源县赵礼庄,1998年因行政区划变动,改为济源水文站,断面位置没有迁移,水文资料系列无变化,给人造成新设测站假象。本次采用济源水文站站名,水文编码不变,另加说明。

二、水文编码

水文编码是计算机存储、查询水文数据的主要依据。水文测验断面一个编码系统,降水、蒸发站一个编码系统,统称水文编码。

水文编码共八位数字码,共分四部分。第一部分1位,表示流域代码,河南省境内有四大流域,其中3表示海河,4表示黄河,5表示淮河,6表示长江。第二部分2位,表示流域水系代码。第三部分1位,表示站别代码(0~1表示水文站,2以上数字表示降水、蒸发站)。第四部分4位,表示顺序码。如50601300,淮河流域颍河水系周口水文站;50633400,淮河流域颍河水系周口雨量蒸发站。

水文编码原则:根据测站位置,采用"自上而下,先干后支,先右后左,顺时针方向"的方法编排,上下站间隔步长100,为断面的上下迁移或新设站预留,并符合下列要求:

一般河流,可自河源向下编排,遇有支流,加入编排。

遇有两河汇为一河的情形,应按一般习惯,选定此两河之一作为河源,再按上述方法编排站次。如无习惯可循,即选择其中较大的一支作为河源。

降水、蒸发站编码原则:根据每条河道在水系中的位置,采用"自上而下,逢支插入"的排序原则,按每站间隔步长50的方法编排。

1988年全省第一次进行水文编码,由于对水文编码认识不够,经验不足,加上1990~2005年水文年鉴停刊,各个汇编单位沟通不够,所以存在的问题一直没有得到解决。

(1)遗漏的断面,本次进行了补充。例如第一次进行水文编码时,周堂桥水文站没有编码,本次进行了补充。

(2)编码错误,本次进行了改正。如淮河流域运河水系的东坝头等6处雨量站所处位置的水系不太明显,1988年编码为涡河水系50824740~50826950,本次对错误进行了更正,改为运河水系51232160~51232580。

(3)编码重复,本次作了调整,如2006年以前海河流域硝河东大城、湾子、甘庄站雨量站等原测站编码为31025275、31025270、31025260,与河北省降水、蒸发站编码重复。根据《水文资料整编规范》要求,经与河北省协商,改为31025410、31025420、31025430。

三、水系、河名、流入何处

历史上同一河流,在不同的历史阶段或地区称呼不同,以最新全国水利普查的河名为准;已撤销的站,以最后一次水文年鉴刊印考证资料为准,对有明显错误的进行改正。表中流入何处无法考证的,如个别引水渠的灌溉用水,没有流向的以空白代替。

(1)跨流域河道的处理。人民胜利渠为引黄灌渠,源头在黄河上,出黄河大堤流入海河流域的卫河,秦厂水文站是控制站,原水文编码为41402200,建在黄河滩内,1999年原秦厂断面迁出黄河滩,建在海河流域,为何营水文站,改为海河流域资料,水文编码改为31005455。如果用原站名及水文编码已不合适,但还是同一个水文资料系列,本次进行了说明。

(2)河名错误,本次进行了改正。如郑阁雨量站51232520,原河名为黄河故道,经上、下游分析,应为废黄河。

(3)水库站断面比较多,比如溢洪道、灌溉洞等,每个断面的河名采用所在位置的水道名,如河名"溢洪道",断面名称"板桥(溢洪道)",表示测验断面位置在溢洪道上。又如河道引水渠闸,闸上、下游水位相差太大,闸上游资料的河道名应采用主河道的河名,闸下游资料河道名断面河名应采用渠道名字,否则河名与断面真实水位矛盾。

(4)河水流入何处,填上级河名,不能确定流向的以空白代替,如灌渠的灌溉引水、浇地下渗、流入何处以空白代替等。

四、站别、变动原因、日期

(1)站别指设站收集资料的目的,一般有专用站、实验站、水位站、水文站、降水量站、蒸发站。

(2)变动原因、日期主要指设立、撤销、迁移、停测、恢复、改基面、变改正数、改站名、改站别等发生的日期。

水文年鉴内刊印的水文断面的"撤销"与"停测",是一个含糊的相对的概念,比如某断面某年刊印为撤销,但过一段时间后这个测验断面又开始观测资料了,本次把"撤销"改为"停测"处理。又如某断面注明停测,但几十年来一直就没资料,本次按撤销处理。因此,本次考证按实际情况填写,有的与年鉴内的说明不一致。

某一观测站点,某年以后水文年鉴内没有说明停测或撤销,但一直查不到资料,站点已不存在,本次根据水文年鉴上有资料的次年按撤销站点处理。

(3)年鉴内有些断面的设立年份有几个,本次考证以年鉴中第一次出现资料的年份为准,如年鉴内显示某站1958年设立,但1963年开始刊印资料,为了与水文年鉴资料保持一致,本次考证确定本站设立日期为1963年。

恢复、迁移的前后断面为一个系列资料使用时,以第一次收集资料年份为设立日期,否则按新设站处理。

(4)本次对资料产生影响的变动日期进行了说明。如上下迁移、撤销、设立等。对资料无影响的,如领导机关变动、行政区划变动、经纬度订正等情况不进行考证。

五、基面名称及高差

基面名称及高差是本次考证工作的重点,我省历史上使用的有黄海、1985年国家高程基准、大沽、废黄河口、吴淞等。没有与以上基面接测的测站,采用假定基面、测站基面。

1954年前，水位资料刊布的是某基面的绝对高程，自1955年起按照原水利部指示，水位资料刊布高程一律把1954年所刊布的基面作为"测站基面"，1960年根据《水文测验暂行规范》改称为"冻结基面"，其后新设测站基面一经采用，亦随即冻结。如遇水准网平差，或原引测高程有误或假定基面引测为绝对基面，或绝对基面变更等，其差值均在逐日平均水位表右上角的"冻结基面高程"栏内标注，无差异者注以"0.000"，在使用历年资料时只要将1955年以来各年所刊布的水位高程，加上最近年份刊布的逐日平均水位表"冻结基面高程"栏的数值，即可换算为所示绝对基面以上的水位高程，其目的在于保持逐年水位资料的连续性，便于使用。对于1955年以前的水位资料，如需要换算为同一基面以上的高程，可查阅附录资料所列各站逐年刊布水位资料时所应用基面，换算改正数。

《水文资料整编规范》规定逢0、5年份要测量校核水准点，在使用同一基面资料时，以所采用的最后一次高差为准。本次对1990年以后我省所属各断面因测量误差等原因造成高差变动的，认真进行了考证。

六、经纬度、断面地址

水文测站地址、经纬度不作为独立的考证项目，当水文站名变化、测验断面迁移或基面高程发生变动时，相应进行地址、经纬度考证。

经纬度以最新的水文年鉴资料为准，本次对以前存在的错误进行了改正。已撤销的站点以撤销时刊印的成果为准，未刊布经纬度的，空白。

虚拟断面的经纬度不存在的，空白。

水文测站地名因行政区划多次变更，一般按水文年鉴当年刊印的地名为准。资料有明显错误的，进行改正。2000年以后资料按省、市（县）、乡、村四级填写，并以最新的行政区划为主，如周口水文站，地名先后有商水县周家口镇、淮阳县周口镇、周口市，现在是周口市川汇区。对2000年前地址不是四级行政区划的，不再改写。

七、集水面积、至河口距离

水库站的集水面积标注在出库总量断面上，至河口距离标注在坝上断面。堰闸站上、下游两个断面面积，至河口距离标注在流量断面位置上。

（1）本项（如水库各分断面面积、灌溉渠道断面距河口距离等）不能确定的，空白。当断面上下迁移，集水面积未重新测量时，仍采用原面积，本次没有改正。

（2）断面集水面积以前刊印错误的、不合理的，本次进行了改正。如南运河水系合河（卫）、合河（共）两断面合计集水面积为4 061，以前两断面分别刊印为4 061，因两断面面积无法分开计算，所以本次两断面集水面积空白，加以说明。

水文年鉴因站点撤销无法考证，或存在不合理情况的，本次只能加以注明，保留原数据，待以后补充。

部分测验断面的资料一直未刊印，为了全面反映我省水文站点情况，保持水文编码的连续、完整，本次也刊印出来。对发现的资料交代不清、前后矛盾、数据印刷错误的，本次进行了改正。

本次因各个流域的资料标准存在差异，资料刊印卷册较分散，研究的资料系列较长，站点较多，如在使用时发现问题，请与我们联系，以便再版时更正。

二、水文测站

海河流域水位、水文站沿革表

序号	测站编码	水系	河名	站名	日期 年	日期 月	变动原因	站别	冻结基面与绝对基面高差（m）	绝对或假定基面名称	断面地点	坐标 东经	坐标 北纬	至河口距离（km）	集水面积（km²）	附注
1	31003400	南运河	卫河	合河	1933	11	设立				河南省新乡县合河乡后贾村	113°48′	35°17′			
2	31003400	南运河	卫河	合河	1937	1	撤销									
3	31003400	南运河	卫河	合河	1952	7	恢复	水位		假定	河南省新乡县合河乡后贾村	113°48′	35°17′		2 450	
4	31003400	南运河	卫河	合河	1954	4	面积重新计算	水文		假定	河南省新乡县合河乡后贾村	113°48′	35°17′		3 450	
5	31003400	南运河	卫河	合河（卫）	1955	6	建立主流、分流断面	水文		假定	河南省新乡县合河乡后贾村	113°48′	35°17′			注1
6	31003400	南运河	卫河	合河（卫）	1964		改基面	水文	0.000	大沽	河南省新乡县合河乡后贾村	113°48′	35°17′			
7	31003400	南运河	卫河	合河（卫）	1976		改基面	水文	−0.701	黄海	河南省新乡县合河乡后贾村	113°48′	35°17′			
8	31003500	南运河	卫河	新乡	1951		设立	水文			河南省新乡市解放桥	113°53′	35°19′			
9	31003500	南运河	卫河	新乡	1952		迁移,相对位置不明	水文			河南省新乡县牧野村	113°53′	35°19′		3 460	
10	31003500	南运河	卫河	新乡	1955		集水面积变动	水文			河南省新乡县牧野村	113°53′	35°19′		3 850	
11	31003500	南运河	卫河	新乡	1963		撤销									
12	31003600	南运河	卫河	汲县	1919		设立	水文			河南省汲县纸坊村	114°04′	35°24′			
13	31003600	南运河	卫河	汲县			停测									
14	31003600	南运河	卫河	汲县	1954	6	恢复	水文			河南省汲县纸坊村	114°04′	35°24′			
15	31003600	南运河	卫河	汲县	1964		改基面	水文	0.000	大沽	河南省汲县纸坊村	114°04′	35°24′		5 050	
16	31003600	南运河	卫河	汲县	1976	1	改基面	水文	−2.153	黄海	河南省汲县纸坊村	114°04′	35°24′		5 050	
17	31003600	南运河	卫河	汲县（二）	1993	6	上迁2.5 km,改站名	水文	−2.153	黄海	河南省卫辉市城郊乡下园村	114°04′	35°24′			
18	31003700	南运河	卫河	淇门	1933		设立				河南省浚县李庄					
19	31003700	南运河	卫河	淇门	1936		停测									
20	31003700	南运河	卫河	淇门	1951	7	恢复	汛期水位			河南省浚县淇门	114°17′	35°33′		8 980	

序号	测站编码	水系	河名	站名	日期 年	日期 月	变动原因	站别	冻结基面与绝对基面高差（m）	绝对或假定基面名称	断面地点	坐标 东经	坐标 北纬	至河口距离（km）	集水面积（km²）	附注
21	31003700	南运河	卫河	淇门	1951	10	改站别	水位			河南省浚县淇门	114°17′	35°33′		8 980	
22	31003700	南运河	卫河	淇门	1952	6	下迁1.2 km	水文			河南省浚县李庄	114°17′	35°33′		8 980	
23	31003700	南运河	卫河	淇门	1965		改基面	水文	0.000	大沽	河南省浚县李庄	114°17′	35°33′	242	8 980	
24	31003700	南运河	卫河	淇门	1970		改集水面积	水文	0.000	大沽	河南省浚县李庄	114°17′	35°33′	242	8 724	面积刊为8 427
25	31003700	南运河	卫河	淇门	1973		改经纬度	水文	0.000	大沽	河南省浚县李庄	114°18′	35°33′	242	8 724	
26	31003700	南运河	卫河	淇门	1976		改经纬度	水文	0.000	大沽	河南省浚县李庄	114°18′	35°30′	242	8 724	
27	31003700	南运河	卫河	淇门	1983		改基面	水文	−0.670	黄海	河南省浚县李庄	114°18′	35°30′	242	8 724	
28	31003700	南运河	卫河	淇门	2002		改基面	水文	−0.639	85基准	河南省浚县李庄	114°18′	35°30′	242		注2
29	31003701	南运河	长虹渠	淇门（坝上）	1956	6	设立	水文		大沽	河南省浚县李庄	114°17′	35°33′		8 980	
30	31003701	南运河	长虹渠	淇门（坝上）	1964		停测									注3
31	31003702	南运河	长虹渠	淇门（坝下）	1956	6	恢复，改站名	水位		大沽	河南省浚县李庄	114°17′	35°33′		8 980	
32	31003702	南运河	长虹渠	淇门（坝下）	1964		撤销									
33	31003740	南运河		牛庄	1987	1	长虹渠滞洪区汛期水位站	水位			河南省滑县	114°22′	35°31′			注4
34	31003760	南运河		牛寨	1988	1	长虹渠滞洪区汛期水位站	水位			河南省浚县	114°24′	35°34′			注4
35	31003800	南运河	长虹渠	道口	1956	5	设立	水文	0.000	大沽	河南省滑县河西街村	114°36′	35°30′			注5
36	31003800	南运河	长虹渠	道口	1958	5	量算面积	水文	0.000	大沽	河南省滑县河西街村	114°36′	35°30′		9 720	
37	31003800	南运河	长虹渠	道口	1965		撤销									
38	31003801	南运河	北干河	道口（闸上）	1962	6	设立	水位	0.000	大沽	河南省滑县河西街村	114°36′	35°30′		980	
39	31003801	南运河	北干河	道口（闸上）	1964	6	上迁1.5 km	水位	0.000	大沽	河南省滑县河道口村	114°36′	35°30′		980	
40	31003801	南运河	北干河	道口（二）	1965	5	道口（闸上）站上迁170 m至此	水位	0.000	大沽	河南省滑县河道口村	114°36′	35°30′		980	
41	31003801	南运河	北干河	道口（二）	1971		撤销									
42	31003802	南运河	北干河	道口（闸下）	1962	6	设立	水文	0.000	大沽	河南省滑县河道口村	114°36′	35°30′		980	
43	31003802	南运河	北干河	道口（闸下）	1964		撤销									

序号	测站编码	水系	河名	站名	日期 年	日期 月	变动原因	站别	冻结基面与绝对基面高差（m）	绝对或假定基面名称	断面地点	坐标 东经	坐标 北纬	至河口距离（km）	集水面积（km²）	附注
44	31003850	南运河	卫河	浚县	1951	7	设立	水位	0.000	大沽	河南省浚县西关	114°31′	35°42′			
45	31003850	南运河	卫河	浚县	1954	7	改站别	水文	0.000	大沽	河南省浚县西关	114°31′	35°40′		9 860	
46	31003850	南运河	卫河	浚县	1957		停测									
47	31003900	南运河	卫河	老观嘴	1962		设立	水文	0.000	假定	河南省汤阴县瓦礓村	114°35′	35°50′	182	10 496	
48	31003900	南运河	卫河	老观嘴	1963		改站别	水位	0.000	假定	河南省汤阴县瓦礓村	114°35′	35°50′	182	10 496	
49	31003900	南运河	卫河	老观嘴	1964	1	改站别	水文	0.000	假定	河南省汤阴县瓦礓村	114°35′	35°50′	182	10 496	
50	31003900	南运河	卫河	老观嘴	1970		改集水面积	水文	40.441	黄海	河南省汤阴县瓦礓村	114°35′	35°50′	182	9 393	
51	31003900	南运河	卫河	老观嘴	1983		撤销									
52	31003910	南运河	卫河	五陵	1983	1	设立，老观嘴下迁2.5 km至此	水文	40.441	黄海	河南省汤阴县五陵镇五陵村	114°35′	35°51′	179	9 393	
53	31003910	南运河	卫河	五陵	1985		变改正数	水文	40.523	黄海	河南省汤阴县五陵镇五陵村	114°35′	35°51′	179	9 393	
54	31003910	南运河	卫河	五陵	2002		改基面	水文	40.412	85基准	河南省汤阴县五陵镇五陵村	114°35′	35°51′	179	9 393	
55	31004000	南运河	卫河	西元村	1952	6	设立	水位	0.000	假定	河南省内黄县西元村	114°44′	35°55′		10 100	
56	31004000	南运河	卫河	西元村	1955		改面积、经纬度和站别	水文	0.000	假定	河南省内黄县西元村	114°44′	35°57′		11 200	
57	31004000	南运河	卫河	西元村	1957	1	下迁3.5 km	水文	0.000	假定	河南省内黄县大渡村	114°44′	35°57′		11 200	
58	31004000	南运河	卫河	西元村	1970		改基面、面积和站别	水文	36.147	黄海	河南省内黄县大渡村	114°44′	35°57′		11 169	
59	31004000	南运河	卫河	西元村（二）	1982	5	上迁1.8 km	水位	36.147	黄海	河南省内黄县高堤乡五营村	114°44′	35°58′	153	11 169	
60	31004000	南运河	卫河	西元村（二）	2001		变改正数	水位	35.906	黄海	河南省内黄县高堤乡五营村	114°44′	35°58′	153	11 169	
61	31004050	南运河	硝河	内黄	1982		设立	水文	0.000	假定	河南省内黄县城关镇	114°54′	35°57′		394	断面未过水
62	31004100	南运河	卫河	楚旺	1951		设立	水文	0.000	大沽	河南省内黄县王庄	114°53′	36°05′		14 410	
63	31004100	南运河	卫河	楚旺	1953		改集水面积	水文	0.000	大沽	河南省内黄县王庄	114°53′	36°05′		14 400	
64	31004100	南运河	卫河	楚旺	1960	5	撤销									
65	31004100	南运河	卫河	北善村	1960	5	楚旺站下迁7.0 km至此	水文	0.000	大沽	河北省魏县北善村	114°53′	36°05′		14 400	
66	31004100	南运河	卫河	北善村	1965	1	变改正数	水文	0.012	大沽	河北省魏县北善村	114°53′	36°05′		14 400	

序号	测站编码	水系	河名	站名	日期 年	月	变动原因	站别	冻结基面与绝对基面高差（m）	绝对或假定基面名称	断面地点	坐标 东经	北纬	至河口距离（km）	集水面积（km²）	附注
67	31004100	南运河	卫河	楚旺	1965	6	北善村站上迁7.0 km,改站名	水文	0.000	大沽	河南省内黄县王庄	114°53′	36°05′		14 400	
68	31004100	南运河	卫河	楚旺	1970		改集水面积	水文	0.000	大沽	河南省内黄县王庄	114°53′	36°05′		13 481	
69	31004100	南运河	卫河	楚旺	1979	1	撤销									
70	31004300	南运河	卫河	元村集	1979	1	楚旺下迁20 km至此	水文	0.000	黄海	河南省南乐县元村集	115°03′	36°07′	112	14 286	
71	31004500	南运河	卫河	北张集	1959	6	设立	水文	0.000	大沽	河南省南乐县北张集	115°08′	36°02′			注6
72	31004500	南运河	卫河	北张集	1962	6	下迁500 m并改经纬度	水文	0.000	大沽	河南省南乐县北张集	115°09′	36°12′			
73	31004500	南运河	卫河	北张集	1963		撤销									
74	31004750	南运河	沙河	羊圈	1956	4	设立	水文	0.000	假定	河南省博爱县羊圈村	113°06′	35°20′			
75	31004750	南运河	沙河	羊圈	1960	7	撤销									
76	31004750	南运河	沙河	孤山	1960	7	羊圈站上迁7.5 km至此	水文	0.000	假定	河南省焦作市孤山村	113°06′	35°20′			
77	31004750	南运河	沙河	孤山	1965	1	撤销									
78	31004900	南运河	新河	修武	1956	6	设立	汛期水位	0.000	假定	河南省修武县城关村					注7
79	31004900	南运河	新河	修武	1957	4	改站别	水文	0.000	假定	河南省修武县城关村					
80	31004900	南运河	新河	修武	1959		下迁2.0 km	水文	0.000	假定	河南省修武县大堤屯					
81	31004900	南运河	新河	修武	1960	12	下迁400 m	水文	0.000	假定	河南省修武县大堤屯	113°25′	35°13′			
82	31004900	南运河	新河	修武	1961		改基面	水文	0.000	黄海	河南省修武县大堤屯	113°25′	35°13′		1 054	
83	31004900	南运河	新河	修武	1964		改集水面积	水文	0.000	黄海	河南省修武县大堤屯	113°25′	35°13′		1 050	
84	31004900	南运河	新河	修武	1965		变改正数	水文	−0.027	黄海	河南省修武县大堤屯	113°25′	35°13′		1 050	
85	31004900	南运河	新河	修武	1966		改集水面积	水文	−0.027	黄海	河南省修武县大堤屯	113°25′	35°13′		1 287	
86	31004900	南运河	新河	修武	1970		变改正数	水文	−0.036	黄海	河南省修武县大堤屯	113°25′	35°13′		1 287	
87	31004900	南运河	新河	修武	1976		变改正数	水文	−0.101	黄海	河南省修武县大堤屯	113°25′	35°13′		1 287	
88	31004900	南运河	新河	修武	2005		改基面	水文	−0.154	85基准	河南省修武县大堤屯	113°27′	35°16′		1 287	
89	31005050	南运河	山门河	白庄	1956	4	设立	水文	0.000	假定	河南省修武县白庄村	113°20′	35°13′		171	

序号	测站编码	水系	河名	站名	日期 年	日期 月	变动原因	站别	冻结基面与绝对基面高差（m）	绝对或假定基面名称	断面地点	坐标 东经	坐标 北纬	至河口距离（km）	集水面积（km²）	附注
90	31005050	南运河	山门河	白庄	1966		撤销									
91	31005100	南运河	峪河	峪河口	1954	7	设立	水文	0.000	假定	河南省辉县铁匠庄	113°26′	35°29′		625	注8
92	31005100	南运河	峪河	峪河口	1954	9	下迁300 m	水文	0.000	假定	河南省辉县铁匠庄	113°26′	35°29′		625	
93	31005100	南运河	峪河	峪河口	1955	5	下迁1.0 km	水文	0.000	假定	河南省辉县铁匠庄	113°26′	35°29′		625	
94	31005100	南运河	峪河	峪河口	1965		改集水面积	水文	0.000	假定	河南省辉县铁匠庄	113°26′	35°29′		558	
95	31005100	南运河	峪河	峪河口	1970		改基面	水文	54.989	黄海	河南省辉县铁匠庄	113°26′	35°29′		558	
96	31005100	南运河	峪河	峪河口	1998		撤销									
97	31005110	南运河	峪河	宝泉水库（坝上）	1998	1	峪河口上迁3.5 km，改水库站	水文	-0.083	85基准	河南省辉县市薄壁镇宝泉水库	113°26′	35°29′			
98	31005115	南运河	峪河	宝泉水库（溢洪道）	1998	1	设立	水文	-0.083	85基准	河南省辉县市薄壁镇宝泉水库	113°26′	35°29′			
99	31005120	南运河	干渠	宝泉水库（干渠）	1998	1	设立	水文	-0.083	85基准	河南省辉县市薄壁镇宝泉水库	113°26′	35°29′			
100	31005130	南运河	上干渠	宝泉水库（上干渠）	1998	1	设立	水文	-0.083	85基准	河南省辉县市薄壁镇宝泉水库	113°26′	35°29′			
101	31005150	南运河	峪河	宝泉水库（出库总量）	1998	1	设立								538	
102	31005200	南运河	石门河	石门水库（坝上）	1975	6	上八里上迁4.0 km，改水库站	水文	0.000	黄海	河南省辉县石门水库	113°35′	35°54′		132	
103	31005200	南运河	石门河	石门水库（坝上）	1976		变改正数	水文	-0.312	黄海	河南省辉县石门水库	113°35′	35°54′		132	
104	31005200	南运河	石门河	石门水库（坝上）	1985		改站别	水位	-0.312	黄海	河南省辉县石门水库	113°35′	35°54′		132	
105	31005201	南运河	石门河	石门水库（溢洪道）	1975	6	设立	水文	0.000	黄海	河南省辉县石门水库	113°35′	35°54′			
106	31005202	南运河	石门河	石门水库（电干渠）	1975	6	设立	水文	0.000	黄海	河南省辉县石门水库	113°35′	35°54′			
107	31005203	南运河	石门河	石门水库（英雄渠）	1975	6	设立	水文	0.000	黄海	河南省辉县石门水库	113°35′	35°54′			注10
108	31005250	南运河	石门河	上八里	1971		设立	水文	0.000	黄海	河南省辉县上八里村	113°39′	35°32′			注9
109	31005250	南运河	石门河	上八里	1975	6	撤销，上迁至石门水库									
110	31005251	南运河	石门河	上八里（东干）	1971		设立	水文	0.000	黄海	河南省辉县上八里村	113°39′	35°32′			
111	31005251	南运河	石门河	上八里（东干）	1975		撤销									

序号	测站编码	水系	河名	站名	日期 年	日期 月	变动原因	站别	冻结基面与绝对基面高差（m）	绝对或假定基面名称	断面地点	坐标 东经	坐标 北纬	至河口距离（km）	集水面积（km²）	附注
112	31005252	南运河	石门河	上八里（西干）	1971		设立	水文	0.000	黄海	河南省辉县上八里村	113°39′	35°32′			
113	31005252	南运河	石门河	上八里（西干）	1975		撤销									
114	31005253	南运河	石门河	上八里（柳叶泉）	1971		设立	水文	0.000	黄海	河南省辉县上八里村	113°39′	35°32′			
115	31005253	南运河	石门河	上八里（柳叶泉）	1975		撤销									
116	31005254	南运河	石门河	上八里（英雄渠）	1971		设立	水文	0.000	黄海	河南省辉县上八里村	113°39′	35°32′			
117	31005254	南运河	石门河	上八里（英雄渠）	1975		撤销									
118	31005300	南运河	黄水河	东花木	1966	6	设立	水文	0.000	黄海	河南省辉县东花木	113°42′	35°27′		218	
119	31005300	南运河	黄水河	东花木	1971		撤销									
120	31005400	南运河	西孟姜女河	路庄	1964		设立	水文	0.000	大沽	河南省新乡八里营	113°50′	35°17′		167	注11
121	31005400	南运河	西孟姜女河	路庄	1966		撤销									
122	31005400	南运河	西孟姜女河	八里营	1972	7	设立	水文	0.000	大沽	河南省新乡八里营	113°50′	35°17′		167	注12
123	31005400	南运河	西孟姜女河	八里营	1976		改基面	水文	0.921	黄海	河南省新乡八里营	113°50′	35°17′		167	
124	31005400	南运河	西孟姜女河	八里营	1995		变改正数	水文	0.082	黄海	河南省新乡八里营	113°50′	35°17′		167	
125	31005401	南运河	四支排渠	八里营（四支）	1991		设立	水文	0.000	假定	河南省新乡八里营	113°50′	35°17′		45.8	
126	31005402	南运河	西孟姜女河	八里营（二）	1996	7	下迁1.5 km并改站名	水文	0.082	黄海	河南省新乡市平原乡八里营村	113°50′	35°17′		167	
127	31005402	南运河	西孟姜女河	八里营（二）	2000	1	改基面	水文		85基准	河南省新乡市平原乡八里营村	113°50′	35°17′		167	
128	31005450	南运河	人民胜利渠	秦厂	1981	10	设立	水文	0.000	黄海	河南省武陟县秦厂村	113°31′	35°00′			
129	31005450	南运河	人民胜利渠	秦厂	1995		变改正数	水文	−0.101	黄海	河南省武陟县秦厂村	113°31′	35°00′			
130	31005450	南运河	人民胜利渠	秦厂	1999	1	撤销									
131	31005455	南运河	人民胜利渠	何营	1999	1	秦厂水文站下迁7.5 km至此	水文	0.000	85基准	河南省武陟县詹店镇何营	113°35′	35°01′			
132	31005460	南运河	人民胜利渠	饮马口	1981	10	设立	水文	0.000	黄海	河南省新乡市饮马口村	113°54′	35°19′			
133	31005460	南运河	人民胜利渠	饮马口	1994	12	上迁90 m，改基面	水文	−0.047	85基准	河南省新乡市饮马口村	113°54′	35°19′			
134	31005500	南运河	沧河	塔岗	1959	5	设立	水文			河南省汲县塔岗村	114°04′	35°48′		232	
135	31005501	南运河	沧河	塔岗水库（坝上）	1965		改站名，有基面	水文	0.000	大沽	河南省汲县塔岗村	114°04′	35°48′		232	

序号	测站编码	水系	河名	站名	日期 年	日期 月	变动原因	站别	冻结基面与绝对基面高差（m）	绝对或假定基面名称	断面地点	坐标 东经	坐标 北纬	至河口距离（km）	集水面积（km²）	附注
136	31005501	南运河	沧河	塔岗水库（坝上）	1966		改经纬度	水文	0.000	大沽	河南省汲县塔岗村	114°04′	35°35′		232	
137	31005501	南运河	沧河	塔岗水库（坝上）	1968		撤销									
138	31005502	南运河	沧河	塔岗水库（渠道）	1959	5	设立	水文		大沽	河南省汲县塔岗村	114°04′	35°48′			
139	31005502	南运河	沧河	塔岗水库（渠道）	1968		撤销									
140	31005503	南运河	沧河	塔岗水库（溢洪道）	1959	5	设立	水文		大沽	河南省汲县塔岗村	114°04′	35°48′			
141	31005503	南运河	沧河	塔岗水库（溢洪道）	1968		撤销									
142	31005600	南运河	淇河	土圈	1954	7	设立	水文		假定	河南省林县土圈	113°59′	35°48′			无常数
143	31005600	南运河	淇河	土圈	1958		上迁4.0 km	水文		假定	河南省林县刁公岩	113°59′	35°48′			
144	31005600	南运河	淇河	土圈	1968		改站别	水位		假定	河南省林县刁公岩	113°59′	35°48′	66		
145	31005600	南运河	淇河	土圈	1970		改基面	水位	219.855	黄海	河南省林县刁公岩	113°59′	35°48′	66	1 890	
146	31005600	南运河	淇河	土圈	1973		改经纬度	水位	219.855	黄海	河南省林县刁公岩	113°58′	35°51′	66	1 890	
147	31005600	南运河	淇河	土圈	1983		变改正数	水位	219.881	黄海	河南省林县刁公岩	113°58′	35°51′	66	1890	
148	31005600	南运河	淇河	土圈	2001		改基面	水位	219.861	85 基准	河南省林县刁公岩	113°58′	35°51′	66	1 890	
149	31005600	南运河	淇河	土圈	2008		撤销,下游建盘石头水库站									
150		南运河	淇河	盘石头	1963	6	设立	水位	0.000	大沽	河南省鹤壁市弓家庄	114°03′	35°01′	52		无编码
151		南运河	淇河	盘石头	1969		撤销									
152	31005650	南运河	淇河	盘石头水库（坝上）	2008	5	设立	水文	0.000	85 基准	河南省鹤壁市大河涧乡弓家庄	114°03′	35°51′			
153	31005660	南运河	淇河	盘石头水库（坝下）	2008	5	设立	水文	0.000	85 基准	河南省鹤壁市大河涧乡弓家庄	114°03′	35°51′			
154	31005665	南运河	淇河	盘石头水库（出库总量）	2008	5	设立	水文							1 915	
155	31005700	南运河	淇河	新村	1952	6	设立	水文		假定	河南省淇县杨庄	114°13′	35°45′			
156	31005700	南运河	淇河	新村	1955		改基面	水文		大沽	河南省淇县杨庄	114°13′	35°45′		2 100	
157	31005700	南运河	淇河	新村	1964		增改正数	水文	0.000	大沽	河南省淇县杨庄	114°13′	35°45′	34	2 100	
158	31005700	南运河	淇河	新村	1971		改面积	水文	0.000	大沽	河南省淇县杨庄	114°13′	35°45′	34	2 118	
159	31005700	南运河	淇河	新村	1972		改经纬度	水文	0.000	大沽	河南省淇县杨庄	114°14′	35°45′	34	2 118	

序号	测站编码	水系	河名	站名	日期 年	日期 月	变动原因	站别	冻结基面与绝对基面高差（m）	绝对或假定基面名称	断面地点	坐标 东经	坐标 北纬	至河口距离（km）	集水面积（km²）	附注
160	31005700	南运河	淇河	新村	1983		改基面	水文	−0.190	黄海	河南省淇县新村	114°14′	35°45′	34	2 118	
161	31005700	南运河	淇河	新村	2002		改基面	水文	−0.177	85基准	河南省淇县新村	114°14′	35°45′	34	2 118	
162	31005701	南运河	民主渠	朱家	1974	1	设立	水文		假定	河南省淇县朱家村					注13
163		南运河	淅河	合涧	1956	5	设立	水文		假定	河南省林县合涧	113°45′	35°53′		536	无编码
164		南运河	淅河	合涧	1958		撤销									
165	31006000	南运河	淅河	弓上水库（坝上）	1960	6	设立	水文	0.000	大沽	河南林县弓上	113°40′	35°57′	103	570	注14
166	31006000	南运河	淅河	弓上水库（坝上）	1966	1	改站别	水位	0.000	大沽	河南林县弓上	113°40′	35°57′	103	570	
167	31006000	南运河	淅河	弓上水库（坝上）	1970		重量集水面积	水位	0.000	大沽	河南林县弓上	113°40′	35°57′	103	624	
168	31006000	南运河	淅河	弓上水库（坝上）	1972		改经纬度	水位	0.000	大沽	河南林县弓上	113°40′	35°56′	103	624	
169	31006000	南运河	淅河	弓上水库（坝上）	1983		改基面	水位	−1.243	黄海	河南林县弓上	113°40′	35°56′	103	624	
170	31006000	南运河	淅河	弓上水库（坝上）	2002		改基面	水位	−1.276	85基准	河南林县弓上	113°40′	35°56′	103	624	
171	31006001	南运河	淅河	弓上水库（输水道）	1960	6	设立	水文	0.000	大沽	河南林县弓上	113°40′	35°57′	103	570	
172	31006001	南运河	淅河	弓上水库（输水道）	1966		撤销									
173		南运河	淅河	弓上水库（英雄渠）	1960	6	设立	水文	0.000	大沽	河南林县弓上	113°40′	35°57′	103	570	无编码
174		南运河	淅河	弓上水库（英雄渠）	1966		撤销									
175	31006200	南运河	共产主义渠	合河（共）	1955	6	设立	水文	0.000	大沽	河南省新乡潘屯村	113°48′	35°17′			注1
176	31006200	南运河	共产主义渠	合河（共）	1962		下迁300 m	水文	0.000	大沽	河南省新乡县右贾村	113°48′	35°17′			
177	31006200	南运河	共产主义渠	合河（共）	1976		改基面	水文	−0.701	黄海	河南省新乡县右贾村	113°48′	35°17′			
178	31006300	南运河	共产主义渠	汲县（唐岗）	1954	6	设立	水文	0.000	大沽	河南省汲县唐岗	114°04′	35°24′			
179	31006300	南运河	共产主义渠	汲县（唐岗）	1961	7	撤销									
180	31006300	南运河	共产主义渠	黄土岗	1961	7	设立，汲县（唐岗）下迁3.5 km至此	水文	0.000	大沽	河南省汲县黄土岗	114°04′	35°24′			
181	31006300	南运河	共产主义渠	黄土岗（二）	1989	1	上迁3.5 km，改站名、地址、基面	水文	−2.153	黄海	河南省卫辉市城郊乡下园村	114°04′	35°24′			注2
182	31006300	南运河	共产主义渠	黄土岗（二）	1997		变改正数	水文	−2.098	黄海	河南省卫辉市城郊乡下园村	114°04′	35°24′			
183	31006400	南运河	共产主义渠	刘庄（闸上）	1962		设立	水文	0.000	大沽	河南省汲县刘庄	114°17′	35°35′			

序号	测站编码	水系	河名	站名	日期 年	日期 月	变动原因	站别	冻结基面与绝对基面高差（m）	绝对或假定基面名称	断面地点	坐标 东经	坐标 北纬	至河口距离（km）	集水面积（km²）	附注
184	31006400	南运河	共产主义渠	刘庄（闸上）	1971		撤销									
185	31006410	南运河	共产主义渠	刘庄（闸下）	1962	7	设立	水文	0.000	大沽	河南省汲县刘庄	114°17′	35°35′			
186	31006410	南运河	共产主义渠	刘庄（闸下）	1964	6	撤销									
187	31006410	南运河	共产主义渠	刘庄	1964	7	刘庄（闸）站下迁2.4 km至此	水文	0.000	大沽	河南省汲县刘庄	114°17′	35°35′	43		注2
188	31006410	南运河	共产主义渠	刘庄（二）	1966	4	上迁2.3 km	水文	0.000	大沽	河南省汲县刘庄	114°17′	35°35′	41		
189	31006410	南运河	共产主义渠	刘庄（二）	1973		改经纬度	水文	0.000	大沽	河南省汲县刘庄	114°17′	35°30′	41		
190	31006410	南运河	共产主义渠	刘庄（二）	1983		改基面	水文	−0.662	黄海	河南省汲县刘庄	114°17′	35°30′	41		
191	31006410	南运河	共产主义渠	刘庄（二）	2002		改基面	水文	−0.641	85基准	河南省汲县刘庄	114°17′	35°30′	41		
192	31006500	南运河	汤河	小河子水库（坝上）	1959	3	设立	水文	0.000	假定	河南省汤阴县小河子村	114°06′	36°03′	46	130	
193	31006500	南运河	汤河	小河子水库（坝上）	1964		改经纬度	水文	0.000	假定	河南省汤阴县小河子村	114°20′	35°54′	46	130	
194	31006500	南运河	汤河	小河子水库（坝上）	1966	1	改站别	水位	0.000	假定	河南省汤阴县小河子村	114°20′	35°54′	46	130	
195	31006500	南运河	汤河	小河子水库（坝上）	1970		重量面积,改基面	水位	−1.647	黄海	河南省汤阴县小河子村	114°20′	35°54′	46	166	
196	31006500	南运河	汤河	小河子水库（坝上）	1973		改经纬度	水位	−1.647	黄海	河南省汤阴县小河子村	114°17′	35°55′	46	166	
197	31006500	南运河	汤河	小河子水库（坝上）	1983		变改正数	水位	−1.561	黄海	河南省汤阴县小河子村	114°17′	35°55′	46	166	
198	31006500	南运河	汤河	小河子水库（坝上）	2000		改基面	水位	−1.583	85基准	河南省汤阴县小河子村	114°17′	35°55′	46	166	
199	31006501	南运河	汤河	小河子水库（坝下）	1959	1	设立	水文	0.000	假定	河南省汤阴县中张贾村	114°17′	35°55′	46	130	
200	31006502	南运河	汤河	小河子水库（东卧营）	1959	1	设立	水文	0.000	假定	河南省汤阴县中张贾村	114°17′	35°55′	46	130	
201	31006503	南运河	汤河	小河子水库（西卧营）	1959	1	设立	水文	0.000	假定	河南省汤阴县中张贾村	114°17′	35°55′	46	130	
202	31006504	南运河	汤河	小河子水库（渠道）	1959	1	设立	水文	0.000	假定	河南省汤阴县中张贾村	114°17′	35°55′	46	130	
203	31006505	南运河	汤河	小河子水库（溢洪道）	1959	1	设立	水文	0.000	假定	河南省汤阴县中张贾村	114°17′	35°55′	46	130	
204		南运河	汤河	小河子水库（出库总量）	1959	1	设立	水文								无编码
205		南运河	安阳河	龙尾岗	1974	1	设立	水位	0.000	假定	河南省安阳县龙尾岗					无编码
206		南运河	安阳河	龙尾岗	1976		撤销									

续表

序号	测站编码	水系	河名	站名	日期年	日期月	变动原因	站别	冻结基面与绝对基面高差（m）	绝对或假定基面名称	断面地点	坐标东经	坐标北纬	至河口距离（km）	集水面积（km²）	附注
207	31006600	南运河	安阳河	横水	1962	6	设立	水文	0.000	假定	河南省林县小横水村	113°52′	36°00′	104	562	
208	31006600	南运河	安阳河	横水	1968	1	停测									
209	31006600	南运河	安阳河	横水	1976	5	恢复并下迁95 m	水文		假定	河南省林县小横水村	113°55′	36°03′		562	原无常数
210	31006600	南运河	安阳河	横水（二）	1983		下迁30 m，改基面	水文	238.560	黄海	河南省林县小横水村	113°55′	36°03′		562	
211	31006600	南运河	安阳河	横水（二）	2002		改基面	水文	238.501	85基准	河南省林县小横水村	113°55′	36°03′		562	
212		南运河	安阳河	张二庄	1954	7	设立	水文		大沽	河南省安阳县张二庄	114°06′	36°05′		726	
213		南运河	安阳河	张二庄	1960	5	撤销									无编码
214	31006700	南运河	安阳河	小南海水库（坝上）	1960	6	张二庄下迁至此，改水库站	水文		假定	河南省安阳县庄货村	114°08′	36°04′	82	770	
215	31006700	南运河	安阳河	小南海水库（坝上）	1967	7	上迁200 m，改基面	水文	0.000	黄海	河南省安阳县庄货村	114°03′	36°04′	82	770	
216	31006700	南运河	安阳河	小南海水库（坝上）	1970		重量集水面积	水文	0.000	黄海	河南省安阳县庄货村	114°03′	36°04′	82	866	
217	31006700	南运河	安阳河	小南海水库（坝上）	1973		改经纬度	水文	0.000	黄海	河南省安阳县庄货村	114°06′	36°02′	82	866	
218	31006700	南运河	安阳河	小南海水库（坝上）	1983		变改正数	水文	0.037	黄海	河南省安阳县庄货村	114°06′	36°02′	82	866	
219	31006700	南运河	安阳河	小南海水库（坝上）	2002		改基面	水文	0.040	85基准	河南省安阳县庄货村	114°06′	36°02′	82	866	
220	31006701	南运河	安阳河	小南海水库（坝下）	1960		设立	水文	0.000	假定	河南省安阳县庄货村	114°08′	36°04′	82	770	
221	31006701	南运河	安阳河	小南海水库（坝下）	2002		改基面	水文	0.003	85基准	河南省安阳县庄货村	114°08′	36°04′	82	770	
222	31006800	南运河	安阳河	西高平	1952	5	设立	水文	0.000	大沽	河南省安阳县西高平村	114°08′	36°04′		955	
223	31006800	南运河	安阳河	西高平	1960	4	撤销									
224	31006850	南运河	安阳河	彰武水库（坝上）	1960	5	西高平站迁此，改水库站	水文	0.000	大沽	河南省安阳县彰武村	114°21′	36°05′			
225	31006850	南运河	安阳河	彰武水库（坝上）	1964		停测									
226	31006850	南运河	安阳河	彰武水库（坝上）	1974		恢复	水文	0.000	黄海	河南省安阳县彰武村	114°21′	36°05′			
227	31006850	南运河	安阳河	彰武水库（坝上）	1977		撤销									
228	31006860	南运河	安阳河	彰武水库（五八渠）	1960	5	设立	水文	0.000	大沽	河南省安阳县彰武村	114°21′	36°05′			
229	31006860	南运河	安阳河	彰武水库（五八渠）	1977		撤销									

序号	测站编码	水系	河名	站名	日期 年	日期 月	变动原因	站别	冻结基面与绝对基面高差（m）	绝对或假定基面名称	断面地点	坐标 东经	坐标 北纬	至河口距离（km）	集水面积（km²）	附注
230	31006900	南运河	安阳河	安阳	1923	6	设立				河南省安阳县郭家湾					无基面
231	31006900	南运河	安阳河	安阳	1935		撤销									
232	31006900	南运河	安阳河	安阳	1952	6	恢复	水文		大沽	河南省安阳县郭家湾	114°18′	36°05′	51		注15
233	31006900	南运河	安阳河	安阳	1954	8	下迁800 m	水文		大沽	河南省安阳市北关	114°21′	36°05′	51	1 600	
234	31006900	南运河	安阳河	安阳	1970		重量集水面积	水文		大沽	河南省安阳市北关	114°21′	36°05′	51	1 486	
235	31006900	南运河	安阳河	安阳	1973		改经纬度	水文		大沽	河南省安阳市北关	114°21′	36°07′	51	1 486	
236	31006900	南运河	安阳河	安阳	1983		改基面	水文	−1.085	黄海	河南省安阳市北关	114°21′	36°07′	51	1 486	
237	31007600	南运河	浊漳河	天桥断	1958	6	设立	水文	0.000	假定	河南省林县河口村					无经纬度
238	31007600	南运河	浊漳河	天桥断	1964	1	下迁8.0 km,改地址	水文	0.000	假定	河南省林县盘阳村					当年无经纬度
239	31007600	南运河	浊漳河	天桥断	1970		改基面	水文	290.613	黄海	河南省林县盘阳村	113°47′	36°21′			
240	31007600	南运河	浊漳河	天桥断	1976		增集水面积	水文	290.613	黄海	河南省林县盘阳村	113°47′	36°21′		11 250	
241	31007600	南运河	浊漳河	天桥断	1983		变改正数	水文	290.731	黄海	河南省林县盘阳村	113°47′	36°21′		11 250	
242	31007600	南运河	浊漳河	天桥断	1984		重量集水面积	水文	290.731	黄海	河南省林县盘阳村	113°47′	36°21′		11 196	
243	31007600	南运河	浊漳河	天桥断	1991		改站别、地址	水位	290.731	黄海	河南省林县穆家庄	113°47′	36°21′		11 196	
244	31007600	南运河	浊漳河	天桥断（二）	2002		上迁1.0 km	水位	0.000	黄海	河南林州市任村镇穆家庄	113°47′	36°21′		11 196	
245	31007601	南运河	红旗渠	天桥断	1970		设立	水文	0.000	假定	河南林州市任村镇穆家庄	113°47′	36°21′			
246	31100100	马颊河	马颊河	濮阳（闸上）	1955	5	设立	水文	0.000	大沽	河南省濮阳县城关	115°00′	35°42′			
247	31100100	马颊河	马颊河	濮阳（闸上）	1956	5	下迁500 m	水文	0.000	大沽	河南省濮阳县城关	115°00′	35°42′			
248	31100100	马颊河	马颊河	濮阳（闸上）	1958	1	上迁2.0 km	水文	0.000	大沽	河南省濮阳县城关	115°00′	35°42′			
249	31100100	马颊河	马颊河	濮阳（闸上）	1967	1	停测									
250	31100150	马颊河	马颊河	濮阳（闸下）	1955		设立	水文	0.000	大沽	河南省濮阳县城关	115°00′	35°42′			
251	31100150	马颊河	马颊河	濮阳（闸下）	1956	5	下迁500 m	水文	0.000	大沽	河南省濮阳县城关	115°00′	35°42′			
252	31100150	马颊河	马颊河	濮阳（闸下）	1958	1	上迁2.0 km	水文	0.000	大沽	河南省濮阳县城关	115°00′	35°42′			

序号	测站编码	水系	河名	站名	日期 年	日期 月	变动原因	站别	冻结基面与绝对基面高差 (m)	绝对或假定基面名称	断面地点	坐标 东经	坐标 北纬	至河口距离 (km)	集水面积 (km²)	附注
253	31100150	马颊河	马颊河	濮阳(闸下)	1967	1	停测									
254	31100200	马颊河	马颊河	濮阳	1985	10	恢复	水文	−1.187	黄河	河南省濮阳县城关镇南堤村	115°01′	35°41′		418	
255	31100300	马颊河	马颊河	南乐	1954	5	设立	水文	0.000	大沽	河南省南乐县平邑	115°08′	36°02′			
256	31100300	马颊河	马颊河	平邑(南乐)	1959	1	改站名	水文	0.000	大沽	河南省南乐县平邑	115°08′	36°02′			
257	31100300	马颊河	马颊河	南乐	1964	1	改站名和经纬度	水文	0.000	大沽	河南省南乐县平邑	115°15′	36°06′			
258	31100300	马颊河	马颊河	南乐	1965	1	上迁350 m	水文	0.000	大沽	河南省南乐县平邑	115°15′	36°06′			
259	31100300	马颊河	马颊河	南乐	1973	1	上迁350 m	水文	0.000	大沽	河南省南乐县平邑				374	
260	31100300	马颊河	马颊河	南乐	1977	5	下迁350 m	水文	0.000	大沽	河南省南乐县平邑	115°15′	36°06′		374	
261	31100300	马颊河	马颊河	南乐	1983		改基面	水文	−0.727	黄海	河南省南乐县平邑	115°15′	36°06′		374	
262	31100300	马颊河	马颊河	南乐	2001	1	变改正数	水文	−0.813	黄海	河南省南乐县谷金楼乡后平邑村	115°15′	36°06′	1 166	374	

注1：开始形成合河(卫)、合河(共)两个断面,共用一个面积4 061 km²。

注2：淇门与刘庄共用一个面积5 050 km²,汲县、黄土岗共用一个面积8 427 km²。

注3：淇门(坝上)只有1963年资料。

注4：牛庄、牛寨站无资料。

注5：道口站1956～1958年有资料,1959～1960年无法考证,1961年无资料。

注6：北张集1959～1960年无法考证,1961～1962年有资料。

注7：修武站1959～1960年无法考证。

注8：峪河口站1954年、1961年、1962年无资料。

注9：1975年石门河流入共产主义渠,其余年份石门河流入卫河。

注10：石门水库1981年开始有资料。

注11：路庄站1964～1971年无资料。

注12：八里营(四支)站1991年前有零星资料,未整理。

注13：朱家站1974年站名为贺家,1975年8月迁到朱家;1976年、1977年无资料。

注14：弓上水库(坝上)年鉴上注明由合涧站迁来。

注15：安阳站1923年设立,1935年撤销,资料未入库。1923～1926年、1933～1934年无资料。

黄河流域水位、水文站沿革表

序号	测站编码	水系	河名	流入何处	站名	日期 年	日期 月	变动原因	站别	冻结基面与绝对基面高差（m）	绝对或假定基面名称	断面地点	坐标 东经	坐标 北纬	至河口距离（km）	集水面积（km²）	备注
1	40104395	黄河	黄河	渤海	灵宝	1955		设立	水位			河南省灵宝市					资料未刊布
2	40104395	黄河	黄河	渤海	灵宝	1959		撤销									
3	40104396	黄河	黄河	渤海	老灵宝	1960		设立	水位			河南省灵宝市老县城					资料未刊布
4	40104396	黄河	黄河	渤海	老灵宝	1966		撤销									
5	40104398	黄河	黄河	渤海	后地	1971		设立	水位			河南省灵宝市后地村					资料未刊布
6	40104398	黄河	黄河	渤海	后地	1975		撤销									
7	40104400	黄河	黄河	渤海	陕县	1919	4	设立	水文			河南省陕县北关村	111°07′	34°46′		684 470	资料未刊布
8	40104400	黄河	黄河	渤海	陕县	1960		撤销									
9	40104410	黄河	黄河	渤海	北村（二）	1959	6	设立	水位			河南省灵宝县大王乡北村					资料未刊布
10	40104425	黄河	黄河	渤海	会兴	1960		设立	水位			河南省三门峡市会兴镇					资料未刊布
11	40104425	黄河	黄河	渤海	会兴	1976		撤销									
12	40104430	黄河	黄河	渤海	史家滩（二）	1951	7	设立	水位			河南省三门峡市史家滩					资料未刊布
13	40104450	黄河	黄河	渤海	三门峡（一）	1951	7	设立	水位	0.000	大沽	河南省三门峡市史家滩	111°24′	34°51′	953	685 276	上口
14	40104450	黄河	黄河	渤海	三门峡（一）	1958	12	撤销									
15	40104450	黄河	黄河	渤海	三门峡（二）	1952	8	设立	水位	0.000	大沽	河南省三门峡市砥柱	111°24′	34°51′			
16	40104450	黄河	黄河	渤海	三门峡（二）	1953	6	改站别	水文	0.000	大沽	河南省三门峡市砥柱	111°24′	34°51′			
17	40104450	黄河	黄河	渤海	三门峡（三）	1951	7	设立	水文	0.000	大沽	河南省三门峡市史家滩	111°24′	34°51′			下口
18	40104450	黄河	黄河	渤海	三门峡（四）	1955	7	三门峡（一）站下迁2 950 m	水文	0.000	大沽	河南省三门峡市三门村	111°25′	34°51′	950	685 270	
19	40104450	黄河	黄河	渤海	三门峡（四）	1957	3	三门峡（三）站下迁100 m	水文	0.000	大沽	河南省三门峡市三门村	111°25′	34°51′	950	685 270	
20	40104450	黄河	黄河	渤海	三门峡（五）	1964	1	三门峡（四）站下迁900 m	水文	0.000	大沽	河南省三门峡市三门村	111°25′	34°51′	950	685 270	
21	40104450	黄河	黄河	渤海	三门峡（六）	1968	1	三门峡（五）站上迁100 m	水文	0.000	大沽	河南省三门峡市大安公社坝头	111°22′	34°49′	1 024.8	688 421	
22	40104450	黄河	黄河	渤海	三门峡（七）	1974	1	三门峡（六）站上迁50 m	水文	0.000	大沽	河南省三门峡市大安公社坝头	111°22′	34°49′	1 024.8	688 421	

序号	测站编码	水系	河名	流入何处	站名	日期 年	日期 月	变动原因	站别	冻结基面与绝对基面高差（m）	绝对或假定基面名称	断面地点	坐标 东经	坐标 北纬	至河口距离（km）	集水面积（km²）	备注
23	40104450	黄河	黄河	渤海	三门峡（七）	1991	1	变地址	水文	0.000	大沽	河南省三门峡市高庙乡坝头	111°22′	34°49′	1 024.8	688 421	
24	40104490	黄河	黄河	渤海	河堤	1997		设立	水文			河南省渑池县南村	111°48′	35°03′			资料未刊布
25	40104510	黄河	黄河	渤海	麻峪	1997		设立	水位			河南省新安县峪里	111°11′	35°04′			资料未刊布
26	40104520	黄河	黄河	渤海	陈家岭	1997		设立	水位			河南省新安县石井	112°11′	34°51′			资料未刊布
27	40104525	黄河	黄河	渤海	西庄	1998	7	设立	水位			河南省新安县仓头乡	112°12′	34°56′			资料未刊布
28	40104530	黄河	黄河	渤海	桐树岭	1997		设立	水文			河南省济源市桐树岭	112°21′	34°56′			资料未刊布
29	40104550	黄河	黄河	渤海	宝山	1951	7	设立	水文			河南省渑池县宝山村	111°40′	34°58′		689 650	资料未刊布
30	40104550	黄河	黄河	渤海	宝山	1956		撤销									
31	40104650	黄河	黄河	渤海	八里胡同	1951	6	设立	水文	0.000	大沽	河南省济源县下冶公社清河口村	112°07′	35°03′	847	688 070	
32	40104650	黄河	黄河	渤海	八里胡同（二）	1957	7	下迁 140 m	水文	0.000	大沽	河南省济源县下冶公社清河口村	112°07′	35°03′	847	688 070	
33	40104650	黄河	黄河	渤海	八里胡同（二）	1968	1	改站别	水位	0.000	大沽	河南省济源县下冶公社清河口村	112°07′	35°03′	847	688 070	
34	40104650	黄河	黄河	渤海	八里胡同（二）	1971		纬度、至河口距离、面积变	水位	0.000	大沽	河南省济源县下冶公社清河口村	112°07′	35°01′	927.1	692 473	
35	40104650	黄河	黄河	渤海	八里胡同（二）	1991	1	变地址	水位	0.000	大沽	河南省济源市下冶乡清河口村	112°07′	35°01′	927.1	692 473	
36	40104650	黄河	黄河	渤海	八里胡同（二）	1996	1	撤销									
37	40104700	黄河	黄河	渤海	小浪底	1955	4	设立	水文	0.000	大沽	河南省孟津寺院坡	112°30′	34°53′	817	690 370	
38	40104700	黄河	黄河	渤海	小浪底	1958	7	下迁 100 m	水文	0.000	大沽	河南省孟津县寺院坡	112°30′	34°53′	817	690 370	
39	40104700	黄河	黄河	渤海	小浪底	1965	1	经纬度、至河口距离、面积变	水文		大沽	河南省孟津县马屯公社小浪底村	112°22′	34°56′	895.7	694 155	
40	40104700	黄河	黄河	渤海	小浪底（二）	1992	1	小浪底下迁至此	水文	0.000	大沽	河南省济源市坡头乡太山村	112°24′	34°55′	894	694 221	1992～1999年采用编码40104750
41	40104750	黄河	黄河	渤海	铁谢	1960	7	设立	水位	0.000	大沽	河南省孟津县白鹤公社铁谢村	112°37′	34°51′		694 730	
42	40104750	黄河	黄河	渤海	铁谢	1975		撤销									
43	40104800	黄河	黄河	渤海	孟津（四）	1934	7	设立	水文			河南省孟津县铁谢村	112°37′	34°51′		694 730	资料未刊布
44	40104800	黄河	黄河	渤海	孟津（四）	1956		撤销									

序号	测站编码	水系	河名	流入何处	站名	日期 年	日期 月	变动原因	站别	冻结基面与绝对基面高差（m）	绝对或假定基面名称	断面地点	坐标 东经	坐标 北纬	至河口距离（km）	集水面积（km²）	备注
45	40104900	黄河	黄河	渤海	裴峪	1955	6	设立	水位	0.000	大沽	河南省巩县裴峪村	112°57′	34°50′			
46	40104900	黄河	黄河	渤海	裴峪	1960	6	上迁660 m,改站别	水文	0.000	大沽	河南省巩县裴峪村	112°57′	34°50′			
47	40104900	黄河	黄河	渤海	裴峪	1968	11	下迁660 m	水文	0.000	大沽	河南省巩县裴峪村	112°57′	34°50′			
48	40104900	黄河	黄河	渤海	裴峪	1969	6	下迁1 490 m	水文	0.000	大沽	河南省巩县裴峪村	112°57′	34°50′			
49	40104900	黄河	黄河	渤海	裴峪	1969	8	上迁2 150 m	水文	0.000	大沽	河南省巩县裴峪村	112°57′	34°50′			
50	40104900	黄河	黄河	渤海	裴峪	1971	1	增至河口距离、面积	水文	0.000	大沽	河南省巩县裴峪村	112°57′	34°50′	838	695 216	
51	40104900	黄河	黄河	渤海	裴峪	1981	6	改站别	水位	0.000	大沽	河南省巩县裴峪村	112°57′	34°50′	838	695 216	
52	40104900	黄河	黄河	渤海	裴峪	1994	1	变地址	水位	0.000	大沽	河南省巩义市裴峪村	112°57′	34°50′	838	695 216	
53	40104950	黄河	黄河	渤海	英峪村	1934	5	设立	水位			河南巩县英峪村	113°04′	34°52′		709 870	资料未刊布
54	40104950	黄河	黄河	渤海	英峪村	1937		撤销									
55	40105000	黄河	黄河	渤海	官庄峪	1960	6	设立	水文	0.000	大沽	河南省荥阳县官庄峪	113°21′	34°58′	796.6	716 095	
56	40105000	黄河	黄河	渤海	官庄峪	1962	1	停测									
57	40105000	黄河	黄河	渤海	官庄峪	1971	1	复设	水位	0.000	大沽	河南省荥阳县官庄峪	113°21′	34°58′	796.6	716 095	
58	40105000	黄河	黄河	渤海	官庄峪	1994	1	变地址	水位	0.000	大沽	河南省荥阳市北邙乡官庄峪村	113°21′	34°58′	796.6	716 095	
59		黄河	黄河	渤海	秦厂	1933	11	设立	水位	0.000	假定	河南省武陟县秦厂村	113°28′	35°00′	696.0	723 320	无编码
60		黄河	黄河	渤海	秦厂			撤销									年份及资料不详
61		黄河	黄河	渤海	秦厂（三）	1958	1	恢复	水位	0.000	大沽	河南省武陟县秦厂村	113°28′	35°00′	696.0	723 320	
62		黄河	黄河	渤海	秦厂（三）	1965	1	变改正数	水位	-0.050	大沽	河南省武陟县秦厂村	113°28′	35°00′			
63		黄河	黄河	渤海	秦厂（三）	1966	6	撤销									
64	40105150	黄河	黄河	渤海	花园口	1938	7	设立	水文	0.000	大沽	河南省郑州市花园口	113°40′	34°54′	682.0	723 496	
65	40105150	黄河	黄河	渤海	花园口	1944	4	停测									
66	40105150	黄河	黄河	渤海	花园口	1946	2	复设	水文	0.000	大沽	河南省郑州市花园口	113°40′	34°54′			
67	40105150	黄河	黄河	渤海	花园口	1953	11	改站别	水位	0.000	大沽	河南省郑州市花园口	113°40′	34°54′			
68	40105150	黄河	黄河	渤海	花园口	1957	3	改站别	水文	0.000	大沽	河南省郑州市花园口	113°40′	34°54′	682.0	723 496	

続表 —

续表

序号	测站编码	水系	河名	流入何处	站名	年	月	变动原因	站别	冻结基面与绝对基面高差(m)	绝对或假定基面名称	断面地点	东经	北纬	至河口距离(km)	集水面积(km²)	备注
69	40105150	黄河	黄河	渤海	花园口	1970	8	下迁3 140 m	水文	0.000	大沽	河南省郑州市花园口	113°39′	34°55′		723 496	
70	40105150	黄河	黄河	渤海	花园口	1971	1	至河口距离、面积变	水文	0.000	大沽	河南省郑州市花园口	113°39′	34°55′	767.7	730 036	
71	40105150	黄河	黄河	渤海	花园口	2000	1	变地址	水文	0.000	大沽	河南省郑州市花园口镇花园口村	113°39′	34°55′	768	730 036	
72	40105200	黄河	黄河	渤海	赵口	1935	5	设立	水文			河南省中牟县三刘寨村	113°56′	34°54′		730 297	资料未刊布
73	40105200	黄河	黄河	渤海	赵口	1950		停测									
74	40105250	黄河	黄河	渤海	辛庄(二)	1950	11	设立	水位			河南省中牟县辛庄	114°00′	34°56′		723 769	资料未刊布
75	40105250	黄河	黄河	渤海	辛庄(二)	1958		撤销									
76	40105300	黄河	黄河	渤海	黑岗口	1934	5	设立	水位			河南省开封县南北堤村	114°16′	34°54′		724 009	资料未刊布
77	40105350	黄河	黄河	渤海	柳园口	1928	10	设立	水位			河南省开封县和尚庄	114°21′	34°55′		730 715	资料未刊布
78	40105450	黄河	黄河	渤海	夹河滩	1947	3	设立	水文	0.000	大沽	河南省封丘县贯台集	114°42′	34°54′	584	724 309	
79	40105450	黄河	黄河	渤海	夹河滩	1949	2	停测									
80	40105450	黄河	黄河	渤海	夹河滩	1952	1	复设	水文	0.000	大沽	河南省封丘县贯台集	114°42′	34°54′			
81	40105450	黄河	黄河	渤海	夹河滩(二)	1963	1	上迁710 m	水文	0.000	大沽	河南省封丘县贯台集	114°42′	34°54′			
82	40105450	黄河	黄河	渤海	夹河滩(二)	1968	1	改汛期站	水文	0.000	大沽	河南省封丘县贯台集	114°42′	34°54′	584	724 309	
83	40105450	黄河	黄河	渤海	夹河滩(二)	1971	1	纬度、至河口距离、面积变,改常年站	水文	0.000	大沽	河南省封丘县李庄公社贯台集	114°42′	34°55′	662	731 019	
84	40105450	黄河	黄河	渤海	夹河滩(二)	1995	1	改站别	水位	0.000	大沽	河南省封丘县李庄乡贯台村	114°42′	34°55′	662	731 019	
85	40105453	黄河	黄河	渤海	夹河滩(三)	1994	7	设立	水文	0.000	大沽	河南省开封县刘店乡王明垒村	114°34′	34°54′	672	730 913	
86	40105500	黄河	黄河	渤海	东坝头(四)	1929	3	设立	水位			河南省兰考县东坝头村	114°46′	34°55′		724 360	1958年改为汛期报汛
87	40105550	黄河	黄河	渤海	石头庄	1953	9	设立	水位	0.000	大沽	河南省长垣县马寨村	114°49′	35°13′			
88	40105550	黄河	黄河	渤海	石头庄(二)	1957	1	迁移情况不详	水位	0.000	大沽	河南省长垣县马寨村	114°49′	35°13′	546	724 701	无1958年以前年鉴
89	40105550	黄河	黄河	渤海	石头庄(三)	1962	8	下迁3 000 m	水位	0.000	大沽	河南省长垣县马寨村	114°49′	35°13′			
90	40105550	黄河	黄河	渤海	石头庄	1963	12	撤销									
91	40105700	黄河	黄河	渤海	南小堤	1934	6	设立	水位			河南省濮阳县坝头镇	115°08′	35°26′		724 982	资料未刊布

序号	测站编码	水系	河名	流入何处	站名	日期 年	日期 月	变动原因	站别	冻结基面与绝对基面高差（m）	绝对或假定基面名称	断面地点	坐标 东经	坐标 北纬	至河口距离（km）	集水面积（km²）	备注
92	40105700	黄河	黄河	渤海	南小堤	1958		撤销									
93	40106050	黄河	黄河	渤海	邢庙	1955	7	设立	水文	0.000	大沽	河南省范县邢庙村	115°34′	35°44′	500.6		
94	40106050	黄河	黄河	渤海	邢庙	1991	1	改站别	水位	0.000	大沽	河南省范县邢庙村	115°34′	35°44′	500.6		改站别时间不确定
95	40106730	黄河	黄河	渤海	贺洼			设立	水位			河南省范县贺洼	116°02′	36°00′			汛期站，资料未刊布
96	40106750	黄河	黄河	渤海	邵庄	1959	6	设立	水位			河南省台前县夹河乡邵庄	116°04′	36°02′		725 624	汛期站，资料未刊布
97	40108610	黄河	黄河	渤海	曹岗	1950		设立	水位			河南省封丘县王卢集					资料未刊布
98	40108610	黄河	黄河	渤海	曹岗	1960		撤销									
99	40117020	黄河	引黄渠		王庄(新闸)			设立	水文			河南省孟津县东河村					资料未刊布
100	40117040	黄河	引黄渠		王庄	1972	6	设立	水文			河南省孟津县王庄	112°30′	35°02′			资料未刊布
101	40117060	黄河	引黄渠		白坡			设立	水文			河南省温县白坡					资料未刊布
102	40117080	黄河	引黄渠		大王庙			设立	水文			河南省孟县中曹坡					资料未刊布
103	40117090	黄河	引黄渠		孤柏嘴			设立	水文			河南省荥阳市王村乡孤柏嘴村					资料未刊布
104	40117100	黄河	引黄渠		白马泉	1972	5	设立	水文			河南省武陟县西小庄	113°26′	35°02′			资料未刊布
105	40117120	黄河	引黄提灌		邙山			设立	水文			河南省郑州市黄河南岸	113°30′	34°56′			资料未刊布
106	40117140	黄河	共产主义渠		渠首	1958	6	设立	水文			河南省武陟县秦厂村	113°30′	35°00′			资料未刊布
107	40117160	黄河	人民胜利渠		张菜园	1952	3	设立	水文			河南省武陟县张菜园村					资料未刊布
108	40117180	黄河	引黄渠		幸福	1961	6	设立	水文			河南省原阳县马庄控导坝	113°35′	34°59′			资料未刊布
109	40117200	黄河	引黄渠		花园口	1956	5	设立	水文			河南省郑州市花园口险工	113°40′	34°54′			资料未刊布
110	40117210	黄河	东风渠		岗李	1959		设立	水文			河南省郑州市郊区	113°37′	34°55′			资料未刊布
111	40117210	黄河	东风渠		岗李	1962		撤销									
112	40117220	黄河	引黄渠		韩董庄	1964	7	设立	水文			河南省原阳县胡堂庄	113°44′	34°59′			资料未刊布
113	40117230	黄河	引黄渠		中法原水厂			设立	水文			河南省郑州市花园口镇南月堤					资料未刊布
114	40117240	黄河	引黄提灌		东大坝	1969	1	设立	水文			河南省郑州市花园口镇东大坝	113°41′	34°54′			资料未刊布

序号	测站编码	水系	河名	流入何处	站名	日期 年	日期 月	变动原因	站别	冻结基面与绝对基面高差（m）	绝对或假定基面名称	断面地点	坐标 东经	坐标 北纬	至河口距离（km）	集水面积（km²）	备注
115	40117260	黄河	引黄虹吸		申庄	1969	6	设立	水文			河南省郑州市申庄险工					资料未刊布
116	40117280	黄河	引黄提灌		石桥	1976	6	设立	水文			河南省郑州市石桥					资料未刊布
117	40117300	黄河	引黄渠		马渡	1975	6	设立	水文			河南省郑州市马渡险工	113°48′	34°52′			汛期报汛，资料未刊布
118	40117310	黄河	引黄渠		柳园	1987	7	设立	水文			河南省原阳县					资料未刊布
119	40117320	黄河	引黄虹吸		杨桥	1968	1	设立	水文			河南省中牟县杨桥	113°52′	34°52′			资料未刊布
120	40117340	黄河	引黄渠		杨桥	1970	5	设立	水文			河南省中牟县杨桥					资料未刊布
121	40117360	黄河	引黄渠		三刘寨	1966	5	设立	水文			河南省郑州市赵口险工	113°58′	34°54′			资料未刊布
122	40117380	黄河	引黄渠（西）		赵口	1970	10	设立	水文			河南省郑州市赵口险工	113°58′	34°54′			资料未刊布
123	40117400	黄河	引黄渠（中）		赵口	1970	10	设立	水文			河南省郑州市赵口险工	113°58′	34°54′			资料未刊布
124	40117420	黄河	引黄渠（东）		赵口	1970	10	设立	水文			河南省郑州市赵口险工	113°58′	34°54′			资料未刊布
125	40117440	黄河	引黄渠		祥符朱	1969	6	设立	水文			河南省原阳县祥符朱	114°05′	35°00′			资料未刊布
126	40117460	黄河	引黄渠		黑岗口	1957	7	设立	水文			河南省开封市黑岗口险工	114°15′	34°53′			资料未刊布
127	40117480	黄河	引黄渠		于店	1967	11	设立	水文			河南省封丘县郭庄	114°15′	34°58′			资料未刊布
128	40117500	黄河	引黄渠		柳园口	1967	3	设立	水文			河南省开封市柳园口险工	114°20′	34°54′			资料未刊布
129	40117520	黄河	引黄渠		红旗	1958	9	设立	水文			河南省封丘县西大宫	114°21′	34°57′			资料未刊布
130	40117540	黄河	引黄虹吸		司庄	1969		设立	水文			河南省开封县司庄					资料未刊布
131	40117560	黄河	引黄提灌		魏弯	1974		设立	水文			河南省开封县魏弯					资料未刊布
132	40117580	黄河	引黄虹吸		陈桥	1977		设立	水文			河南省封丘县陈桥	114°28′	34°57′			资料未刊布
133	40117600	黄河	引黄虹吸		曹岗	1957		设立	水文			河南省封丘县曹岗险工	114°33′	34°56′			资料未刊布
134	40117620	黄河	引黄虹吸		常门口	1973	3	设立	水文			河南省封丘县常门口					资料未刊布
135	40117640	黄河	引黄渠		堤湾	1969	3	设立	水文			河南省封丘县堤湾	114°38′	34°56′			资料未刊布
136	40117660	黄河	人民跃进渠		三义寨	1958	8	设立	水文			河南省兰考县夹河滩护滩工程	114°47′	34°52′			资料未刊布
137	40117670	黄河	引黄渠		大车集			设立	水文			河南省长垣县境内					资料未刊布
138	40117680	黄河	引黄提灌		丁圪挡			设立	水文			河南省兰考县丁圪挡					资料未刊布

序号	测站编码	水系	河名	流入何处	站名	日期 年	月	变动原因	站别	冻结基面与绝对基面高差（m）	绝对或假定基面名称	断面地点	坐标 东经	北纬	至河口距离（km）	集水面积（km²）	备注
139	40117700	黄河	引黄提灌		东坝头			设立	水文			河南省兰考县东坝头险工					资料未刊布
140	40117720	黄河	引黄渠		大庄	1972	6	设立	水文			河南省封丘县大庄					资料未刊布
141	40117740	黄河	引黄渠		左寨	1970	7	设立	水文			河南省长垣县前左寨					资料未刊布
142	40117750	黄河	红旗渠		大功	1959		设立	水文			河南省封丘县					资料未刊布
143	40117800	黄河	引黄渠		石头庄	1967	9	设立	水文			河南省长垣县石头庄	114°49′	35°12′			资料未刊布
144	40117820	黄河	引黄渠		杨小寨			设立	水文			河南省长垣县杨小寨	114°53′	35°17′			资料未刊布
145	40117860	黄河	引黄渠		渠村	1958	6	设立	水文			河南省濮阳县渠村	115°01′	35°23′			资料未刊布
146	40117900	黄河	引黄虹吸		北坝头	1972	8	设立	水文			河南省濮阳县北坝头					资料未刊布
147	40117920	黄河	引黄渠		南小堤	1960	9	设立	水文			河南省濮阳县南小堤险工	115°09′	35°26′			资料未刊布
148	40117930	黄河	引黄渠		梨园	1992		设立	水文			河南省濮阳市					资料未刊布
149	40117980	黄河	引黄虹吸		辛庄			设立	水文			河南省濮阳县西辛庄					资料未刊布
150	40117990	黄河	引黄渠		禅房			设立	水文			河南省长垣县禅房工程					资料未刊布
151	40118000	黄河	引黄渠		董楼	1969	1	设立	水文			河南省濮阳县董楼	115°17′	35°31′			资料未刊布
152	40118040	黄河	引黄虹吸		白罡集			设立	水文			河南省濮阳县白罡集					资料未刊布
153	40118060	黄河	引黄渠		王称锢	1975	8	设立	水文			河南省濮阳县前陈	115°21′	35°37′			资料未刊布
154	40118100	黄河	引黄虹吸		武祥屯			设立	水文			河南省濮阳县武祥屯					资料未刊布
155	40118120	黄河	引黄渠		彭楼	1960	1	设立	水位			河南省范县彭楼险工	115°24′	35°39′			汛期报汛，资料未刊布
156	40118180	黄河	引黄虹吸		邢庙	1975		设立	水文			河南省范县邢庙险工	115°33′	35°45′			资料未刊布
157	40118240	黄河	引黄渠		于庄			设立	水文			河南省范县于庄	115°41′	35°31′			资料未刊布
158	40118300	黄河	引黄渠		刘楼	1958	12	设立	水文			河南省台前县东刘楼	115°44′	35°53′			资料未刊布
159	40118320	黄河	引黄渠		王集	1960	3	设立	水文			河南省台前县后王集	115°48′	35°54′			资料未刊布
160	40118400	黄河	引黄虹吸		毛河	1977	5	设立	水文			河南省台前县东毛河					资料未刊布
161	40118420	黄河	引黄虹吸		影堂	1975	5	设立	水文			河南省台前县影堂险工	115°54′	35°58′			资料未刊布
162	40118460	黄河	引黄提灌		姜庄			设立	水文			河南省台前县姜庄					资料未刊布

序号	测站编码	水系	河名	流入何处	站名	日期 年	日期 月	变动原因	站别	冻结基面与绝对基面高差（m）	绝对或假定基面名称	断面地点	坐标 东经	坐标 北纬	至河口距离（km）	集水面积（km²）	备注
163	40118480	黄河	引黄虹吸		邵庄			设立	水文			河南省台前县邵庄					资料未刊布
164	40118500	黄河	引黄提灌		张庄			设立	水文			河南省台前县张庄	116°03′	36°06′			资料未刊布
165	40118510	黄河	引黄渠		张庄口			设立	水文			河南省台前县张庄	116°03′	36°06′			资料未刊布
166	40902400	黄河	宏农河	黄河	朱阳	1976	5	设立	水文	0.000	假定	河南省灵宝县朱阳乡朱阳村	110°43′	34°19′	60	533	
167	40902400	黄河	宏农河	黄河	朱阳（二）	1979	7	上迁125 m	水文	0.000	假定	河南省灵宝县朱阳乡西寨村	110°43′	34°19′	60	533	
168	40902400	黄河	宏农河	黄河	朱阳（二）	1983	1	改基面	水文	−1.981	黄海	河南省灵宝县朱阳乡西寨村	110°43′	34°19′	60	533	
169	40902400	黄河	宏农河	黄河	朱阳（二）	1985	1	改站别	水位	−1.981	黄海	河南省灵宝县朱阳乡西寨村	110°43′	34°19′	60	533	
170		黄河	宏农河	黄河	宏农河（渠道）	1976	5	设立	水文			河南省灵宝县朱阳乡西寨村	110°43′	34°19′			无编码
171		黄河	宏农河	黄河	朱阳（电站）	1979	1	宏农河（渠道）改为现名	水文			河南省灵宝县朱阳乡西寨村	110°43′	34°19′			
172		黄河	宏农河	黄河	朱阳（电站）	1985	1	撤销									
173		黄河	宏农河		朱阳（总量）	1976	5	设立	水文								
174		黄河	宏农河		朱阳（总量）	1985	1	撤销									
175	40902500	黄河	宏农河	黄河	窄口水库（坝上）	1973	1	设立	水文	0.000	大沽	河南省灵宝县五亩乡窄口水库	110°47′	34°23′			
176	40902500	黄河	宏农河	黄河	窄口水库（坝上）	1979	1	改地址	水文	0.000	大沽	河南省灵宝县五亩乡长桥村	110°47′	34°23′			
177	40902500	黄河	宏农河	黄河	窄口水库（坝上）	1983	1	改基面	水文	−0.016	黄海	河南省灵宝县五亩乡长桥村	110°47′	34°23′			
178	40902500	黄河	宏农河	黄河	窄口水库（坝上）	2005	1	增加至河口距离	水文	−0.016	黄海	河南省灵宝市五亩乡长桥村	110°47′	34°23′	39		
179	40902600	黄河	宏农河	黄河	窄口水库（坝下）	1973	1	设立	水文	0.000	大沽	河南省灵宝县五亩乡窄口水库	110°47′	34°23′			
180	40902600	黄河	宏农河	黄河	窄口水库（坝下）	1979	1	改地址	水文	0.000	大沽	河南省灵宝县五亩乡长桥村	110°47′	34°23′			
181	40902600	黄河	宏农河	黄河	窄口水库（坝下）	1983	1	改基面	水文	−0.016	黄海	河南省灵宝县五亩乡长桥村	110°47′	34°23′			
182	40902700	黄河	宏农河	黄河	窄口水库（渠道）	1976	5	设立	水文	0.000	假定	河南省灵宝县五亩乡窄口水库	110°47′	34°23′			
183	40902700	黄河	宏农河	黄河	窄口水库（电站）	1979	1	窄口水库（渠道）改为现名	水文	0.000	假定	河南省灵宝县五亩乡长桥村	110°47′	34°23′			
184	40902800	黄河	宏农河		窄口水库（出库总量）	1973	1	设立	水文							903	

序号	测站编码	水系	河名	流入何处	站名	日期 年	日期 月	变动原因	站别	冻结基面与绝对基面高差（m）	绝对或假定基面名称	断面地点	坐标 东经	坐标 北纬	至河口距离（km）	集水面积（km²）	备注
185	40902805	黄河	西涧河	宏农河	虢镇（二）	1958	5	设立	水文	0.000	大沽	河南省灵宝县虢镇	110°52′	34°30′	8.5	1 150	1958年前资料不详
186	40902805	黄河	西涧河	宏农河	虢镇（二）	1979		停测									
187	40902810	黄河	太平渠	自西涧河引水	虢镇（二）	1958	5	设立	水文	0.000	大沽	河南省灵宝县虢镇	110°52′	34°30′			
188	40902810	黄河	太平渠	自西涧河引水	虢镇（二）	1979		停测									
189	40902820	黄河	五村渠	自西涧河引水	虢镇（二）	1958	5	设立	水文	0.000	大沽	河南省灵宝县虢镇	110°52′	34°31′			
190	40902820	黄河	五村渠	自西涧河引水	虢镇（二）	1979		停测									
191	40902830	黄河	跃进渠	自西涧河引水	虢镇（二）	1958	5	设立	水文	0.000	大沽	河南省灵宝县虢镇	110°52′	34°31′			
192	40902830	黄河	跃进渠	自西涧河引水	虢镇（二）	1979		停测									
193	40902840	黄河	东干渠	自西涧河引水	虢镇（二）	1973	6	设立	水文	0.000	大沽	河南省灵宝县虢镇	110°52′	34°31′			
194	40902840	黄河	东干渠	自西涧河引水	虢镇（二）	1979		停测									
195	41401600	黄河	东洋河	黄河	八里胡同	1956	10	设立	水文	0.000	大沽	河南省济源县下冶公社清河口村	112°02′	35°06′	1.5	561	
196	41401600	黄河	东洋河	黄河	八里胡同	1971	1	经纬度、至河口距离、面积变	水文	0.000	大沽	河南省济源县下冶公社清河口村	112°07′	35°02′	1.4	537	
197	41401600	黄河	东洋河	黄河	八里胡同	1991	1	改地址	水文	0.000	大沽	河南省济源市下冶乡清河口村	112°07′	35°02′	1.4	537	
198	41401600	黄河	东洋河	黄河	八里胡同	1996	1	撤销									
199	41401700	黄河	畛水	黄河	仓头	1956	9	设立	水文	0.000	假定	河南省新安县横山村	112°19′	34°50′	8.0	412	
200	41401700	黄河	畛水	黄河	仓头（二）	1959	4	下迁2 500 m	水文	0.000	假定	河南省新安县横山村	112°19′	34°50′	8.0	412	
201	41401700	黄河	畛水	黄河	仓头（二）	1968	9	停测									
202	41401700	黄河	畛水	黄河	仓头（二）	1978	4	恢复,改地址	水文	0.000	假定	河南省新安县仓头镇	112°12′	34°55′			
203	41401700	黄河	畛水	黄河	仓头（二）	1978	8	改站别	水位	0.000	假定	河南省新安县仓头镇	112°12′	34°55′			
204	41401700	黄河	畛水	黄河	仓头（二）	1985		改站别	水文	0.000	假定	河南省新安县仓头镇	112°12′	34°55′	5.6	348	
205	41401700	黄河	畛水	黄河	仓头（二）	1996	1	撤销									
206	41401750	黄河	畛水	黄河	石寺	1996	6	设立	水文	0.000	假定	河南省新安县石寺镇	112°06′	34°50′	25	100	
207	41401800	黄河	漭河	黄河	瑞村	1957	7	设立	实验	0.000	假定	河南省济源县瑞村	112°39′	35°05′		649	无经纬度

序号	测站编码	水系	河名	流入何处	站名	日期 年	日期 月	变动原因	站别	冻结基面与绝对基面高差（m）	绝对或假定基面名称	断面地点	坐标 东经	坐标 北纬	至河口距离（km）	集水面积（km²）	备注
208	41401800	黄河	漭河	黄河	瑞村	1959	1	改基面	实验	0.000	黄海	河南省济源县瑞村	112°39′	35°05′		649	
209	41401800	黄河	漭河	黄河	瑞村	1960	1	撤销									
210	41401800	黄河	漭河	黄河	赵礼庄	1960	1	瑞村站迁至此	实验	0.000	黄海	河南省济源县赵礼庄村	112°39′	35°05′		500	
211	41401800	黄河	漭河	黄河	赵礼庄	1962	1	变改正数	实验	120.000	黄海	河南省济源县赵礼庄村	112°39′	35°05′		500	无1961年年鉴
212	41401800	黄河	漭河	黄河	赵礼庄	1963	1	改站别	径流实验	120.000	黄海	河南省济源县赵礼庄村	112°39′	35°05′		500	
213	41401800	黄河	漭河	黄河	赵礼庄	1964	1	改站别	径流	120.000	黄海	河南省济源县赵礼庄村	112°39′	35°05′		500	
214	41401800	黄河	漭河	黄河	赵礼庄	1971	1	改站别、地名、经纬度	水文	120.000	黄海	河南省济源县轵城（或辐城）乡赵礼庄村	112°37′	35°05′		480	
215	41401800	黄河	漭河	黄河	赵礼庄	1991	1	增加至河口距离	水文	120.000	黄海	河南省济源市辐城乡赵礼庄村	112°37′	35°05′	56	480	
216	41401800	黄河	漭河	黄河	济源	1998	1	行政区划变	水文	120.000	黄海	河南省济源市亚桥乡亚桥村	112°37′	35°05′	56	480	断面位置无变化
217	41401800	黄河	漭河	黄河	济源	2005	1	改基面	水文	120.028	85基准	河南省济源市亚桥乡亚桥村	112°37′	35°05′	56	480	
218	41401910	黄河	漭河	黄河	后进村	1951	7	设立	水位	0.000	假定	河南省孟县后进村	112°48′	35°00′		530	
219	41401910	黄河	漭河	黄河	后进村	1960	1	撤销									
220	41402100	黄河	南漭河	漭河	东官桥	1958	6	设立	水文			河南省济源县东官村	112°38′	35°05′		176	
221	41402100	黄河	南漭河	漭河	东官桥	1961		撤销									
222	41402150	黄河	北漭河	漭河	济源城关站	1958	6	设立	水文			河南省济源县城关村	112°36′	35°05′		161	
223	41402150	黄河	北漭河	漭河	济源城关站	1962		撤销									
224	41402200	黄河	引黄灌渠	卫河	秦厂	1960	3	设立	水文	0.000	大沽	河南省武陟县秦厂村	113°28′	35°00′			
225	41402200	黄河	引黄灌渠	卫河	秦厂	1966	1	改经纬度	水文	0.000	大沽	河南省武陟县秦厂村	113°31′	34°59′			
226	41402200	黄河	引黄灌渠	卫河	秦厂	1968	1	撤销									
227	41402300	黄河	天然渠	天然文岩渠	大宾	1966	6	设立	水文	0.000	黄海	河南省原阳县大宾村	114°02′	35°05′		106	
228	41402300	黄河	天然渠	天然文岩渠	大宾	1971	1	改经纬度	水文	0.000	黄海	河南省原阳县大宾村	114°02′	35°00′		106	

序号	测站编码	水系	河名	流入何处	站名	年	月	变动原因	站别	冻结基面与绝对基面高差（m）	绝对或假定基面名称	断面地点	东经	北纬	至河口距离（km）	集水面积（km²）	备注
229	41402300	黄河	天然渠	天然文岩渠	大宾	1975	1	变改正数	水文	-1.221	黄海	河南省原阳县大宾村	114°02′	35°00′		106	
230	41402300	黄河	天然渠	天然文岩渠	大宾	1985	5	撤销									
231	41402400	黄河	天然文岩渠	黄河	大车集	1956	6	设立	水文	0.000	大沽	河南省长垣县大车集	114°36′	35°03′		2 332	
232	41402400	黄河	天然文岩渠	黄河	大车集	1959	4	4月19日停测									
233	41402400	黄河	天然文岩渠	黄河	大车集（二）	1962	6	恢复为汛期站	水文	0.000	大沽	河南省长垣县位庄公社大车集	114°40′	35°05′		2 032	上迁1 000 m
234	41402400	黄河	天然文岩渠	黄河	大车集（三）	1963	5	下迁200 m至天然渠与文岩渠汇合口以下约400 m处	水文	0.000	大沽	河南省长垣县位庄公社大车集	114°40′	35°05′		2 032	1~4月无资料
235	41402400	黄河	天然文岩渠	黄河	大车集（二）	1965	1	上迁200 m	水文	-0.449	大沽	河南省长垣县位庄公社大车集	114°40′	35°05′		2 032	大车集（三）迁至原大车集（二）处
236	41402400	黄河	天然文岩渠	黄河	大车集（二）	1970	1	变集水面积	水文	-0.449	大沽	河南省长垣县位庄公社大车集	114°40′	35°05′		2 173	
237	41402400	黄河	天然文岩渠	黄河	大车集（二）	1971	1	变集水面积,增加至河口距离	水文	-0.449	大沽	河南省长垣县位庄公社大车集	114°40′	35°05′	46.5	2 283	
238	41402400	黄河	天然文岩渠	黄河	大车集（二）	1972	1	变河口距离	水文	-0.449	大沽	河南省长垣县位庄公社大车集	114°40′	35°05′	47.0	2 283	其他年份均无至河口距离
239	41402400	黄河	天然文岩渠	黄河	大车集（二）	1983	1	改基面和经度	水文	-1.674	黄海	河南省长垣县位庄乡大车集	114°41′	35°05′		2 283	
240	41402450	黄河	文岩渠	天然文岩渠	延津	1934	1	设立	水文			河南省延津县城关	114°03′	35°09′			资料未刊布
241	41402450	黄河	文岩渠	天然文岩渠	延津	1963		撤销									
242	41402500	黄河	文岩渠	天然文岩渠	朱付村	1963	1	设立	水位	0.000	废黄河口	河南省延津县僧固公社朱付村					有年份刊为"生谷"
243	41402500	黄河	文岩渠	天然文岩渠	朱付村	1963	5	改站别	水文	0.000	废黄河口	河南省延津县僧固公社朱付村					
244	41402500	黄河	文岩渠	天然文岩渠	朱付村	1964		增加经纬度	水文	0.000	废黄河口	河南省延津县僧固公社朱付村	114°03′	35°09′			
245	41402500	黄河	文岩渠	天然文岩渠	朱付村（二）	1965	5	下迁400 m	水文	0.000	废黄河口	河南省延津县僧固公社朱付村	114°03′	35°09′			
246	41402500	黄河	文岩渠	天然文岩渠	朱付村（二）	1966	1	增加集水面积,改经纬度	水文	0.000	废黄河口	河南省延津县僧固公社朱付村	114°15′	35°08′		849	
247	41402500	黄河	文岩渠	天然文岩渠	朱付村（二）	1970	1	改经纬度	水文	0.000	废黄河口	河南省延津县僧固公社朱付村	114°03′	35°09′		849	

序号	测站编码	水系	河名	流入何处	站名	年	月	变动原因	站别	冻结基面与绝对基面高差（m）	绝对或假定基面名称	断面地点	东经	北纬	至河口距离（km）	集水面积（km²）	备注
248	41402500	黄河	文岩渠	天然文岩渠	朱付村（二）	1977	1	改基面	水文	-0.914	黄海	河南省延津县僧固公社朱付村	114°15′	35°11′		849	
249	41402500	黄河	文岩渠	天然文岩渠	朱付村（二）	1982	1	变改正数	水文	-1.013	黄海	河南省延津县僧固乡朱付村	114°15′	35°11′		849	
250	41402500	黄河	文岩渠	天然文岩渠	朱付村（二）	1985	1	变改正数	水文	-0.914	黄海	河南省延津县僧固乡朱付村	114°15′	35°11′		849	
251	41402600	黄河	金堤河	黄河	五爷庙	1964	1	设立	水文	0.000	大沽	河南省滑县秦砦村	114°54′	35°35′			
252	41402600	黄河	金堤河	黄河	五爷庙	1964	7	撤销									
253	41402700	黄河	金堤河	黄河	濮阳	1955	6	设立	水位	0.000	大沽	河南省濮阳县城关镇	115°00′	35°42′			1964年水位资料分濮阳（一）和濮阳（二），流量为濮阳
254	41402700	黄河	金堤河	黄河	濮阳	1956	5	改站别，下迁2 500 m	水文	0.000	大沽	河南省濮阳县城关镇	115°00′	35°42′			1958年上迁2 000 m，1962年下迁700 m，1963年下迁1 300 m
255	41402700	黄河	金堤河	黄河	濮阳（二）	1964	8	上迁600 m，改为现名	水文	0.000	大沽	河南省濮阳县城关镇	115°00′	35°42′	118		
256	41402700	黄河	金堤河	黄河	濮阳（二）	1965	7	下迁250 m	水文	0.000	大沽	河南省濮阳县城关镇	115°00′	35°42′	118		
257	41402700	黄河	金堤河	黄河	濮阳（三）	1970	1	下迁50 m，改为现名	水文	0.000	大沽	河南省濮阳县城关镇	115°00′	35°42′	118	3 464	
258	41402700	黄河	金堤河	黄河	濮阳（三）	1971	1	改集水面积、经纬度	水文	0.000	大沽	河南省濮阳县城关镇	115°01′	35°41′		3 237	1974~1978年误为濮阳（二）
259	41402700	黄河	金堤河	黄河	濮阳（三）	1980	1	改基面	水文	-1.187	黄海	河南省濮阳县城关镇古堤村	115°01′	35°41′		3 237	
260	41402700	黄河	金堤河	黄河	濮阳（三）	2000	1	变改正数、改地址、加至河口距离	水文	-1.071	黄海	河南省濮阳县城关镇南堤村	115°01′	35°41′	114.5	3 237	
261	41402800	黄河	金堤河	黄河	高堤口	1963	6	设立	水文	0.000	大沽	山东省莘县高堤口村	115°21′	35°47′	70	3 300	
262	41402800	黄河	金堤河	黄河	高堤口	1964	7	划归河南，改地名	水文	0.000	大沽	河南省范县高堤口村	115°21′	35°47′	70	3 300	
263	41402800	黄河	金堤河	黄河	高堤口	1968	5	撤销									
264	41402900	黄河	金堤河	黄河	樱桃园	1961	1	设立	水位	0.000	大沽	山东省莘县樱桃园	115°30′	35°54′	50	3 480	

序号	测站编码	水系	河名	流入何处	站名	日期 年	日期 月	变动原因	站别	冻结基面与绝对基面高差（m）	绝对或假定基面名称	断面地点	坐标 东经	坐标 北纬	至河口距离（km）	集水面积（km²）	备注
265	41402900	黄河	金堤河	黄河	樱桃园	1965	7	划归河南,改地名	水位	0.000	大沽	河南省范县樱桃园	115°30′	35°54′	50	3 480	
266	41402900	黄河	金堤河	黄河	樱桃园	1968	5	撤销									
267	41402900	黄河	金堤河	黄河	范县	1968	5	樱桃园站迁至此	水文	0.000	大沽	河南省范县樱桃园	115°30′	35°54′	50	3 480	
268	41402900	黄河	金堤河	黄河	范县	1971	1	变集水面积	水文	0.000	大沽	河南省范县城关乡樱桃园村	115°30′	35°54′		4 277	1975年站名改为范县(二)
269	41402900	黄河	金堤河	黄河	范县(二)	1978	7	下迁50 m	水文	0.000	大沽	河南省范县城关乡樱桃园村	115°30′	35°54′		4 277	
270	41402900	黄河	金堤河	黄河	范县(二)	1984	1	改基面	水文	−1.377	黄海	河南省范县城关乡樱桃园村	115°30′	35°54′		4 277	
271	41402900	黄河	金堤河	黄河	范县(二)	2004	1	改经纬度,增加至河口距离	水文	−1.377	黄海	河南省范县新区建设路	115°28′	35°50′	63	4 277	
272	41403000	黄河	金堤河	黄河	古城	1964	1	设立	水位	0.000	大沽	河南省范县古城镇	115°41′	35°57′	35	3 740	
273	41403000	黄河	金堤河	黄河	古城	1965	7	山东移交河南领导	水位	0.000	大沽	河南省范县古城镇	115°41′	35°57′	35	3 740	
274	41403000	黄河	金堤河	黄河	古城	1967	1	撤销									
275	41403300	黄河	黄庄河	金堤河	孔村	1964	7	五爷庙迁至此	水文	0.000	大沽	河南省滑县孔村	114°18′	35°26′		629	
276	41403300	黄河	黄庄河	金堤河	孔村	1971	1	改经纬度、集水面积	水文	0.000	大沽	河南省滑县孔村	114°49′	35°25′		662	
277	41403300	黄河	黄庄河	金堤河	孔村	1984	1	改基面	水文	−0.841	黄海	河南省滑县老庙乡孔村	114°49′	35°25′		662	
278	41403300	黄河	黄庄河	金堤河	孔村	1985	1	改站别	水位	−0.841	黄海	河南省滑县老庙乡孔村	114°49′	35°25′		662	1990年无资料
279	41403300	黄河	黄庄河	金堤河	孔村(二)	1991	1	孔村改为现名	水位	−0.841	黄海	河南省滑县老庙乡孔村	114°49′	35°25′		662	
280	41403300	黄河	黄庄河	金堤河	孔村(二)	1995	1	撤销									
281	41403400	黄河	柳清河	金堤河	张庄	1955	5	设立	水文			河南省滑县张庄村	114°40′	35°24′			
282	41403400	黄河	柳清河	金堤河	张庄	1959		撤销									
283		黄河	文明渠	黄庄河	聂店	1971	1	设立	水文	0.000	黄海	河南省长垣县凡相公社聂店村					无经纬度
284		黄河	文明渠	黄庄河	聂店	1972	1	停测									无编码
285		黄河	文明渠	黄庄河	聂店	1973	1	恢复	水文	0.000	黄海	河南省长垣县凡相公社聂店村					

続表

序号	测站编码	水系	河名	流入何处	站名	日期 年	日期 月	变动原因	站别	冻结基面与绝对基面高差 (m)	绝对或假定基面名称	断面地点	坐标 东经	坐标 北纬	至河口距离 (km)	集水面积 (km²)	备注
286		黄河	文明渠	黄庄河	聂店	1975	1	撤销									
287		黄河	文岩渠	天然文岩渠	后留固	1962	7	设立	水文	0.000	废黄河口	河南省封丘县后留固村					无经纬度
288		黄河	文岩渠	天然文岩渠	后留固	1963	1	撤销									无编码
289		黄河	文岩十支渠	天然文岩渠	罗庄（裴固闸）	1962	4	设立	水文	0.000	废黄河口	河南省长垣县裴固闸	114°32′	35°09′		1 539	无编码
290		黄河	文岩十支渠	天然文岩渠	罗庄（裴固闸）	1963	1	撤销									
291		黄河	丹东渠	丹河	丹东（渠首）	1962	6	设立	水文	0.000	废黄河口	河南省博爱县大新庄					无经纬度
292		黄河	丹东渠	丹河	丹东（渠首）	1963	1	撤销									无编码
293	41600200	伊洛河	伊洛河	黄河	杨村	1936	5	设立	水文			河南偃师县杨村	112°48′	34°41′		18 078	资料未刊布
294	41600200	伊洛河	伊洛河	黄河	杨村	1948		撤销									
295	41600400	伊洛河	伊洛河	黄河	黑石关	1934	7	设立	水文	0.000	大沽	河南省巩县益家窝	112°58′	34°43′			断面在铁桥下 300 m
296	41600400	伊洛河	伊洛河	黄河	黑石关	1937	10	停测									
297	41600400	伊洛河	伊洛河	黄河	黑石关（二）	1947	1	复设	水文	0.000	大沽	河南省巩县益家窝	112°58′	34°43′			铁桥下 200 m
298	41600400	伊洛河	伊洛河	黄河	黑石关（二）	1948	1	停测									
299	41600400	伊洛河	伊洛河	黄河	黑石关（三）	1950	6	复设	水文	0.000	大沽	河南省巩县益家窝	112°58′	34°43′	32	17 700	铁桥上 3 000 m
300	41600400	伊洛河	伊洛河	黄河	黑石关（三）	1971	1	经纬度、至河口距离、面积变	水文	0.000	大沽	河南省巩县益家窝	112°56′	34°43′	20.6	18 563	
301	41600400	伊洛河	伊洛河	黄河	黑石关（四）	1982	1	上迁 120 m	水文	0.000	大沽	河南省巩县益家窝	112°56′	34°43′	21	18 563	
302	41600400	伊洛河	伊洛河	黄河	黑石关（四）	1991	1	变地址	水文	0.000	大沽	河南省巩义市芝田乡益家窝村	112°56′	34°43′	21	18 563	
303	41600800	伊洛河	伊洛河	黄河	巩县	1929	2	设立	水位			河南巩县龙洞	113°01′	34°46′		17 850	资料未刊布
304	41600800	伊洛河	伊洛河	黄河	巩县	1934		撤销									
305	41601000	伊洛河	伊河	伊洛河	栾川	1958	9	设立	水文	0.000	测站	河南省栾川县厂房村					
306	41601000	伊洛河	伊河	伊洛河	栾川	1968	6	停测流量、沙量	水位	0.000	假定	河南省栾川县厂房村					
307	41601000	伊洛河	伊河	伊洛河	栾川	1971	1	增加经纬度、至河口距离和集水面积	水位	0.000	假定	河南省栾川县城关公社厂房村	111°36′	33°47′	226.4	340	

序号	测站编码	水系	河名	流入何处	站名	日期 年	日期 月	变动原因	站别	冻结基面与绝对基面高差（m）	绝对或假定基面名称	断面地点	坐标 东经	坐标 北纬	至河口距离（km）	集水面积（km²）	备注
308	41601000	伊洛河	伊河	伊洛河	栾川	1974	6	恢复流量、沙量测验	水文	0.000	假定	河南省栾川县城关公社厂房村	111°36′	33°47′	226.4	340	
309	41601000	伊洛河	伊河	伊洛河	栾川	1991	1	变地址	水文	0.000	假定	河南省栾川县城关镇厂房村	111°36′	33°47′	226.4	340	
310	41601200	伊洛河	西栾渠	引自伊河	栾川	1958	9	设立	水文	0.000	假定	河南省栾川县城关公社厂房村	111°36′	33°47′			资料未刊布，撤销年份不详
311	41601400	伊洛河	伊河	伊洛河	潭头	1951	4	设立	水位	0.000	假定	河南省栾川县岭东村	111°38′	34°04′	171	1 050	
312	41601400	伊洛河	伊河	伊洛河	潭头（二）	1952	5	下迁500 m	水位	0.000	假定	河南省栾川县					无1958年以前年鉴，资料不详
313	41601400	伊洛河	伊河	伊洛河	潭头（三）	1952	10	上迁1 300 m	水位	0.000	假定	河南省栾川县					
314	41601400	伊洛河	伊河	伊洛河	潭头（四）	1960	6	上迁3 500 m，改站别	水位	0.000	假定	河南省栾川县杏树淀					
315	41601400	伊洛河	伊河	伊洛河	潭头（四）	1962	7	改站别	水位	0.000	假定	河南省栾川县杏树湾村					
316	41601400	伊洛河	伊河	伊洛河	潭头（四）	1963	1	停测									
317	41601400	伊洛河	伊河	伊洛河	潭头（四）	1967	6	复设	水位	0.000	假定	河南省栾川县杏树湾村					
318	41601400	伊洛河	伊河	伊洛河	潭头（四）	1970	6	增加经纬度	水位	0.000	假定	河南省栾川县杏树湾村	111°44′	34°00′			1971年为33°59′
319	41601400	伊洛河	伊河	伊洛河	潭头（四）	1977	1	改站别,增加至河口距离、面积	水文	0.000	假定	河南省栾川县潭头公社杏树湾村	111°44′	33°59′	162.2	1 695	
320	41601600	伊洛河	拨云岭渠	引自伊河	潭头	2002	6	设立	水文	0.000	假定	河南省栾川县潭头乡王坪村	111°45′	33°55′			
321	41601800	伊洛河	跃进渠	引自小河	潭头	1981	1	设立	水文	0.000	假定	河南省栾川县潭头乡杏树湾村	111°44′	33°59′			
322	41602000	伊洛河	伊河	伊洛河	东湾	1956	9	设立	水位	0.000	假定	河南省嵩县酒店村					
323	41602000	伊洛河	伊河	伊洛河	东湾（二）	1960	5	改站别，下迁3 500 m	水文	0.000	假定	河南省嵩县大章公社酒店村					
324	41602000	伊洛河	伊河	伊洛河	东湾（三）	1970	7	下迁100 m	水文	0.000	假定	河南省嵩县大章公社酒店村	111°58′	34°03′			
325	41602000	伊洛河	伊河	伊洛河	东湾（三）	1971	4	改为左岸观测	水文	0.000	假定	河南省嵩县德亭公社酒店村	111°59′	34°03′		2 623	
326	41602000	伊洛河	伊河	伊洛河	东湾（三）	1991	1	变地址	水文	0.000	假定	河南省嵩县德亭乡山峡村	111°59′	34°03′	127	2 623	
327	41602200	伊洛河	伊河	伊洛河	嵩县	1936	1	设立	水文	0.000	假定	河南省嵩县磨沟村	112°03′	34°07′	122	2 300	

序号	测站编码	水系	河名	流入何处	站名	日期 年	日期 月	变动原因	站别	冻结基面与绝对基面高差（m）	绝对或假定基面名称	断面地点	坐标 东经	坐标 北纬	至河口距离（km）	集水面积（km²）	备注
328	41602200	伊洛河	伊河	伊洛河	嵩县	1960	3	撤销									
329	41602400	伊洛河	伊河	伊洛河	陆浑	1955	7	设立	水位	0.000	大沽	河南省伊川县陆浑水库	112°03′	34°08′	103		
330	41602400	伊洛河	伊河	伊洛河	陆浑（二）	1959	3	改站别，下迁1 000 m	水文	0.000	大沽	河南省伊川县陆浑水库	112°03′	34°08′			
331	41602400	伊洛河	伊河	伊洛河	陆浑（三）	1962	1	上迁800 m至坝下200 m	水文	0.000	黄海	河南省伊川县陆浑水库	112°03′	34°08′			
332	41602400	伊洛河	伊河	伊洛河	陆浑（四）	1965	6	迁至坝下400 m	水文	0.000	黄海	河南省伊川县陆浑水库	112°03′	34°08′			
333	41602400	伊洛河	伊河	伊洛河	陆浑（三）	1967	1	改经纬度，迁至坝下200 m	水文	0.000	黄海	河南省嵩县田湖公社纸房村	112°12′	34°13′			
334	41602400	伊洛河	伊河	伊洛河	陆浑（三）	1971	1	改经纬度	水文	0.000	黄海	河南省嵩县田湖公社陆浑水库坝下	112°11′	34°12′	95.1		
335	41602400	伊洛河	伊河	伊洛河	陆浑（三）	1991	1	变地址	水文	0.000	黄海	河南省嵩县田湖乡陆浑水库坝下	112°11′	34°12′	95		
336	41602500	伊洛河	伊河	伊洛河	陆浑（坝上）	1960	1	设立	水文	0.000	黄海	河南省嵩县田湖乡陆浑水库坝下	112°11′	34°12′			
337	41602520	伊洛河	伊河	伊洛河	陆浑（泄洪渠）	1968		设立	水文	0.000	黄海	河南省嵩县田湖公社陆浑水库	112°11′	34°12′			
338	41602520	伊洛河	伊河	伊洛河	陆浑（泄洪渠）	1988		撤销									
339	41602555	伊洛河	伊河		陆浑（总出库）	1988	1	设立	水文							3 492	
340	41602600	伊洛河	毛庄渠	引自陆浑水库	陆浑	1988	1	设立	水文	0.000	黄海	河南省嵩县田湖乡陆浑水库坝下	112°11′	34°12′			
341	41602610	伊洛河	伊河	伊洛河	陆浑（输水渠）	1967		设立	水文	0.000	黄海	河南省嵩县田湖公社陆浑水库	112°11′	34°12′			
342	41602610	伊洛河	伊河	伊洛河	陆浑（输水渠）	1983		撤销									
343	41603000	伊洛河	伊河	引自陆浑水库	陆浑（灌溉渠）	1974	7	设立	水文	0.000	黄海	河南省嵩县田湖乡陆浑水库坝下	112°11′	34°12′			
344	41603200	伊洛河	伊河	伊洛河	龙门镇	1935	8	设立	水文	0.000	大沽	河南省洛阳市龙门镇					
345	41603200	伊洛河	伊河	伊洛河	龙门镇	1944	4	停测									
346	41603200	伊洛河	伊河	伊洛河	龙门镇	1946	2	复设	水文	0.000	大沽	河南省洛阳市龙门镇	112°31′	34°34′			
347	41603200	伊洛河	伊河	伊洛河	龙门镇	1948	2	停测									
348	41603200	伊洛河	伊河	伊洛河	龙门镇	1951	1	复设	水文	0.000	大沽	河南省洛阳市龙门镇	112°31′	34°34′		4 400	
349	41603200	伊洛河	伊河	伊洛河	龙门镇	1955	8	上迁185 m	水文	0.000	大沽	河南省洛阳市龙门镇	112°31′	34°34′		5 400	1月上迁40 m

序号	测站编码	水系	河名	流入何处	站名	年	月	变动原因	站别	冻结基面与绝对基面高差（m）	绝对或假定基面名称	断面地点	东经	北纬	至河口距离（km）	集水面积（km²）	备注
350	41603200	伊洛河	伊河	伊洛河	龙门镇	1958	1	经纬度、面积变，增加至河口距离	水文	0.000	大沽	河南省洛阳市龙门镇	112°28′	34°33′	40.9	5 318	
351	41603400	伊洛河	伊东渠	引自伊河	龙门镇	1957	4	设立	水文	0.000	大沽	河南省洛阳市龙门镇	112°28′	34°33′			
352	41603400	伊洛河	伊东渠	引自伊河	龙门镇（二）	1975		迁移	水文	0.000	大沽	河南省洛阳市龙门镇	112°28′	34°33′			
353	41603500	伊洛河	伊西渠	引自伊河	龙门镇	1993	1	设立	水文	0.000	大沽	河南省洛阳市龙门镇	112°28′	34°33′			
354	41603800	伊洛河	蛮峪河	伊河	下河村	1956	9	设立	水文	0.000	假定	河南省嵩县下河村	111°58′	34°05′			
355	41603800	伊洛河	蛮峪河	伊河	下河村	1962	2	撤销									
356	41603800	伊洛河	蛮峪河	伊河	下河村（二）	1965	6	恢复并上迁30 m	水文	0.000	假定	河南省嵩县德亭公社下河村	111°58′	34°05′			
357	41603800	伊洛河	蛮峪河	伊河	下河村（二）	1971	1	经纬度变，增加至河口距离、面积	水文	0.000	假定	河南省嵩县德亭公社下河村	111°56′	34°07′	9.6	202	
358	41603800	伊洛河	蛮峪河	伊河	下河村（三）	1977		1月下迁40 m，3月又下迁6 m	水文	0.000	假定	河南省嵩县德亭公社下河村	111°56′	34°07′			1979年起小河站刊布
359	41603800	伊洛河	蛮峪河	伊河	下河村（三）	1991	1	变地址	水文	0.000	假定	河南省嵩县德亭乡下河村	111°56′	34°07′	9.6	202	
360	41604000	伊洛河	顺阳河	伊河	叶寨	1956	10	设立	水文			河南省伊川县叶寨	112°16′	34°20′		133	
361	41604000	伊洛河	顺阳河	伊河	叶寨	1958		撤销									
362	41604200	伊洛河	白降河	伊河	庙张	1956	10	设立	水文	0.000	假定	河南省伊川县庙张村	112°28′	34°25′	4.0	348	
363	41604200	伊洛河	白降河	伊河	庙张	1961		撤销									
364	41604800	伊洛河	洛河	伊洛河	瑶沟口	1956	9	设立	水文	0.000	假定	河南省卢氏县瑶沟口村	110°32′	34°05′		2 470	
365	41604800	伊洛河	洛河	伊洛河	瑶沟口	1965	1	经纬度、面积变	水文	0.000	假定	河南省卢氏县瑶沟口村	110°36′	34°02′		3 159	1958年1∶50 000航测图量算
366	41604800	伊洛河	洛河	伊洛河	瑶沟口	1967		撤销									
367	41605000	伊洛河	洛河	伊洛河	卢氏	1951	3	设立	水文	0.000	假定	河南省卢氏县黄村	110°53′	34°01′	226	3 700	
368	41605000	伊洛河	洛河	伊洛河	卢氏	1952	1	改站别	水位	0.000	假定	河南省卢氏县黄村	110°53′	34°01′			
369	41605000	伊洛河	洛河	伊洛河	卢氏	1959	4	改站别，并上迁25 m	水文	0.000	假定	河南省卢氏县黄村	110°53′	34°01′			
370	41605000	伊洛河	洛河	伊洛河	卢氏	1962	3	改站别和经纬度	水位	0.000	假定	河南省卢氏县黄村	110°59′	34°00′	226	3 700	

序号	测站编码	水系	河名	流入何处	站名	日期 年	月	变动原因	站别	冻结基面与绝对基面高差（m）	绝对或假定基面名称	断面地点	坐标 东经	北纬	至河口距离（km）	集水面积（km²）	备注
371	41605000	伊洛河	洛河	伊洛河	卢氏（二）	1971	1	下迁10 km,改站别	水文	0.000	假定	河南省卢氏县大桥头南瑶村	111°04′	34°03′	250.6	4 619	
372	41605000	伊洛河	洛河	伊洛河	卢氏（二）	1974	1	重量集水面积	水文	0.000	假定	河南省卢氏县大桥头	111°04′	34°03′	250.6	4 623	
373	41605000	伊洛河	洛河	伊洛河	卢氏（二）	1976	1	变地址	水文	0.000	假定	河南省卢氏县城关镇大桥头	111°04′	34°03′	250.6	4 623	
374	41605200	伊洛河	洛北渠	引自洛河	卢氏	1976	1	设立	水文	0.000	假定	河南省卢氏县城关镇大桥头	111°04′	34°03′			
375	41605600	伊洛河	洛河	伊洛河	故县	1955	7	设立	水文	0.000	假定	河南省洛宁县故县镇	111°11′	34°18′			
376	41605600	伊洛河	洛河	伊洛河	故县	1956		下迁1 200 m	水文	0.000	假定	河南省洛宁县故县镇					
377	41605600	伊洛河	洛河	伊洛河	故县（二）	1960		迁至故县水库下游	水文	0.000	假定	河南省洛宁县故县镇	111°11′	34°18′			1960年开始有资料
378	41605600	伊洛河	洛河	伊洛河	故县（三）	1962	2	改站别、基面	水位	0.000	大沽	河南省洛宁县寻峪村	111°11′	34°18′			
379	41605600	伊洛河	洛河	伊洛河	故县（二）	1963	6	故县（三）上迁3 000 m	水位	0.000	大沽	河南省洛宁县杨石人村					无经纬度
380	41605600	伊洛河	洛河	伊洛河	故县（二）	1964	11	撤销									
381	41606000	伊洛河	洛河	伊洛河	长水	1951	3	设立	水文	0.000	假定	河南省洛宁县刘坡村	111°27′	34°19′	154	6 400	
382	41606000	伊洛河	洛河	伊洛河	长水	1951	8	下迁200 m	水文	0.000	假定	河南省洛宁县刘坡村	111°27′	34°19′			
383	41606000	伊洛河	洛河	伊洛河	长水	1955	7	上迁100 m	水文	0.000	假定	河南省洛宁县刘坡村	111°27′	34°19′			
384	41606000	伊洛河	洛河	伊洛河	长水（二）	1965	1	改站名	水文	0.000	假定	河南省洛宁县刘坡村	111°27′	34°19′			年鉴上改为长水（二）
385	41606000	伊洛河	洛河	伊洛河	长水（二）	1971	1	经纬度变,增加至河口距离、面积	水文	0.000	假定	河南省洛宁县刘坡村	111°26′	34°19′	188	6 244	
386	41606000	伊洛河	洛河	伊洛河	长水（二）	1991	1	变地址	水文	0.000	假定	河南省洛宁县长水乡刘坡村	111°26′	34°19′	188	6 244	
387	41606200	伊洛河	洛北渠	引自洛河	长水	1977	6	设立	水文	0.000	假定	河南省洛宁县长水乡刘坡村	111°26′	34°19′			
388	41606400	伊洛河	洛河	伊洛河	洛宁	1936	1	设立	水位			河南省洛宁县南关外	111°38′	34°20′		7 100	
389	41606400	伊洛河	洛河	伊洛河	洛宁	1944		撤销									
390	41606600	伊洛河	洛河	伊洛河	宜阳	1951	3	设立	水位	0.000	假定	河南省宜阳县桥头村	112°10′	34°30′			
391	41606600	伊洛河	洛河	伊洛河	宜阳（二）	1954	9	上迁6 000 m,改站别	水文	0.000	假定	河南省宜阳县桥头村	112°10′	34°30′	82	9 100	
392	41606600	伊洛河	洛河	伊洛河	宜阳（二）	1959	6	上迁110 m	水文	0.000	假定	河南省宜阳县桥头村	112°10′	34°30′			

序号	测站编码	水系	河名	流入何处	站名	日期 年	日期 月	变动原因	站别	冻结基面与绝对基面高差（m）	绝对或假定基面名称	断面地点	坐标 东经	坐标 北纬	至河口距离（km）	集水面积（km²）	备注
393	41606600	伊洛河	洛河	伊洛河	宜阳（二）	1964	5	改为汛期站	水文	0.000	假定	河南省宜阳县桥头村	112°10′	34°30′			
394	41606600	伊洛河	洛河	伊洛河	宜阳（二）	1966	4	下迁113 m	水文	0.000	假定	河南省宜阳县桥头村	112°07′	34°31′	82	9 100	
395	41606600	伊洛河	洛河	伊洛河	宜阳（二）	1969	3	撤销									
396	41606600	伊洛河	洛河	伊洛河	宜阳	1971	8	恢复,下迁5 000 m	水文	0.000	假定	河南省宜阳县城北段村	112°10′	34°31′	109.6	9 713	宜阳（二）变成宜阳
397	41606600	伊洛河	洛河	伊洛河	宜阳	1991	1	变地址	水文	0.000	假定	河南省宜阳县寻村乡段村	112°10′	34°31′	109.6	9 713	
398	41606800	伊洛河	先锋渠	引自洛河	宜阳（二）	1975	6	设立	水文	0.000	假定	河南省宜阳县寻村乡段村	112°10′	34°31′			
399	41607000	伊洛河	宜洛渠	引自洛河	宜阳（三）	1975	6	设立	水文	0.000	假定	河南省宜阳县寻村乡段村	112°10′	34°31′			
400	41607200	伊洛河	洛河	伊洛河	洛阳	1935	8	设立,林森桥下150 m	水文	0.000	大沽	河南省洛阳市洛河大桥	112°30′	34°39′	38.0	11 600	
401	41607200	伊洛河	洛河	伊洛河	洛阳	1944	4	停测									
402	41607200	伊洛河	洛河	伊洛河	洛阳（二）	1946	1	复设,桥上370 m	水文	0.000	大沽	河南省洛阳市洛河大桥	112°30′	34°39′			
403	41607200	伊洛河	洛河	伊洛河	洛阳（二）	1948	2	停测									
404	41607200	伊洛河	洛河	伊洛河	洛阳（三）	1951	3	复设,桥上2 200 m	水文	0.000	大沽	河南省洛阳市洛河大桥	112°30′	34°39′			
405	41607200	伊洛河	洛河	伊洛河	洛阳（三）	1955	4	改站别	水位	0.000	大沽	河南省洛阳市洛河大桥	112°30′	34°39′	38.0	11 600	
406	41607200	伊洛河	洛河	伊洛河	洛阳（三）	1968	10	改为汛期站	水位	0.000	大沽	河南省洛阳市洛河大桥	112°30′	34°39′	38.0	11 600	1969年起资料不刊布
407	41607200	伊洛河	洛河	伊洛河	洛阳（三）	1991	1	撤销									
408	41607400	伊洛河	中州渠	引自洛河	洛阳	1975	1	设立	水文	0.000	假定	河南省洛阳市洛北区桥头北	112°28′	34°40′			
409	41607600	伊洛河	洛河	伊洛河	白马寺	1955	1	设立	水文	0.000	假定	河南省洛阳市枣园村	112°34′	34°40′	23.0	11 700	
410	41607600	伊洛河	洛河	伊洛河	白马寺	1965	1	改经纬度	水文	0.000	假定	河南省洛阳市枣园村	112°34′	34°44′	23.0	11 700	
411	41607600	伊洛河	洛河	伊洛河	白马寺	1971	1	经纬度、至河口距离、面积变	水文	0.000	假定	河南省洛阳市枣园村	112°35′	34°43′	58.1	11 891	
412	41607600	伊洛河	洛河	伊洛河	白马寺	1991	1	变地址	水文	0.000	假定	河南省洛阳市白马寺镇枣园村	112°35′	34°43′	58	11 891	
413	41607600	伊洛河	洛河	伊洛河	白马寺	1999	1	变改正数	水文	−10.000	假定	河南省洛阳市白马寺镇枣园村	112°35′	34°43′	58	11 891	

续表

序号	测站编码	水系	河名	流入何处	站名	年	月	变动原因	站别	冻结基面与绝对基面高差（m）	绝对或假定基面名称	断面地点	东经	北纬	至河口距离（km）	集水面积（km²）	备注
414	41608200	伊洛河	涧北河	洛河	涧北	1956	9	设立	水文	0.000	假定	河南省卢氏县涧北村	110°55′	34°00′	2.0	160	1976年7月起水位不刊布
415	41608200	伊洛河	涧北河	洛河	涧北	1971	1	经纬度、至河口距离、面积变	水文	0.000	假定	河南省卢氏县涧北村	110°59′	34°01′	2.2	170	1980年起小河专册刊印
416	41608200	伊洛河	涧北河	洛河	涧北	1988		撤销									
417	41608400	伊洛河	文峪河		涧西	1979	5	设立	水文			河南卢氏县文峪乡涧西村	111°05′	34°04′		134	资料未刊布
418	41608400	伊洛河	文峪河		涧西	1989		撤销									
419	41608603	伊洛河	韩城河	洛河	韩城	1956	9	设立	水文	0.000	假定	河南省宜阳县张沟村	111°58′	34°30′	4.0	263	
420	41608603	伊洛河	韩城河	洛河	韩城（二）	1964	3	河道变化，下迁50 m	水文	0.000	假定	河南省宜阳县张沟村	111°58′	34°30′	4.0	263	
421	41608603	伊洛河	韩城河	洛河	韩城（二）	1965	1	改经纬度	水文	0.000	假定	河南省宜阳县张沟村	111°55′	34°30′	4.0	263	1958年1:50 000航测图量算
422	41608603	伊洛河	韩城河	洛河	韩城（二）	1971	1	至河口距离、面积变	水文	0.000	假定	河南省宜阳县韩城镇张沟村	111°55′	34°30′	3.3	250	1979年以后小河专册刊印
423	41608603	伊洛河	韩城河	洛河	韩城（三）	1994	1	迁移	水文	0.000	假定	河南省宜阳县韩城镇	111°55′	34°30′	1.0	258	
424	41608700	伊洛河	民主渠	引自韩城河	韩城	1959		设立	水文	0.000	假定	河南省宜阳县韩城镇张沟村	111°55′	34°30′			
425	41608700	伊洛河	民主渠	引自韩城河	韩城	1967		撤销									
426	41608800	伊洛河	李沟		西关（二）	1978	6	设立	水文			河南省宜阳县西关	112°09′	34°31′		40.6	资料未刊布
427	41608800	伊洛河	李沟		西关（二）	1989		撤销									
428	41609000	黄河	涧河	洛河	塔泥	1963	1	设立	水文	0.000	假定	河南省渑池县塔泥街	111°49′	34°45′		398	
429	41609000	黄河	涧河	洛河	塔泥	1964	1	撤销									
430	41609200	伊洛河	涧河	洛河	新安	1952	5	设立	水位	0.000	假定	河南省新安县城关镇	112°09′	34°38′		1 400	
431	41609200	伊洛河	涧河	洛河	新安	1959	4	改站别，上迁418 m	水文	0.000	假定	河南省新安县城关镇	112°09′	34°38′		1 400	
432	41609200	伊洛河	涧河	洛河	新安	1963	1	改基面	水文	0.000	大沽	河南省新安县城关镇	112°09′	34°38′		1 400	

序号	测站编码	水系	河名	流入何处	站名	日期 年	月	变动原因	站别	冻结基面与绝对基面高差（m）	绝对或假定基面名称	断面地点	坐标 东经	北纬	至河口距离（km）	集水面积（km²）	备注
433	41609200	伊洛河	涧河	洛河	新安（二）	1965	1	改经纬度	水文	0.000	大沽	河南省新安县城关镇	112°09′	34°44′		1 400	1958年1:50 000航测图量算
434	41609200	伊洛河	涧河	洛河	新安（二）	1971	1	增加至河口距离，经纬度、面积变	水文	0.000	大沽	河南省新安县城南关	112°09′	34°43′	46.4	829	
435	41609400	伊洛河	涧河	洛河	磁涧	1954	4	设立	水文	0.000	大沽	河南省新安县孝水村	112°22′	34°42′	17.0	1 680	
436	41609400	伊洛河	涧河	洛河	磁涧	1959	3	撤销	水文								上迁15 km合并新安站
437	41609600	伊洛河	涧河	洛河	谷水	1954	3	设立	水文			河南省洛阳市二郎庙	112°21′	34°41′		1 294	资料未刊布
438	41609600	伊洛河	涧河	洛河	谷水	1959		撤销									
439	41609800	伊洛河	涧河	洛河	洛阳	1984	1	设立	水文			河南省洛阳市洛北乡东涧沟村	112°25′	34°41′		1 400	资料未刊布
440	41701600	沁河	沁河	黄河	五龙口	1951	8	设立	水文	0.000	大沽	河南省济源县省庄	112°39′	35°13′	91.0	6 850	
441	41701600	沁河	沁河	黄河	五龙口	1952	6	上迁300 m，改左岸观测	水文	0.000	大沽	河南省济源县省庄	112°39′	35°13′			
442	41701600	沁河	沁河	黄河	五龙口（二）	1953	6	上迁553 m	水文	0.000	大沽	河南省济源县省庄	112°39′	35°13′			
443	41701600	沁河	沁河	黄河	五龙口（二）	1953	8	8月设施全被冲毁，21日下迁467 m	水文	0.000	大沽	河南省济源县省庄	112°39′	35°13′			
444	41701600	沁河	沁河	黄河	五龙口（二）	1965	1	改经纬度	水文	0.000	大沽	河南省济源县省庄	112°41′	35°10′	91.0	6 850	1958年1:50 000航测图量算
445	41701600	沁河	沁河	黄河	五龙口（二）	1971	1	经纬度、至河口距离、面积变	水文	0.000	大沽	河南省济源县省庄	112°41′	35°09′	89.5	9 245	
446	41701600	沁河	沁河	黄河	五龙口（二）	1991	1	变地址	水文	0.000	大沽	河南省济源市辛庄乡省庄	112°41′	35°09′	90.0	9 245	
447	41701800	沁河	兴利渠	引自沁河	五龙口	1962	1	设立	水文	0.000	大沽	河南省济源县省庄	112°41′	35°09′			
448	41701800	沁河	兴利渠	引自沁河	五龙口	1991	1	变地址	水文	0.000	大沽	河南省济源市辛庄乡省庄	112°41′	35°09′			
449	41702000	沁河	广惠渠	引自沁河	五龙口	1978	6	设立	水文	0.000	大沽	河南省济源县省庄	112°41′	35°09′			

序号	测站编码	水系	河名	流入何处	站名	日期 年	日期 月	变动原因	站别	冻结基面与绝对基面高差（m）	绝对或假定基面名称	断面地点	坐标 东经	坐标 北纬	至河口距离（km）	集水面积（km²）	备注
450	41702000	沁河	广惠渠	引自沁河	五龙口	1991	1	变地址	水文	0.000	大沽	河南省济源市辛庄乡省庄	112°41′	35°09′			
451	41702400	沁河	沁河	黄河	武陟	1969	1	设立	水文	-0.074	大沽	河南省武陟县大虹桥村	113°16′	35°04′	26.8	12 880	
452	41702400	沁河	沁河	黄河	武陟	1991	1	变地址	水文	-0.074	大沽	河南省武陟县大虹桥乡大虹桥村	113°16′	35°04′	27.0	12 880	
453	41702600	沁河	沁河	黄河	木栾店	1933	11	设立	水位	0.000	大沽	河南省武陟县木栾店	113°21′	35°04′	10.0	12 300	
454	41702600	沁河	沁河	黄河	木栾店	1963	1	撤销									
455	41702700	沁河	沁河	黄河	小董	1949	9	设立	水文	0.000	大沽	河南省武陟县北陶村	113°13′	35°03′	26.0	12 100	
456	41702700	沁河	沁河	黄河	小董	1950	6	6月24日下迁1 100 m	水文	0.000	大沽	河南省武陟县北陶村	113°13′	35°03′			
457	41702700	沁河	沁河	黄河	小董	1951	7	7月25日下迁8 m	水文	0.000	大沽	河南省武陟县北陶村	113°13′	35°03′			
458	41702700	沁河	沁河	黄河	小董	1965	1	变改正数	水文	-0.074	大沽	河南省武陟县北陶村	113°13′	35°03′			
459	41702700	沁河	沁河	黄河	小董（大虹桥）	1966	1	下迁2 500 m	水文	-0.074	大沽	河南省武陟县大虹桥村	113°16′	35°04′	26.8	12 880	
460	41702700	沁河	沁河	黄河	小董（二）	1967	1	改站名	水文	-0.074	大沽	河南省武陟县大虹桥村	113°16′	35°04′	26.8	12 880	即原小董（大虹桥）断面
461	41702700	沁河	沁河	黄河	小董（二）	1968	6	改站别	水位	-0.074	大沽	河南省武陟县大虹桥村	113°16′	35°04′			
462	41702700	沁河	沁河	黄河	小董（二）	1969	1	撤销									
463	41704600	沁河	丹河	沁河	山路平	1951	9	设立	水文	0.000	假定	河南省沁阳县四渡村	113°02′	35°16′	21.0	3 150	
464	41704600	沁河	丹河	沁河	山路平	1952	6	6月13日上迁48 m	水文	0.000	假定	河南省沁阳县四渡村	113°02′	35°16′			
465	41704600	沁河	丹河	沁河	山路平	1952	8	8月11日下迁66 m	水文	0.000	假定	河南省沁阳县四渡村	113°02′	35°16′			
466	41704600	沁河	丹河	沁河	山路平	1953	6	6月2日下迁18 m	水文	0.000	假定	河南省沁阳县四渡村	113°02′	35°16′			
467	41704600	沁河	丹河	沁河	山路平	1954	7	上迁60 m	水文	0.000	假定	河南省沁阳县四渡村	113°02′	35°16′			
468	41704600	沁河	丹河	沁河	山路平	1955	4	下迁2 500 m至山路平村	水文	0.000	假定	河南省沁阳县山路平村					
469	41704600	沁河	丹河	沁河	山路平	1957	6	迁至1951年断面上游6 m处	水文	0.000	假定	河南省沁阳县四渡村	113°02′	35°16′			

序号	测站编码	水系	河名	流入何处	站名	日期		变动原因	站别	冻结基面与绝对基面高差（m）	绝对或假定基面名称	断面地点	坐标		至河口距离（km）	集水面积（km²）	备注
						年	月						东经	北纬			
470	41704600	沁河	丹河	沁河	山路平	1965	1	变经纬度	水文	0.000	假定	河南省沁阳县四渡村	112°59′	35°13′	21.0	3 150	原误刊为山路平（二）
471	41704600	沁河	丹河	沁河	山路平（二）	1968	6	下迁20 m	水文	0.000	假定	河南省沁阳县四渡村	112°59′	35°13′	21.0	3 150	
472	41704600	沁河	丹河	沁河	山路平（二）	1971	1	经纬度、至河口距离、面积变	水文	0.000	假定	河南省沁阳县常平乡四渡村	112°59′	35°14′	25.3	3 049	
473	41705200	沁河	丰收渠	引自丹河	山路平	1973	3	设立	水文	0.000	假定	河南省沁阳县常平乡四渡村	112°59′	35°14′			

注:河南省水文水资源局局属站1958年前无5册水流沙年鉴,缺1961年年鉴,1960年前分水位站、流量站、实验站、径流站等。

淮河流域水位、水文站沿革表

序号	测站编码	水系	河名	流入何处	站名	日期 年	日期 月	变动原因	站别	冻结基面与绝对基面高差（m）	绝对或假定基面名称	断面地点	坐标 东经	坐标 北纬	至河口距离（km）	集水面积（km²）	备注
1	50100100	淮河	淮河	洪泽湖	大坡岭	1952	9	设立	水文	0.000	废黄河口	河南省信阳县高粱店公社李田村	113°44′	32°27′	690	1 640	
2	50100100	淮河	淮河	洪泽湖	大坡岭	1975		改基面,改经纬度	水文	-0.079	黄海	河南省信阳县高粱店公社李田村	113°45′	32°25′	690	1 640	
3	50100200	淮河	淮河	洪泽湖	平昌关	1951	4	设立	水文	0.000	假定	河南省信阳县平昌关镇	113°54′	32°23′			
4	50100200	淮河	淮河	洪泽湖	平昌关	1955	5	撤销									
5	50100250	淮河	淮河	洪泽湖	出山店	1954	8	设立	水位	0.000	废黄河口	河南省信阳县大埠口村	113°55′	32°15′			
6	50100250	淮河	淮河	洪泽湖	出山店	1957	6	撤销									
7	50100300	淮河	淮河	洪泽湖	长台关	1936	1	设立		0.000	假定	河南省信阳县长台关镇	114°02′	32°20′	634	3 090	
8	50100300	淮河	淮河	洪泽湖	长台关	1938	1	停测									
9	50100300	淮河	淮河	洪泽湖	长台关	1950	6	恢复	水文	0.000	假定	河南省信阳县长台关镇	114°04′	32°20′	634	3 090	
10	50100300	淮河	淮河	洪泽湖	长台关	1975		改基面	水文	-0.135	黄海	河南省信阳县长台关镇	114°04′	32°19′	634	3 090	
11	50100400	淮河	淮河	洪泽湖	江湾	1952	6	设立	水文	0.000	废黄河口	河南省正阳县江湾村	114°30′	32°18′			
12	50100400	淮河	淮河	洪泽湖	江湾	1954	6	上迁180 m	水文	0.000	废黄河口	河南省正阳县江湾村	114°30′	32°18′			
13	50100400	淮河	淮河	洪泽湖	江湾	1957	1	撤销									
14	50100500	淮河	淮河	洪泽湖	息县	1935	5	设立	水文	0.000	假定	河南省息县城关镇大埠口村	114°44′	32°20′	540		
15	50100500	淮河	淮河	洪泽湖	息县	1938	1	停测									
16	50100500	淮河	淮河	洪泽湖	息县	1942	1	恢复	水文	0.000	假定	河南省息县城关镇大埠口村	114°44′	32°20′			
17	50100500	淮河	淮河	洪泽湖	息县	1946	1	停测									
18	50100500	淮河	淮河	洪泽湖	息县	1950	6	恢复	水文	0.000	假定	河南省息县南门外甄湾村	114°43′	32°22′			
19	50100500	淮河	淮河	洪泽湖	息县	1952	1	改基面	水文	0.000	废黄河口	河南省息县南门外甄湾村	114°43′	32°22′		10 190	
20	50100500	淮河	淮河	洪泽湖	息县	1975	1	改基面	水文	-0.134	黄海	河南省息县城关镇大埠口村	114°44′	32°20′	540	10 190	
21	50100600	淮河	淮河	洪泽湖	埤孜集	1951	4	设立	水位	0.000	假定	河南省潢川县埤孜集镇	115°13′	32°21′			
22	50100600	淮河	淮河	洪泽湖	埤孜集	1952	1	改基面	水位	0.000	废黄河口	河南省潢川县埤孜集镇	115°13′	32°21′			
23	50100600	淮河	淮河	洪泽湖	埤孜集	1956	6	停测									
24	50100600	淮河	淮河	洪泽湖	埤孜集	1961	6	恢复	水位	0.000	废黄河口	河南省潢川县来龙区埤孜集镇	115°13′	32°21′		13 290	

序号	测站编码	水系	河名	流入何处	站名	日期 年	日期 月	变动原因	站别	冻结基面与绝对基面高差（m）	绝对或假定基面名称	断面地点	坐标 东经	坐标 北纬	至河口距离（km）	集水面积（km²）	备注
25	50100600	淮河	淮河	洪泽湖	踅孜集	1963	1	停测									
26	50100600	淮河	淮河	洪泽湖	踅孜集	1976		恢复	水位	−0.131	黄海	河南省潢川县来龙区踅孜集镇	115°12′	32°20′			
27	50100700	淮河	淮河	洪泽湖	淮滨	1952	6	设立	水文	0.000	废黄河口	河南省淮滨县赵湾乡任小店孜村	115°30′	32°25′			
28	50100700	淮河	淮河	洪泽湖	淮滨	1957	6	改站别,变改正数	水位	−0.009	废黄河口	河南省淮滨县赵湾乡任小店孜村	115°30′	32°25′	452		
29	50100700	淮河	淮河	洪泽湖	淮滨	1959	1	改站别	水文	−0.009	废黄河口	河南省淮滨县赵湾乡任小店孜村	115°30′	32°25′	452	16 100	
30	50100700	淮河	淮河	洪泽湖	淮滨（二）	1963	1	上迁5.0 km,改地名	水文	0.000	废黄河口	河南省淮滨县城关镇大台孜村	115°26′	32°25′	458	16 100	
31	50100700	淮河	淮河	洪泽湖	淮滨（三）	1966	5	上迁2.5 km	水文	0.000	废黄河口	河南省淮滨县城关镇大台孜村	115°26′	32°25′	458	16 100	精高
32	50100700	淮河	淮河	洪泽湖	淮滨（三）	1975	1	改基面	水文	−0.134	黄海	河南省淮滨县城关镇大台孜村	115°25′	32°26′	461	16 100	
33	50100700	淮河	淮河	洪泽湖	淮滨（三）	2000	1	改基面	水文	−0.125	85基准	河南省淮滨县城关镇大台孜村	115°25′	32°26′	461	16 005	
34	50100800	淮河	淮河	洪泽湖	洪河口	1919	11	设立	水位	0.000	废黄河口	河南省固始县洪河口	115°34′	32°24′			
35	50100800	淮河	淮河	洪泽湖	洪河口	1925		停测									
36	50100800	淮河	淮河	洪泽湖	洪河口	1935	8	恢复	水位	0.000	假定	河南省固始县洪河口	115°34′	32°24′			年鉴刊为息县
37	50100800	淮河	淮河	洪泽湖	洪河口	1938	9	停测									
38	50100800	淮河	淮河	洪泽湖	洪河口	1950	8	恢复	水文	0.000	废黄河口	河南省固始县洪河口	115°′	32°24′			
39	50100800	淮河	淮河	洪泽湖	洪河口	1957	5	停测									
40	50100800	淮河	淮河	洪泽湖	洪河口	1961	6	恢复,变地址	水文	0.000	废黄河口	河南省淮滨县楠杆区前刘寨	115°34′	32°24′		28 600	
41	50100800	淮河	淮河	洪泽湖	洪河口	1962	1	停测									
42	50100800	淮河	淮河	洪泽湖	洪河口	1964	1	恢复	水文	0.000	废黄河口	河南省淮滨县楠杆区前刘寨	115°34′	32°24′		28 600	
43	50100800	淮河	淮河	洪泽湖	洪河口	1967	1	撤销									
44	50101300	淮河	淮河	洪泽湖	三河尖	1919	11	设立	水位	0.000	废黄河口	安徽省霍邱县三河尖	115°54′	32°33′			
45	50101300	淮河	淮河	洪泽湖	三河尖	1924	1	停测									
46	50101300	淮河	淮河	洪泽湖	三河尖	1932	8	恢复	水位	0.000	废黄河口	安徽省霍邱县三河尖	115°54′	32°33′			
47	50101300	淮河	淮河	洪泽湖	三河尖	1960		停测									
48	50101300	淮河	淮河	洪泽湖	三河尖	1964		恢复为汛期站	水位	0.000	废黄河口	河南省固始县三河尖镇	115°54′	32°33′			

序号	测站编码	水系	河名	流入何处	站名	日期 年	月	变动原因	站别	冻结基面与绝对基面高差（m）	绝对或假定基面名称	断面地点	坐标 东经	北纬	至河口距离（km）	集水面积（km²）	备注
49	50101300	淮河	淮河	洪泽湖	三河尖	1971	5	改常年站、基面	水位	-0.133	黄海	河南省固始县三河尖镇	115°54′	32°33′	391	6 850	注1
50	50201000	淮河	庄河	淮河	高粱店	1972	5	设立	水文			河南省信阳县高粱店公社高粱店	113°46′	32°23′			
51	50201000	淮河	庄河	淮河	高粱店	1980		撤销									
52	50201100	淮河	庄河	淮河	徐埠	1970	6	设立	水文	0.000	假定	河南省信阳县邢集公社徐埠村	115°54′	32°33′		79	
53	50201100	淮河	庄河	淮河	徐埠	1974	12	撤销									
54	50201200	淮河	小河	游河	徐畈	1970	6	设立	水文	0.000	黄海	河南省信阳县吴店公社徐畈村	113°46′	32°20′			
55	50201200	淮河	小河	游河	徐畈	1975	1	撤销									
56	50201300	淮河	游河	淮河	顺河店	1952	8	设立	水文	0.000	假定	河南省信阳县顺河店村	113°53′	32°13′			
57	50201300	淮河	游河	淮河	顺河店	1953	1	停测									
58	50201300	淮河	游河	淮河	顺河店	1967	5	恢复	水文	0.000	黄海	河南省信阳县顺河店村	113°53′	32°13′		361	
59	50201300	淮河	游河	淮河	顺河店（二）	1974	6	下迁100 m,改站别	水位	0.000	黄海	河南省信阳县顺河店村	113°53′	32°13′		361	
60	50201300	淮河	游河	淮河	顺河店（二）	1993	1	撤销									
61	50201400	淮河	十字江	淮河	马营	1973	4	设立,汛期	水文	0.000	假定	河南省信阳县长台关公社马营	114°02′	32°23′		38.1	
62	50201400	淮河	十字江	淮河	马营	1980	1	撤销									
63	50201500	淮河	浉河	淮河	谭家河	1980	1	设立	水位	0.000	黄海	河南省信阳县谭家河乡谭家河	113°53′	31°54′			
64	50201500	淮河	浉河	淮河	谭家河	1983	1	改站别	水文	0.000	黄海	河南省信阳县谭家河乡谭家河	113°53′	31°54′	102	152	
65	50201600	淮河	浉河	淮河	西双河	1953	2	设立	水位	0.000	假定	河南省信阳县西双河镇	114°10′	32°07′			
66	50201600	淮河	浉河	淮河	西双河	1958		撤销									
67	50201700	淮河	浉河	淮河	南湾	1951	5	设立	水文	0.000	假定	河南省信阳县南湾	113°58′	32°08′			
68	50201700	淮河	浉河	淮河	南湾	1952	1	改基面	水文	0.000	废黄河口	河南省信阳县南湾	113°58′	32°08′			
69	50201800	淮河	浉河	淮河	南湾水库（坝上）	1952	4	南湾改建水库站	水文	0.000	废黄河口	河南省信阳县南湾水库	113°58′	32°08′			注2
70	50201800	淮河	浉河	淮河	南湾水库（坝上）	1975	1	改基面	水文	0.165	黄海	河南省信阳县南湾水库	113°58′	32°08′			
71	50201820	淮河	浉河	淮河	南湾水库（溢洪道）	1957	1	设立	水文			河南省信阳县南湾水库	114°00′	32°07′			
72	50201840	淮河	浉河	淮河	南湾水库（输水道）	1955	1	设立	水文			河南省信阳县南湾水库	114°00′	32°07′			

序号	测站编码	水系	河名	流入何处	站名	日期 年	日期 月	变动原因	站别	冻结基面与绝对基面高差（m）	绝对或假定基面名称	断面地点	坐标 东经	坐标 北纬	至河口距离（km）	集水面积（km²）	备注
73	50201860	淮河	浉河	淮河	南湾水库（电站）	1959	1	设立	水文			河南省信阳县南湾水库	114°00′	32°07′			
74	50201880	淮河	浉河		南湾水库（出库总量）	1955	4	设立	水文							1 090	
75	50201900	淮河	浉河	淮河	平桥（坝上）	1960	9	设立	水文	0.000	废黄河口	河南省信阳县平桥镇	114°08′	32°06′			
76	50201900	淮河	浉河	淮河	平桥（坝上）	1963	1	停测									
77	50201900	淮河	浉河	淮河	平桥（坝上）	1972	1	恢复	水文	0.000	废黄河口	河南省信阳县平桥镇	114°08′	32°06′			
78	50201900	淮河	浉河	淮河	平桥（坝上）	1975	1	改基面	水文	−0.125	黄海	河南省信阳县平桥镇	114°08′	32°06′	46	489	
79		淮河	浉河	淮河	平桥（坝下）	1960	9	设立	水文	0.000	废黄河口	河南省信阳县平桥镇	114°08′	32°06′			
80	50201910	淮河	南干渠		平桥（南干老闸下）	1961	6	设立	水文	0.000	废黄河口	河南省信阳县平桥镇	114°08′	32°06′			
81	50201930	淮河	南干渠		平桥（南干新闸上）	1971	6	设立	水文	0.000	废黄河口	河南省信阳县平桥镇	114°08′	32°06′			
82	50201950	淮河	南干渠		平桥（南干总量）	1971	6	设立									
83	50201965	淮河	北干渠		平桥（北干闸下）	1960	9	设立	水文	0.000	废黄河口	河南省信阳县平桥镇	114°08′	32°05′			
84	50201970	淮河	北干渠		平桥（北干总量）	1960	9	设立									
85	50201980	淮河	电厂引水渠	北干渠	平桥（电厂）	1975		设立	水文	−0.125	黄海	河南省信阳县平桥镇	114°08′	32°05′			
86	50202000	淮河	竹竿河	淮河	陡山冲	1952	5	设立	水文	0.000	废黄河口	河南省罗山县庚戌村	114°24′	31°56′			
87	50202000	淮河	竹竿河	淮河	陡山冲	1954	1	改基面	水位	0.230	废黄河口（精）	河南省罗山县庚戌村	114°24′	31°56′			
88	50202000	淮河	竹竿河	淮河	陡山冲	1955		撤销									
89	50202100	淮河	竹竿河	淮河	南李店	1955	3	设立	水文	0.000	废黄河口	河南省罗山县南李店乡南李店村	114°24′	32°02′			
90	50202100	淮河	竹竿河	淮河	南李店	1975	1	改基面	水文	−0.129	黄海	河南省罗山县庙仙公社南李店村	114°36′	32°02′	31	1 434	
91	50202100	淮河	竹竿河	淮河	南李店	1990	1	撤销									
92	50202200	淮河	竹竿河	淮河	竹竿铺	1952	6	设立	水文	0.000	废黄河口	河南省罗山县竹竿铺乡竹竿铺	114°38′	32°12′		1 640	
93	50202200	淮河	竹竿河	淮河	竹竿铺	1954		改基面	水文	0.000	废黄河口（精）	河南省罗山县竹竿铺乡竹竿铺	114°38′	32°12′		1 640	
94	50202200	淮河	竹竿河	淮河	竹竿铺	1955	1	改站别	水位	0.000	废黄河口	河南省罗山县竹竿铺乡竹竿铺	114°40′	32°12′		1 640	

序号	测站编码	水系	河名	流入何处	站名	日期 年	月	变动原因	站别	冻结基面与绝对基面高差（m）	绝对或假定基面名称	断面地点	坐标 东经	北纬	至河口距离（km）	集水面积（km²）	备注
95	50202200	淮河	竹竿河	淮河	竹竿铺	1957	7	停测									
96	50202200	淮河	竹竿河	淮河	竹竿铺（二）	1987	1	恢复,改为竹竿铺（二）	水文	0.000	黄海	河南省罗山县竹竿铺乡竹竿铺	113°40′	32°12′		1 639	
97	50202200	淮河	竹竿河	淮河	竹竿铺（三）	1990	1	上迁380 m	水文	0.000	黄海	河南省罗山县竹竿铺乡竹竿铺	114°39′	32°10′	20	1 639	
98	50202200	淮河	竹竿河	淮河	竹竿铺（三）	2000	1	改基面	水文	0.086	85 基准	河南省罗山县竹竿铺乡竹竿铺	114°39′	32°10′	20	1 639	
99	50202300	淮河	小潢河	竹竿河	石山口水库	1958	1	设立	水位			河南省罗山县石山口水库	114°23′	32°02′			注3
100	50202300	淮河	小潢河	竹竿河	石山口水库（坝上）	1971	1	河道站改为水库站	水位	0.000	废黄河口	河南省罗山县石山口水库	114°23′	32°02′	44		
101	50202300	淮河	小潢河	竹竿河	石山口水库（坝上）	1975	1	改站别、基面	水文	−0.233	黄海	河南省罗山县石山口水库	114°23′	32°02′			
102	50202310	淮河	小潢河	竹竿河	石山口水库（泄洪道）	1976	4	设立	水文	−0.233	黄海	河南省罗山县石山口水库	114°23′	32°02′			
103	50202320	淮河	小潢河	竹竿河	石山口水库（小电站）	1981	1	设立	水文	−0.233	黄海	河南省罗山县石山口水库	114°23′	32°02′			
104	50202330	淮河	小潢河	竹竿河	石山口水库（电站）	1981	1	设立	水文	−0.233	黄海	河南省罗山县石山口水库	114°23′	32°02′			
105	50202350	淮河	小潢河	竹竿河	石山口水库（输水道）	1976	4	设立	水文	−0.233	黄海	河南省罗山县石山口水库	114°23′	32°02′			
106	50202370	淮河	北干渠	竹竿河	石山口水库（北干渠）	1976	4	设立	水文	−0.233	黄海	河南省罗山县石山口水库	114°23′	32°02′			
107	50202380	淮河	小潢河		石山口水库（出库总量）	1971	4	设立	水文							306	
108	50202400	淮河	小潢河	竹竿河	罗山	1952	5	设立	水文	0.000	废黄河口	河南省罗山县城关镇建设街	114°31′	32°13′			
109	50202400	淮河	小潢河	竹竿河	罗山	1963		撤销									
110	50202500	淮河	寨河	淮河	寨河	1953	6	设立	水文	0.000	废黄河口	河南省光山县寨河乡东菜园村	114°55′	32°09′			
111	50202500	淮河	寨河	淮河	寨河	1957		撤销									
112	50202600	淮河	青龙河	寨河	五岳水库（坝上）	1973	7	设立	水文	0.000	废黄河口	河南省光山五岳水库	114°39′	31°52′	76		
113	50202600	淮河	青龙河	寨河	五岳水库（坝上）	1980	1	改基面	水文	−0.311	黄海	河南省光山五岳水库	114°39′	31°52′	76		
114	50202610	淮河	青龙河	寨河	五岳水库（溢洪道）	1975		设立	水文	−0.311	黄海	河南省光山五岳水库	114°39′	31°52′			
115	50202620	淮河	干渠	寨河	五岳水库（干渠）	1975		设立	水文	−0.311	黄海	河南省光山五岳水库	114°39′	31°52′			
116	50202630	淮河	青龙河	寨河	五岳水库（输水道）	1975		设立	水文	−0.311	黄海	河南省光山五岳水库	114°39′	31°52′			
117	50202650	淮河	青龙河		五岳水库（出库总量）	1975	1	设立	水文							102	

序号	测站编码	水系	河名	流入何处	站名	日期 年	日期 月	变动原因	站别	冻结基面与绝对基面高差（m）	绝对或假定基面名称	断面地点	坐标 东经	坐标 北纬	至河口距离（km）	集水面积（km²）	备注
118	50202700	淮河	闾河	淮河	王勿桥	1983	1	设立	水文	0.000	黄海	河南省正阳县王勿桥公社王勿桥	114°37′	32°33′	67	200	
119	50202700	淮河	闾河	淮河	王勿桥	1995	1	变改正数	水文	0.267	黄海	河南省正阳县王勿桥公社王勿桥	114°37′	32°33′	67	200	
120	50202800	淮河	闾河	淮河	包信	1958	5	设立	水文	0.000	废黄河口	河南省息县包信镇	115°01′	32°35′			
121	50202800	淮河	闾河	淮河	包信	1975	1	改基面	水文	-0.139	黄海	河南省息县包信镇	115°01′	32°35′	26	736	
122	50202800	淮河	闾河	淮河	包信	1981		撤销									
123	50202900	淮河	潢河	淮河	新县	1966	7	设立	水文	0.000	废黄河口	河南省新县城关镇	114°52′	31°39′			
124	50202900	淮河	潢河	淮河	新县（二）	1973	1	上迁250 m	水文	0.000	废黄河口	河南省新县城关镇	114°52′	31°37′			
125	50202900	淮河	潢河	淮河	新县（二）	1976	1	改基面	水文	-0.143	黄海	河南省新县城关镇	114°52′	31°37′		274	
126	50203000	淮河	潢河	淮河	龙山	1951	6	设立	水文	0.000	废黄河口	河南省光山县城郊公社龙山镇	114°55′	32°00′			
127	50203000	淮河	潢河	淮河	龙山	1967	1	撤销									
128	50203000	淮河	潢河	淮河	龙山水库（坝上）	2009	1	设立	水文	0.000	黄海	河南省光山县槐店乡珠山村	114°51′	31°58′	66		
129	50203010	淮河	南干渠		龙山水库（南干渠）	2009	1	设立	水文	0.000	黄海	河南省光山县槐店乡珠山村	114°51′	31°58′			
130	50203020	淮河	北干渠		龙山水库（北干渠）	2009	1	设立	水文	0.000	黄海	河南省光山县槐店乡珠山村	114°51′	31°58′			
131	50203030	淮河	潢河	淮河	龙山水库（泄洪闸）	2009	1	设立	水文	0.000	黄海	河南省光山县槐店乡珠山村	114°51′	31°58′			
132	50203050	淮河	潢河		龙山水库（出库总量）	2009	1	设立	水文							1 220	
133	50203100	淮河	潢河	淮河	潢川	1936	6	设立	水文	0.000	假定一	河南省潢川县城关镇	115°03′	32°08′			
134	50203100	淮河	潢河	淮河	潢川	1938	1	停测									
135	50203100	淮河	潢河	淮河	潢川	1942	1	恢复	水文	0.000	假定二	河南省潢川县城关镇	115°03′	32°08′			
136	50203100	淮河	潢河	淮河	潢川	1946	1	停测									
137	50203100	淮河	潢河	淮河	潢川	1951	3	恢复	水文	0.000	假定	河南省潢川县城关镇	115°03′	32°08′			
138	50203100	淮河	潢河	淮河	潢川	1952	1	改基面	水文	0.000	废黄河口	河南省潢川县城关镇	115°03′	32°08′			
139	50203100	淮河	潢河	淮河	潢川	1956	7	上迁800 m	水文	0.000	废黄河口	河南省潢川县城关镇	115°03′	32°08′			
140	50203100	淮河	潢河	淮河	潢川	1975	1	改基面	水文	-0.128	黄海	河南省潢川县城关镇	115°03′	32°08′	40	2 050	
141	50203200	淮河	田铺河	潢河	水塝	1978	1	设立	水文	0.000	假定	河南省新县田铺乡黄河村	114°56′	31°33′		45.7	

序号	测站编码	水系	河名	流入何处	站名	日期 年	日期 月	变动原因	站别	冻结基面与绝对基面高差（m）	绝对或假定基面名称	断面地点	坐标 东经	坐标 北纬	至河口距离（km）	集水面积（km²）	备注
142	50203200	淮河	田铺河	潢河	水垮	1986	1	撤销									
143	50203300	淮河	裴河	潢河	裴河	1980	5	设立	水文	0.000	黄海	河南省新县新集乡裴河村	114°51′	31°37′		17.9	
144	50203300	淮河	裴河	潢河	裴河	1982	6	特小流域代表站（专用）	水文	0.000	黄海	河南省新县新集乡裴河村	114°51′	31°37′		17.9	
145	50203400	淮河	泼陂河	潢河	泼河	1958	1	设立	水位	0.000	废黄河口	河南省光山县泼河公社泼河镇	114°54′	31°50′			
146	50203400	淮河	泼陂河	潢河	泼河	1958	6	改站别	水文	0.000	废黄河口	河南省光山县泼河公社泼河镇	114°54′	31°50′			
147	50203400	淮河	泼陂河	潢河	泼河	1970	1	撤销									
148	50203500	淮河	泼陂河	潢河	泼河水库（坝上）	1970	1	泼河上迁3.5 km，改为水库站	水文	0.000	黄海	河南省光山县泼河水库	114°54′	31°49′	8		
149	50203510	淮河	泼陂河	潢河	泼河水库（溢洪道）	1970	1	设立	水文	0.000	黄海	河南省光山县泼河水库	114°54′	31°49′			
150	50203520	淮河	泼陂河	潢河	泼河水库（输水道）	1970	1	设立	水文	0.000	黄海	河南省光山县泼河水库	114°54′	31°49′			
151	50203525	淮河	泼陂河	潢河	泼河水库（小电站）	1980	6	设立	水文	0.000	黄海	河南省光山县泼河水库	114°55′	31°47′			注4
152	50203530	淮河	泼陂河	灌渠	泼河水库（电站）	1980	6	设立	水文	0.000	黄海	河南省光山县泼河水库	114°55′	31°47′			
153	50203540	淮河	泼陂河		泼河水库（灌渠）	1970	1	设立	水文	0.000	黄海	河南省光山县泼河水库	114°54′	31°49′			
154	50203550	淮河	泼陂河		泼河水库（出库总量）	1970	1	设立	水文							221	
155	50203600	淮河	白鹭河	淮河	白雀园	1974	1	设立	水文	0.000	废黄河口	河南省光山县白雀公社白雀园	115°06′	31°47′			
156	50203600	淮河	白鹭河	淮河	白雀园	1975	1	改基面	水文	-0.252	黄海	河南省光山县白雀公社白雀园	115°06′	31°47′	113	284	
157	50203700	淮河	白鹭河	淮河	双轮河	1952	5	设立	水文	0.000	废黄河口	河南省商城县后袁围孜	115°15′	31°55′	101	350	
158	50203700	淮河	白鹭河	淮河	双轮河	1960	6	撤销									
159	50203800	淮河	白鹭河	淮河	双柳树	1960	6	设立	水文	0.000	废黄河口	河南省潢川县双柳树镇庙庄	115°15′	31°56′			
160	50203801	淮河	白鹭河	淮河	双柳树	1967	1	撤销									
161	50203900	淮河	白鹭河	淮河	北庙集	1951	6	设立	水文	0.000	废黄河口	河南省固始县北庙集镇	115°25′	32°17′			
162	50203900	淮河	白鹭河	淮河	北庙集	1959		改站别	水位	0.000	废黄河口	河南省固始县北庙集镇	115°25′	32°17′			
163	50203900	淮河	白鹭河	淮河	北庙集	1976	1	改基面	水位	-0.076	黄海	河南省固始县北庙集镇					

序号	测站编码	水系	河名	流入何处	站名	日期 年	日期 月	变动原因	站别	冻结基面与绝对基面高差（m）	绝对或假定基面名称	断面地点	坐标 东经	坐标 北纬	至河口距离（km）	集水面积（km²）	备注
164	50203900	淮河	白鹭河	淮河	北庙集（二）	1978	3	改站名	水位	-0.076	黄海	河南省固始县北庙集镇	115°25′	32°17′	36	1 710	注5
165	50203950	淮河	白鹭河	淮河	王家渡口	1952	8	设立	水位	0.000	废黄河口	河南省淮滨县王家渡口村	115°36′	32°23′			
166	50203950	淮河	白鹭河	淮河	王家渡口	1955		撤销									
167	50204000	淮河	万家河	白鹭河	罗围孜	1970	6	设立	水文	0.000	假定	河南省商城县汪桥公社罗围孜	115°11′	31°53′		53.6	
168	50204000	淮河	万家河	白鹭河	罗围孜	1975	1	改基面	水文	-11.642	黄海	河南省商城县汪桥公社罗围孜	115°11′	31°53′			
169	50204000	淮河	万家河	白鹭河	罗围孜	1983	1	撤销									
170	50300100	洪河	滚河	洪河	石漫滩	1975	8	水库垮坝后设立	水位	-0.115	黄海	河南省舞阳工业区石漫滩水库	113°33′	33°17′			
171	50300100	洪河	滚河	洪河	石漫滩	1980	7	撤销，下迁为滚河李									
172	50300200	洪河	滚河	洪河	石漫滩水库（坝上）	1951	6	设立	水文	0.000	废黄河口	河南省舞阳工区石漫滩水库	113°33′	33°17′			
173	50300200	洪河	滚河	洪河	石漫滩水库（坝上）	1954	1	改基面	水文	-0.001	废黄河口（精高）	河南省舞阳工区石漫滩水库	113°33′	33°17′			
174	50300200	洪河	滚河	洪河	石漫滩水库（坝上）	1975	1	改基面	水文	-0.115	黄海	河南省舞阳工区石漫滩水库	113°33′	33°17′			
175	50300200	洪河	滚河	洪河	石漫滩水库（坝上）	1975	8	水库垮坝被撤销									
176	50300200	洪河	滚河	洪河	石漫滩水库（坝上）	1997	1	水库复建完成,恢复	水文	0.000	黄海	河南省舞阳工区石漫滩水库	113°33′	33°17′	300		
177	50300210	洪河	滚河	洪河	石漫滩水库（电站）	1960		设立	水文			河南省舞阳工区石漫滩水库	113°33′	33°17′			
178	50300220	洪河	滚河	洪河	石漫滩水库（输水道）	1952		设立	水文			河南省舞阳工区石漫滩水库	113°33′	33°17′			
179	50300230	洪河	滚河	洪河	石漫滩水库（溢洪道）	1951	6	设立	水文			河南省舞阳工区石漫滩水库	113°33′	33°17′			
180	50300280	洪河	滚河		石漫滩水库（出库总量）	1951	6	设立	水文							230	
181	50300300	洪河	滚河	洪河	滚河李	1980	7	石漫滩水位站下迁5.0 km	水位	-0.115	黄海	河南省舞钢区武功乡滚河李村	113°35′	33°20′			
182	50300300	洪河	滚河	洪河	滚河李	1997	1	撤销									
183	50300400	洪河	洪河	淮河	杨庄	1954	5	设立	水文	0.000	废黄河口	河南省西平县杨庄公社郭庄	113°54′	33°23′			
184	50300400	洪河	洪河	淮河	杨庄	1959	6	下迁3.0 km	水文	0.000	废黄河口	河南省西平县杨庄公社郭庄	113°54′	33°23′			
185	50300400	洪河	洪河	淮河	杨庄	1962	7	下迁1.15 km	水文	0.000	废黄河口	河南省西平县杨庄公社郭庄	113°54′	33°23′			

序号	测站编码	水系	河名	流入何处	站名	日期 年	日期 月	变动原因	站别	冻结基面与绝对基面高差（m）	绝对或假定基面名称	断面地点	坐标 东经	坐标 北纬	至河口距离（km）	集水面积（km²）	备注
186	50300400	洪河	洪河	淮河	杨庄	1975	1	改基面	水文	-0.204	黄海	河南省西平县杨庄公社郭庄	113°54′	33°23′			
187	50300400	洪河	洪河	淮河	杨庄（二）	1976	1	洪水改道，杨庄站北迁700 m	水文	-0.204	黄海	河南省西平县杨庄公社李湾村	113°50′	33°20′	255	1 037	
188	50300500	洪河	洪河	淮河	桂李	1954	7	设立，汛期	水文	0.000	废黄河口	河南省西平县谭店乡桂李闸	113°58′	33°23′			
189	50300500	洪河	洪河	淮河	桂李	1955	9	撤销									
190	50300500	洪河	洪河	淮河	桂李（洪）	1976	1	设立	水文	-0.185	黄海	河南省西平县谭店乡桂李闸	113°58′	33°23′			
191	50300500	洪河	洪河	淮河	桂李（洪）	1985		改为汛期站	水文	-0.185	黄海	河南省西平县谭店乡桂李闸	113°58′	33°23′	241	1 050	
192	50300520	洪河	洪河	淮河	桂李（分洪闸）	1966	6	设立	水文	-0.185	黄海	河南省西平县谭店乡桂李闸	113°58′	33°23′			
193	50300550	洪河	洪河	淮河	西平	1937	1	设立	水位			河南省西平县城关镇	114°01′	33°24′			
194	50300550	洪河	洪河	淮河	西平	1938	1	停测									
195	50300550	洪河	洪河	淮河	西平	1941	12	恢复	水位			河南省西平县城关镇	114°01′	33°24′			
196	50300550	洪河	洪河	淮河	西平	1944	2	停测									
197	50300550	洪河	洪河	淮河	西平	1950	6	恢复	水文	0.000	假定	河南省西平县城关镇	114°01′	33°24′			
198	50300550	洪河	洪河	淮河	西平	1953	1	撤销									
199	50300600	洪河	洪河	淮河	陈坡寨	1953	1	设立	水文	0.000	废黄河口	河南省西平县五沟营公社陈坡寨村	114°05′	33°26′			
200	50300600	洪河	洪河	淮河	陈坡寨	1959	1	停测									
201	50300600	洪河	洪河	淮河	陈坡寨	1961		恢复	水文	0.000	废黄河口	河南省西平县五沟营公社陈坡寨村	114°05′	33°26′			
202	50300600	洪河	洪河	淮河	陈坡寨（洪临）	1970	5	改站名	水文	0.000	废黄河口	河南省西平县五沟营公社陈坡寨村	114°05′	33°26′			
203	50300600	洪河	洪河	淮河	陈坡寨（洪二）	1971		改站名	水文	0.000	废黄河口	河南省西平县五沟营公社陈坡寨村	114°05′	33°26′			
204	50300600	洪河	洪河	淮河	陈坡寨（洪三）	1972	5	改站名	水文	0.000	废黄河口	河南省西平县五沟营公社陈坡寨村	114°05′	33°26′			
205	50300600	洪河	洪河	淮河	陈坡寨	1975	1	改基面	水文	-0.161	黄海	河南省西平县五沟营公社陈坡寨村	114°05′	33°26′			
206	50300600	洪河	洪河	淮河	陈坡寨	1985		撤销									
207	50300620	洪河	洪河	老王坡滞洪区	陈坡寨（坡东）	1953	6	设立，汛期	水位	0.000	废黄河口	河南省西平县五沟营公社陈坡寨村	114°05′	33°26′			注6
208	50300620	洪河	洪河	老王坡滞洪区	陈坡寨（坡东）	1971		撤销									

序号	测站编码	水系	河名	流入何处	站名	日期 年	日期 月	变动原因	站别	冻结基面与绝对基面高差（m）	绝对或假定基面名称	断面地点	坐标 东经	坐标 北纬	至河口距离（km）	集水面积（km²）	备注
209	50300640	洪河	洪河	老王坡滞洪区	陈坡寨（坡西）	1963	5	设立，汛期	水位	0.000	废黄河口	河南省西平县五沟营公社李庄铺					注6
210	50300640	洪河	洪河	老王坡滞洪区	陈坡寨（坡西）	1969		撤销									
211	50300660	洪河	洪河	老王坡滞洪区	陈坡寨（闸）	1953	6	设立	水文	0.000	废黄河口	河南省西平县五沟营公社陈坡寨村	114°05′	33°26′			注6
212	50300660	洪河	洪河	老王坡滞洪区	陈坡寨（闸）	1971		撤销									
213	50300690	洪河	洪河		陈坡寨（总量）	1959	1	设立	水文			河南省西平县五沟营公社陈坡寨村	114°05′	33°26′			注6
214	50300690	洪河	洪河		陈坡寨（总量）	1985	1	撤销									
215	50300700	洪河	洪河	淮河	五沟营	1956	2	设立，汛期	水文	0.000	废黄河口	河南省西平县五沟营乡五沟营	114°10′	33°27′			
216	50300700	洪河	洪河	淮河	五沟营（洪）	1965	1	建闸后，五沟营改为现名	水文	0.000	废黄河口	河南省西平县五沟营乡五沟营	114°10′	33°27′			
217	50300700	洪河	洪河	淮河	五沟营（洪二）	1972	1	下迁150 m，汛期改为专用	水文	0.000	废黄河口	河南省西平县五沟营乡五沟营	114°16′	33°27′			
218	50300700		洪河	淮河	五沟营（洪二）	1975	1	改基面	水文	−0.146	黄海	河南省西平县五沟营乡五沟营	114°16′	33°27′	214	1 564	
219	50300740	洪河	老王坡滞洪区	洪河	五沟营（老闸）	1953	1	设立	水文	0.000	废黄河口	河南省西平县五沟营乡五沟营	114°10′	33°27′			
220	50300780	洪河	老王坡滞洪区	洪河	五沟营（新闸）	1953	1	设立	水文	0.000	废黄河口	河南省西平县五沟营乡五沟营	114°10′	33°27′			
221	50300900	洪河	洪河	淮河	塔桥	1953	7	设立	水文	0.000	废黄河口	河南省上蔡县洙湖公社贺道桥村	114°28′	33°13′			
222	50300900	洪河	洪河	淮河	贺道桥	1961	5	塔桥下迁	水文	0.000	废黄河口	河南省上蔡县洙湖公社贺道桥村	114°28′	33°13′			
223	50300900	洪河	洪河	淮河	贺道桥	1962	6	改站别	水位	0.000	废黄河口	河南省上蔡县洙湖公社贺道桥村	114°28′	33°13′			
224	50300900	洪河	洪河	淮河	贺道桥	1966	5	上迁300 m	水位	0.000	废黄河口	河南省上蔡县洙湖公社贺道桥村	114°28′	33°13′			
225	50300900	洪河	洪河	淮河	贺道桥	1973	1	下迁450 m，改站别	水文	0.000	废黄河口	河南省上蔡县洙湖公社贺道桥村	114°28′	33°13′			
226	50300900	洪河	洪河	淮河	贺道桥	1975	1	改基面	水文	−0.146	黄海	河南省上蔡县洙湖公社贺道桥村					
227	50300900	洪河	洪河	淮河	贺道桥	1980		撤销									

序号	测站编码	水系	河名	流入何处	站名	日期年	月	变动原因	站别	冻结基面与绝对基面高差（m）	绝对或假定基面名称	断面地点	东经	北纬	至河口距离（km）	集水面积（km²）	备注
228	50301000	洪河	洪河	淮河	张老人埠	1952	6	设立	水文	0.000	废黄河口	河南省平舆县张老人埠村	114°37′	33°06′			
229	50301000	洪河	洪河	淮河	张老人埠	1956	6	撤销									
230	50301100	洪河	洪河	淮河	庙湾	1956	6	设立	水文	0.000	废黄河口	河南省平舆县庙湾乡	114°41′	33°05′			
231	50301100	洪河	洪河	淮河	庙湾	1966	4	上迁40 m	水文	0.000	废黄河口	河南省平舆县庙湾公社庙湾镇	114°41′	33°05′			
232	50301100	洪河	洪河	淮河	庙湾	1975	1	改基面	水文	−0.137	黄海	河南省平舆县庙湾公社庙湾镇	114°41′	33°05′	144	2 660	
233	50301200	洪河	洪河	淮河	杨埠	1935	8	设立	水位	0.000	废黄河口	河南省平舆县杨埠镇	114°43′	32°02′			
234	50301200	洪河	洪河	淮河	杨埠	1938	1	停测									
235	50301200	洪河	洪河	淮河	杨埠	1953	7	恢复	水位	0.000	废黄河口	河南省平舆县杨埠镇	114°43′	32°02′			
236	50301200	洪河	洪河	淮河	杨埠	1953	10	撤销									
237	50301300	洪河	洪河	淮河	新蔡	1950	11	设立	水文	0.000	废黄河口	河南省新蔡县城关乡丁湾村	114°59′	32°46′			
238	50301300	洪河	洪河	淮河	新蔡	1975	1	改基面	水文	−0.134	黄海	河南省新蔡县城关乡丁湾村	114°59′	32°46′	84	4 110	
239	50301395	洪河	洪河	淮河	三岔口	1951	4	设立	水文	0.000	废黄河口	河南省新蔡县班台村	115°03′	32°42′			
240	50301400	洪河	洪河	淮河	班台	1952	6	三岔口改现名	水文	0.000	废黄河口	河南省新蔡县班台村	115°03′	32°42′			
241	50301400	洪河	洪河	淮河	班台	1955	4	上迁400 m	水文	0.000	废黄河口	河南省新蔡县班台村	115°04′	32°43′			
242	50301400	洪河	洪河	淮河	班台	1975	1	改基面	水文	−0.165	黄海	河南省新蔡县班台村	115°04′	32°43′			
243	50301400	洪河	洪河	淮河	班台(二)	1986	5	上迁450 m	水文	−0.165	黄海	河南省新蔡县顿岗乡小李庄村	115°04′	32°43′	72	11 280	
244	50301450	洪河	分洪道	淮河	班台(分洪道)	1963	5	设立	水文	0.000	废黄河口	河南省新蔡县顿岗公社班台村	115°03′	32°42′			
245	50301450	洪河	分洪道	淮河	班台(分洪道)	1975	1	改基面	水文	−0.165	黄海	河南省新蔡县顿岗公社班台村	115°03′	32°42′			
246	50302000	洪河	汝河	洪河	板桥水库(坝上)	1951	6	设立	水文	0.000	废黄河口	河南省泌阳县板桥水库旧址	113°31′	32°58′			
247	50302000	洪河	汝河	洪河	板桥水库(坝上)	1975	8	垮坝冲毁,撤销									
248	50302000	洪河	汝河	洪河	板桥水库(坝上)	1991	1	恢复	水文	0.000	黄海	河南省泌阳县板桥水库旧址	113°31′	32°58′			注7
249	50302000	洪河	汝河	洪河	板桥水库(坝上)	1996	1	变改正数	水文	−0.127	黄海	河南省泌阳县板桥水库旧址	113°31′	32°58′	215		
250	50302030	洪河	汝河	洪河	板桥水库(输水道)	1953	1	设立	水文	0.000	废黄河口	河南省泌阳县板桥水库旧址	113°38′	32°59′			
251	50302040	洪河	汝河	洪河	板桥水库(电站)	1971	1	设立	水文	0.000	废黄河口	河南省泌阳县板桥水库旧址	113°38′	32°59′			

序号	测站编码	水系	河名	流入何处	站名	日期 年	日期 月	变动原因	站别	冻结基面与绝对基面高差（m）	绝对或假定基面名称	断面地点	坐标 东经	坐标 北纬	至河口距离（km）	集水面积（km²）	备注
252	50302050	洪河	汝河		板桥水库(出库总量)	1951	6	设立	水文							768	
253	50302060	洪河	北干渠		板桥水库(北干渠闸)	1966	5	设立	水文	0.000	废黄河口	河南省泌阳县板桥水库旧址	113°38′	32°59′			
254	50302070	洪河	南干渠	洪河	板桥水库(南干渠闸)	1967	5	设立	水文	0.000	废黄河口	河南省泌阳县板桥水库旧址	113°38′	32°59′			
255	50302080	洪河	汝河	洪河	板桥水库(主溢洪道)	1963	8	设立	水文	0.000	废黄河口	河南省泌阳县板桥水库旧址	113°38′	32°59′			
256	50302100	洪河	汝河	洪河	板桥	1975	8	水库冲毁,设立	水文	−0.112	黄海	河南省泌阳县板桥水库旧址	113°38′	32°59′			
257	50302100	洪河	汝河	洪河	板桥	1991	1	水库复建完成,撤销									
258	50302200	洪河	汝河	洪河	遂平	1950	6	设立	水位	0.000	假定	河南省遂平县诸堂公社赵庄村	114°01′	33°10′			注8
259	50302200	洪河	汝河	洪河	遂平	1951	4	改站别、基面	水文	0.000	废黄河口	河南省遂平县诸堂公社赵庄村	114°01′	33°10′			
260	50302200	洪河	汝河	洪河	遂平	1975	1	改基面	水文	−0.174	黄海	河南省遂平县诸堂公社赵庄村	114°01′	33°10′			
261	50302200	洪河	汝河	洪河	遂平(二)	1976	4	下迁 2.5 km	水文	0.000	黄海	河南省遂平县城关	113°58′	33°08′	168	1 760	
262	50302300	洪河	汝河	洪河	汝南	1937	1	设立	水文	0.000	假定	河南省汝南县城关镇	114°22′	33°02′			注9
263	50302300	洪河	汝河	洪河	汝南	1951	4	改基面	水文	0.000	废黄河口	河南省汝南县城关镇	114°22′	33°02′			
264	50302300	洪河	汝河	洪河	汝南	1953	1	流速仪断面上迁 78 m	水文	0.000	废黄河口	河南省汝南县城关镇	114°22′	33°02′			
265	50302300	洪河	汝河	洪河	汝南	1958		撤销									
266	50302400	洪河	宿鸭湖	汝河	桂庄(坝上)	1959	1	设立	水文	0.000	废黄河口	河南省汝南县宿鸭湖水库	114°18′	33°02′			
267	50302400	洪河	宿鸭湖	汝河	桂庄(坝上)	1975	1	改基面	水文	−0.168	黄海	河南省汝南县宿鸭湖水库	114°18′	33°02′	128		
268	50302420	淮河	宿鸭湖	汝河	桂庄(闸下)	1959	1	设立	水文	0.000	废黄河口	河南省汝南县宿鸭湖水库	114°18′	33°02′			
269	50302440	洪河	宿鸭湖	汝河	桂庄(电站)	1976	1	设立	水文	−0.168	黄海	河南省汝南县宿鸭湖水库	114°18′	33°02′			
270	50302500	洪河	宿鸭湖	汝河	夏屯(闸上)	1958	6	设立	水文	0.000	废黄河口	河南省汝南县三桥乡杜庄村	114°19′	32°55′			
271	50302500	洪河	宿鸭湖	汝河	夏屯(闸上)	1975	1	改基面	水文	−0.184	黄海	河南省汝南县三桥乡杜庄村	114°19′	32°55′	128		
272	50302540	洪河	宿鸭湖	汝河	夏屯(新闸下)	1975	1	设立	水文	−0.184	黄海	河南省汝南县三桥乡杜庄村	114°19′	32°55′			
273	50302560	洪河	宿鸭湖	汝河	夏屯(电站)	1993	1	设立	水文	−0.184	黄海	河南省汝南县三桥乡杜庄村	114°18′	32°55′			
274	50302590	洪河	汝河		宿鸭湖(出库总量)	1975	1	设立								4 715	注10
275	50302600	洪河	溱头河	汝河	野猪岗(闸下)	1976	1	设立	水文			河南省汝南县三桥公社野猪岗闸					注11

序号	测站编码	水系	河名	流入何处	站名	日期年	日期月	变动原因	站别	冻结基面与绝对基面高差（m）	绝对或假定基面名称	断面地点	坐标东经	坐标北纬	至河口距离（km）	集水面积（km²）	备注
276	50302600	洪河	溱头河	汝河	野猪岗(闸下)	1983	1	撤销									
277	50302800	洪河	汝河	洪河	沙口	1951	7	设立,汛期	水文	0.000	假定	河南省平舆县李屯公社赵埠口村	114°25′	32°57′			
278	50302800	洪河	汝河	洪河	沙口	1952	6	汛期改常年	水文	0.000	假定	河南省平舆县李屯公社赵埠口村	114°25′	32°57′			
279	50302800	洪河	汝河	洪河	沙口	1954	1	停测									
280	50302800	洪河	汝河	洪河	沙口	1955	5	恢复	水文	0.000	废黄河口	河南省平舆县李屯公社赵埠口村	114°25′	32°57′			
281	50302800	洪河	汝河	洪河	沙口	1959	5	停测									
282	50302800	洪河	汝河	洪河	沙口	1966	4	恢复	水文	0.000	废黄河口	河南省平舆县李屯公社赵埠口村	114°25′	32°57′			
283	50302800	洪河	汝河	洪河	沙口(二)	1974	1	下迁1.0 km	水文	0.000	废黄河口	河南省平舆县李屯公社赵埠口村	114°25′	32°57′	108	5 560	
284	50302800	洪河	汝河	洪河	沙口(二)	1975	1	改基面	水文	-0.148	黄海	河南省平舆县李屯公社赵埠口村	114°25′	32°57′	108	5 560	
285	50302900	洪河	宿鸭湖	汝河	邢桥	1973	6	设立	水位	0.000	废黄河口	河南省汝南县金铺公社邢桥村					
286	50302900	洪河	宿鸭湖	汝河	邢桥	1975	1	改基面	水位	-0.174	黄海	河南省汝南县金铺公社邢桥村					无经纬度
287	50302900	洪河	宿鸭湖	汝河	邢桥	1985	1	撤销									
288	50303000	洪河	宿鸭湖	汝河	孙屯	1973	6	设立	水位	0.000	废黄河口	河南省汝南县红旗公社孙屯村					
289	50303000	洪河	宿鸭湖	汝河	孙屯	1975	1	改基面	水位	-0.168	黄海	河南省汝南县红旗公社孙屯村					无经纬度
290	50303001	洪河	宿鸭湖	汝河	孙屯	1985	1	撤销									
291	50303100	洪河	宿鸭湖	汝河	楚铺	1977	1	设立	水文	-0.168	黄海	河南省汝南县大王桥公社楚铺村	114°11′	33°01′			
292	50303100	洪河	宿鸭湖	汝河	楚铺	1985		撤销									
293	50303200	洪河	汝河	洪河	薛庄	1952	5	设立	水文	0.000	废黄河口	河南省新蔡县关津公社黄园村	114°55′	32°41′			
294	50303200	洪河	汝河	洪河	薛庄	1963	5	改站别	水位	0.000	废黄河口	河南省新蔡县关津公社黄园村	114°55′	32°41′			
295	50303200	洪河	汝河	洪河	薛庄	1975	1	改基面	水位	-0.138	黄海	河南省新蔡县关津公社黄园村	114°55′	32°41′	12.5	7 080	
296	50303200	洪河	汝河	洪河	薛庄	1976	1	撤销									
297	50303300	洪河	汝河	洪河	三岔口	1952	6	设立	水位	0.000	废黄河口	河南省新蔡县刘庄	115°00′	32°44′			
298	50303300	洪河	汝河	洪河	三岔口	1954	12	撤销									
299	50303400	洪河	小沙河	汝河	半截楼	1954	7	设立	水文	0.000	假定	河南省泌阳县半截楼村	113°29′	32°57′			

序号	测站编码	水系	河名	流入何处	站名	日期 年	日期 月	变动原因	站别	冻结基面与绝对基面高差(m)	绝对或假定基面名称	断面地点	东经	北纬	至河口距离(km)	集水面积(km²)	备注
300	50303400	洪河	小沙河	汝河	半截楼	1956	6	撤销									
301	50303500	洪河	大沙河	汝河	时庄	1958	10	岗庄站上迁2.0 km	水文	0.000	废黄河口	河南省泌阳县春水公社时庄村	113°28′	33°07′			
302	50303500	洪河	大沙河	汝河	时庄	1966	12	撤销									
303	50303600	洪河	大沙河	汝河	岗庄	1954	7	设立	水文	0.000	假定	河南省泌阳县岗庄村	113°29′	33°02′		286	
304	50303600	洪河	大沙河	汝河	岗庄	1958	10	撤销									
305	50303700	洪河	沙河	汝河	立新	1976	5	设立	水文	0.000	废黄河口	河南省泌阳县立新公社立新村	113°28′	32°57′			
306	50303700	洪河	沙河	汝河	立新	1979	1	改基面	水文	-0.081	黄海	河南省泌阳县立新公社立新村	113°28′	32°57′		77.8	
307	50303800	洪河	石河	汝河	下陈	1970	6	设立	水文	0.000	假定	河南省泌阳县板桥公社下陈村	113°36′	33°01′		12	注12
308	50303800	洪河	石河	汝河	下陈	1975	1	撤销									
309	50303900	洪河	石河	汝河	祖师庙	1954	7	设立	水文	0.000	假定	河南省泌阳县板桥乡孙堰村	113°34′	33°02′		71.2	
310	50303900	洪河	石河	汝河	祖师庙	1971	1	改基面	水文	55.806	废黄河口	河南省泌阳县板桥乡孙堰村	113°34′	33°02′			
311	50303900	洪河	石河	汝河	祖师庙	1975	1	改基面	水文	55.694	黄海	河南省泌阳县板桥乡孙堰村	113°34′	33°02′			
312	50303900	洪河	石河	汝河	祖师庙	1976	1	撤销									
313	50304000	洪河	北汝河	汝河	蔡埠口	1952	7	设立,汛期	水位	0.000	废黄河口	河南省上蔡县黄埠公社王营村	114°14′	33°10′			
314	50304000	洪河	北汝河	汝河	蔡埠口	1957	10	停测									
315	50304000	洪河	北汝河	汝河	蔡埠口	1970	5	恢复,汛期	水文	0.000	废黄河口	河南省上蔡县黄埠公社蔡埠口村	114°13′	33°13′			
316	50304000	洪河	北汝河	汝河	蔡埠口	1972	1	汛期改常年	水文	0.000	废黄河口	河南省上蔡县黄埠公社蔡埠口村	114°13′	33°13′			
317	50304000	洪河	北汝河	汝河	蔡埠口	1975	1	改基面	水文	-0.174	黄海	河南省上蔡县黄埠公社蔡埠口村	114°13′	33°13′			
318	50304000	洪河	北汝河	汝河	蔡埠口(二)	1977	1	下迁2 870 m	水文	-0.174	黄海	河南省上蔡县黄埠公社蔡埠口村	114°13′	33°13′			
319	50304000	洪河	北汝河	汝河	蔡埠口(二)	1982	4	常年改汛期,改站别	水位	0.000	黄海	河南省上蔡县黄埠公社蔡埠口村	114°13′	33°13′			
320	50304000	洪河	北汝河	汝河	蔡埠口(三)	1985	6	上迁650 m	水位	0.000	黄海	河南省上蔡县黄埠乡马埠口村	114°13′	33°13′			
321	50304100	洪河	奎旺河	汝河	奎旺河	1974	6	设立	水文	0.000	黄海	河南省遂平县和兴公社寄桥村	114°00′	33°10′			
322	50304100	洪河	奎旺河	汝河	奎旺河	1981		撤销									
323	50304200	洪河	练江河	汝河	驻马店	1967	5	设立	水文	0.000	废黄河口	河南省驻马店市驻马店镇五一公社黑泥沟村	114°01′	32°58′			

序号	测站编码	水系	河名	流入何处	站名	日期 年	日期 月	变动原因	站别	冻结基面与绝对基面高差(m)	绝对或假定基面名称	断面地点	坐标 东经	坐标 北纬	至河口距离(km)	集水面积(km²)	备注
324	50304200	洪河	练江河	汝河	驻马店	1975	1	改基面	水文	-0.105	黄海	河南省驻马店市驻马店镇五一公社黑泥沟村	114°01′	32°58′			
325	50304200	洪河	练江河	汝河	驻马店	1995	1	变改正数	水文	-0.024	黄海	河南省驻马店市驻马店镇五一公社黑泥沟村	114°01′	32°58′			
326	50304200	洪河	练江河	汝河	驻马店	1996	1	变改正数	水文	0.000	黄海	河南省驻马店市驻马店镇五一公社黑泥沟村	114°01′	32°58′			
327	50304200	洪河	练江河	汝河	驻马店	2005	1	变改正数,改地址	水文	-0.068	黄海	河南省驻马店市驿城区黑泥沟村	114°01′	32°58′		104	
328	50304300	洪河	练江河	汝河	和庄	1956	6	设立	水文	0.000	废黄河口	河南省汝南县符世桥乡和庄村	114°16′	32°59′	22	142	
329	50304300	洪河	练江河	汝河	和庄	1967	1	撤销									
330	50304400	洪河	练江河	汝河	羊楼	1954	1	设立	水文	0.000	废黄河口	河南省汝南县罗古老乡羊楼村	114°17′	33°01′			
331	50304400	洪河	练江河	汝河	羊楼	1956	6	撤销									
332	50304500	洪河	溱头河	汝河	李庄	1957	1	设立	水文	0.000	废黄河口	河南省确山县李庄村	113°54′	32°47′			
333	50304500	洪河	溱头河	汝河	李庄	1964	1	撤销									
334	50304600	洪河	溱头河	汝河	芦庄	1965	1	李庄站下迁1.0 km至此	水文	0.000	废黄河口	河南省确山县瓦岗公社芦庄村	113°51′	32°43′			
335	50304600	洪河	溱头河	汝河	芦庄	1970	1	下迁70 m	水文	0.000	废黄河口	河南省确山县瓦岗公社芦庄村	113°51′	32°43′			
336	50304600	洪河	溱头河	汝河	芦庄	1975	1	改基面	水文	-0.094	黄海	河南省确山县瓦岗公社芦庄村	113°51′	32°43′			
337	50304600	洪河	溱头河	汝河	芦庄	1996	1	变改正数	水文	-0.147	黄海	河南省确山县瓦岗公社芦庄村	113°51′	32°43′		396	
338	50304800	洪河	溱头河	汝河	薄山	1951	7	设立	水文	0.000	废黄河口	河南省确山县赵庄	113°58′	32°41′			
339	50304900	洪河	溱头河	汝河	薄山水库(坝上)	1954	5	水库建成,薄山改为薄山水库(坝上)	水文	0.000	废黄河口	河南省确山县薄山水库	113°57′	32°39′			
340	50304900	洪河	溱头河	汝河	薄山水库(坝上)	1975	1	改基面	水文	-0.127	黄海	河南省确山县薄山水库	113°57′	32°39′	71		
341	50304910	洪河	溱头河	汝河	薄山水库(溢洪道)	1969	4	设立	水文	0.000	废黄河口	河南省确山县薄山水库	113°57′	32°39′			
342	50304915	洪河	灌渠	汝河	薄山水库(灌渠)	1958	6	设立	水文	0.000	废黄河口	河南省确山县薄山水库	113°57′	32°39′			
343	50304920	洪河	溱头河	汝河	薄山水库(输水道)	1954	5	设立	水文	0.000	废黄河口	河南省确山县薄山水库	113°57′	32°39′			
344	50304930	洪河	溱头河	汝河	薄山水库(电站)	1970	9	设立	水文	0.000	废黄河口	河南省确山县薄山水库	113°57′	32°39′			

序号	测站编码	水系	河名	流入何处	站名	日期年	日期月	变动原因	站别	冻结基面与绝对基面高差（m）	绝对或假定基面名称	断面地点	坐标东经	坐标北纬	至河口距离（km）	集水面积（km²）	备注
345	50304940	洪河	溱头河	汝河	薄山水库（第二电站）	1984	4	设立	水文	−0.127	黄海	河南省确山县薄山水库	113°57′	32°39′			
346	50304960	洪河	溱头河		薄山水库（出库总量）	1958	6	设立	水文							578	
347	50305000	洪河	溱头河	汝河	邢河集	1951	4	设立	水文	0.000	假定	河南省确山县邢河集村	114°08′	32°43′			
348	50305000	洪河	溱头河	汝河	邢河集	1953	1	改站别	水位	0.000	假定	河南省确山县邢河集村	114°08′	32°43′			
349	50305000	洪河	溱头河	汝河	邢河集	1955	12	撤销									
350	50305100	洪河	溱头河	汝河	陈湾	1954	1	设立	水文	0.000	废黄河口	河南省汝南县陈湾村	114°20′	32°56′		1 840	
351	50305100	洪河	溱头河	汝河	陈湾	1958	6	撤销									
352	50404250	淮河	黑河	茨河	红石桥	1958	5	设立	水文	0.000	废黄河口	河南省郸城县红石桥村	115°08′	33°45′			
353	50404250	淮河	黑河	茨河	周堂桥	1960	1	红石桥站下迁7.0 km	水文	0.000	废黄河口	河南省郸城县红石桥村	115°15′	33°43′			
354	50404300	淮河	黑河	茨河	邢老家	1964	5	周堂桥站下迁5.0 km	水文	0.000	废黄河口	河南省郸城县虎头岗公社邢老家村	115°15′	33°42′			
355	50404300	淮河	黑河	茨河	邢老家	1975	1	改基面	水文	−0.108	黄海	河南省郸城县虎头岗公社邢老家村	115°15′	33°42′			
356	50404300	淮河	黑河	茨河	邢老家	1992	1	撤销	水文								
357	50404350	淮河	黑河	茨河	周堂桥	1992	1	恢复,邢老家站迁此	水文	0.000	黄海	河南省郸城县周堂桥	115°15′	33°43′		787	
358	50500800	史河	史河	淮河	固始	1933	5	设立为徐家嘴雨量站				河南省固始县城关镇徐咀孜	115°42′	32°11′			
359	50500800	史河	史河	淮河	固始	1935	7	改站别	水位	0.854	废黄河口	河南省固始县城关镇徐咀孜	115°42′	32°11′			
360	50500800	史河	史河	淮河	固始	1938	1	停测									
361	50500800	史河	史河	淮河	固始	1948	1	恢复	水位	0.854	废黄河口	河南省固始县城关镇徐咀孜	115°42′	32°11′			
362	50500800	史河	史河	淮河	固始	1950	6	改站别	水文	0.854	废黄河口	河南省固始县城关镇徐咀孜	115°42′	32°11′			
363	50500800	史河	史河	淮河	固始	1952	1	变改正数	水文	0.138	废黄河口	河南省固始县城关镇徐咀孜	115°42′	32°11′			
364	50500800	史河	史河	淮河	固始	1953	1	变改正数	水文	0.000	废黄河口（精高）	河南省固始县城关镇徐咀孜	115°42′	32°11′			
365	50500800	史河	史河	淮河	固始	1959	1	改基面	水文	−0.129	黄海	河南省固始县城关镇徐咀孜	115°42′	32°11′			
366	50500800	史河	史河	淮河	固始	1965	1	变改正数	水文	−0.114	黄海	河南省固始县城关镇徐咀孜	115°42′	32°11′			
367	50500800	史河	史河	淮河	固始	1968	1	改站别	水位	−0.114	黄海	河南省固始县城关镇徐咀孜	115°42′	32°11′	49	3 900	

序号	测站编码	水系	河名	流入何处	站名	日期 年	日期 月	变动原因	站别	冻结基面与绝对基面高差（m）	绝对或假定基面名称	断面地点	坐标 东经	坐标 北纬	至河口距离（km）	集水面积（km²）	备注
368	50500900	史河	史河	淮河	蒋家集	1951	4	设立	水文	0.162	废黄河口	河南省固始县蒋家集大埠口村	115°44′	32°18′			
369	50500900	史河	史河	淮河	蒋家集	1954	1	变改正数	水文	0.000	废黄河口	河南省固始县蒋家集大埠口村	115°44′	32°18′			
370	50500900	史河	史河	淮河	蒋家集	1959	1	改基面	水文	-0.129	黄海	河南省固始县蒋家集大埠口村	115°44′	32°18′			
371	50500900	史河	史河	淮河	蒋家集（二）	1966	1	上迁1.09 km	水文	-0.122	黄海	河南省固始县蒋家集大埠口村	115°44′	32°18′			
372	50500900	史河	史河	淮河	蒋家集（二）	1975	1	变改正数	水文	-0.123	黄海	河南省固始县蒋家集大埠口村	115°44′	32°18′	30	5 930	
373	50501000	史河	史河	淮河	黎集（冲沙闸上）	1958	6	设立	水文	-0.129	黄海	河南省固始县黎集镇黎集	115°52′	31°58′			
374	50501000	史河	史河	淮河	黎集（冲沙闸上）	1965	1	变改正数	水文	-0.109	黄海	河南省固始县黎集镇黎集	115°52′	31°58′			
375	50501000	史河	史河	淮河	黎集（冲沙闸上）	1975	1	变改正数	水文	-0.114	黄海	河南省固始县黎集镇黎集	115°52′	31°58′			
376	50501000	史河	史河	淮河	黎集（冲沙闸上）	1980		撤销				河南省固始县黎集镇黎集	115°52′	31°58′			
377	50501100	史河	史河	淮河	黎集（冲沙闸下）	1958	6	设立	水文	-0.129	黄海	河南省固始县黎集镇黎集	115°52′	31°58′			
378	50501100	史河	史河	淮河	黎集（冲沙闸下）	1980		撤销				河南省固始县黎集镇黎集	115°52′	31°58′			
379	50501900	史河	西干渠	灌区	黎集（西干闸上）	1967	1	设立	水文	-0.109	黄海	河南省固始县黎集镇黎集	115°53′	32°01′			
380	50501900	史河	西干渠	灌区	黎集（西干闸上）	1975	1	变改正数	水文	-0.126	黄海	河南省固始县黎集镇黎集	115°53′	32°01′			
381	50501900	史河	西干渠	灌区	黎集（西干闸上）	1980	1	变改正数	水文	-0.110	黄海	河南省固始县黎集镇黎集	115°53′	32°01′			
382	50501900	史河	西干渠	灌区	黎集（西干闸上）	1985		撤销				河南省固始县黎集镇黎集	115°53′	32°01′			
383	50502000	史河	西干渠		黎集（西干闸下）	1967	5	设立	水文	-0.109	黄海	河南省固始县黎集镇黎集	115°53′	32°01′			
384	50502000	史河	西干渠		黎集（西干闸下）	1975	1	变改正数	水文	-0.126	黄海	河南省固始县黎集镇黎集	115°53′	32°01′			
385	50502000	史河	西干渠		黎集（西干闸下）	1980	1	变改正数	水文	-0.110	黄海	河南省固始县黎集镇黎集	115°53′	32°01′			
386	50502000	史河	西干渠		黎集（西干闸下）	1985		撤销				河南省固始县黎集镇黎集	115°53′	32°01′			
387	50502100	史河	解放灌渠		黎集（闸上）	1958	5	设立	水文	-0.129	黄海	河南省固始县黎集镇黎集	115°53′	32°01′			注13
388	50502100	史河	解放灌渠		黎集（闸上）	1975	1	变改正数	水文	-0.126	黄海	河南省固始县黎集镇黎集	115°53′	32°01′			
389	50502100	史河	解放灌渠		黎集（闸上）	1980	1	变改正数	水文	-0.110	黄海	河南省固始县黎集镇黎集	115°53′	32°01′			
390	50502110	史河	解放灌浆		黎集（闸下）	1980	1	设立	水文	-0.110	黄海	河南省固始县黎集镇黎集	115°53′	32°01′			
391	50502200	史河	灌河	史河	新建坳	1977	3	设立	水文	0.000	假定	河南省商城县达权店乡新建坳	115°20′	31°36′	103		

序号	测站编码	水系	河名	流入何处	站名	日期 年	日期 月	变动原因	站别	冻结基面与绝对基面高差（m）	绝对或假定基面名称	断面地点	坐标 东经	坐标 北纬	至河口距离（km）	集水面积（km²）	备注
392	50502200	史河	灌河	史河	新建坳	1985	1	撤销									
393	50502300	史河	灌河	史河	长冲口	1956	6	设立	水位	0.000	假定	河南省商城县响湾村	115°20′	31°41′	94		
394	50502300	史河	灌河	史河	长冲口	1960	12	撤销									
395	50502350	淮河	灌河	史河	鲇鱼山	1952	5	设立	水文	0.299	废黄河口	河南省商城县鲇鱼山	115°22′	31°44′			
396	50502350	淮河	灌河	史河	鲇鱼山	1959	1	改基面	水文	0.170	黄海	河南省商城县鲇鱼山	115°22′	31°44′			
397	50502350	淮河	灌河	史河	鲇鱼山（二）	1970	8	下迁 650 m	水文	0.170	黄海	河南省商城县鲇鱼山	115°22′	31°44′			注14
398	50502350	淮河	灌河	史河	鲇鱼山（二）	1972	5	撤销									
399	50502400	淮河	灌河	史河	鲇鱼山水库（坝上）	1972	5	鲇鱼山河道站改为鲇鱼山水库站	水文	0.000	废黄河口	河南省商城县鲇鱼山	115°22′	31°44′			
400	50502400	淮河	灌河	史河	鲇鱼山水库（坝上）	1975	1	改基面	水文	-0.129	黄海	河南省商城县鲇鱼山	115°22′	31°44′	55		
401	50502402	淮河	灌河	史河	鲇鱼山水库（输水道）	1976	1	设立	水文			河南省商城县鲇鱼山	115°22′	31°44′			
402	50502403	淮河	灌河	史河	鲇鱼山水库（电站）	1972	2	设立	水文			河南省商城县鲇鱼山	115°22′	31°44′			
403	50502406	淮河	灌河	史河	鲇鱼山水库（溢洪道）	1976	1	设立	水文			河南省商城县鲇鱼山	115°22′	31°44′			
404	50502408	淮河	灌河	史河	鲇鱼山水库（灌溉洞）	1977	4	设立	水文	-0.129	黄海	河南省商城县鲇鱼山乡堰北头	115°23′	31°49′			
405	50502420	淮河	灌河		鲇鱼山水库（出库总量）	1977	4	设立	水文							924	
406	50502600	淮河	鲇鱼山水库总干渠		堰北头（闸下）	1977	4	设立	水文	-0.129	黄海	河南省商城县鲇鱼山乡堰北头	115°23′	31°49′			
407	50502610	淮河	灌河	史河	堰北头（闸上）	1977	4	设立	水文	-0.129	黄海	河南省商城县鲇鱼山乡堰北头	115°23′	31°49′			
408	50502900	淮河	灌河	史河	丁家埠	1952	6	设立	水文	0.000	废黄河口	河南省固始县向家寨村	115°40′	32°11′			
409	50502900	淮河	灌河	史河	丁家埠	1957		撤销									
410	50600100	颍河	颍河	淮河	告成	1964	6	曲河站上迁 1.1 km	水文	0.000	废黄河口	河南省登封县告成公社告成村	113°08′	34°24′			
411	50600100	颍河	颍河	淮河	告成	1975	1	改基面	水文	-0.156	黄海	河南省登封县告成公社告成村	113°08′	34°24′			
412	50600100	颍河	颍河	淮河	告成（二）	2004	1	告成下迁 540 m	水文	0.000	黄海	河南省登封县告成乡告成村	113°08′	34°24′		627	
413	50600200	颍河	颍河	淮河	曲河	1954	7	设立	水文	0.000	假定	河南省登封县告成乡曲河村	113°03′	34°23′			
414	50600200	颍河	颍河	淮河	曲河（二）	1963	6	曲河站上迁 1.5 m	水文	0.000	假定	河南省登封县告成乡曲河村	113°10′	34°24′			

序号	测站编码	水系	河名	流入何处	站名	日期 年	日期 月	变动原因	站别	冻结基面与绝对基面高差（m）	绝对或假定基面名称	断面地点	坐标 东经	坐标 北纬	至河口距离（km）	集水面积（km²）	备注
415	50600200	颍河	颍河	淮河	曲河（二）	1964	6	撤销									
416	50600300	颍河	颍河	淮河	白沙	1951	3	设立	水文	0.000	假定	河南省禹县白沙镇	113°16′	34°21′			
417	50600300	颍河	颍河	淮河	白沙水库（坝上）	1953	3	河道站改为水库站	水文	0.000	假定	河南省禹县白沙水库	113°16′	34°21′			
418	50600300	颍河	颍河	淮河	白沙水库（坝上）	1975	1	改基面	水文	−0.156	黄海	河南省禹县白沙水库	113°15′	34°20′	451	962	
419	50600310	颍河	颍河	淮河	白沙水库（输水道）	1953	3	设立	水文	0.000	废黄河口	河南省禹县白沙水库	113°15′	34°20′			
420	50600320	颍河	颍河	淮河	白沙水库（尾水渠）	1951	3	设立	水文	0.000	假定	河南省禹县白沙水库	113°15′	34°20′			
421	50600340	颍河	灌溉渠		白沙水库（南干渠）	1955	6	设立	水文	−0.156	黄海	河南省禹县白沙水库	113°15′	34°20′			
422	50600360	颍河	灌溉渠		白沙水库（新北干渠）	1980	8	设立	水文	−0.156	黄海	河南省禹县白沙水库	113°15′	34°20′			
423	50600380	颍河	颍河		白沙水库（出库总量）	1951	3	设立	水文							962	
424	50600400	颍河	颍河	淮河	禹县	1951	3	设立	水文	0.000	假定	河南省禹县崔庄	113°28′	34°10′			
425	50600400	颍河	颍河	淮河	禹县	1954	1	改基面	水文	0.000	废黄河口	河南省禹县崔庄	113°28′	34°10′			
426	50600400	颍河	颍河	淮河	禹县	1956	1	撤销									
427	50600500	颍河	颍河	淮河	颍桥	1950	6	设立，汛期	水文	0.000	假定（一）	河南省襄城县槐树王村	113°35′	33°57′			
428	50600500	颍河	颍河	淮河	颍桥	1950	10	停测									
429	50600500	颍河	颍河	淮河	颍桥	1953	1	恢复，改基面	水文	0.000	假定（二）	河南省襄城县槐树王村	113°35′	33°57′			
430	50600500	颍河	颍河	淮河	颍桥	1953	6	停测									
431	50600500	颍河	颍河	淮河	颍桥	1955	5	恢复	水文	0.000	假定	河南省襄城县槐树王村	113°35′	33°57′		1 900	
432	50600500	颍河	颍河	淮河	颍桥	1963	1	改基面	水文	−49.305	废黄河口	河南省襄城县槐树王村	113°35′	33°57′			
433	50600500	颍河	颍河	淮河	颍桥（三）	1965	1	上迁 1 650 m	水文	−49.305	废黄河口	河南省襄城县颍桥公社大桥村	113°37′	33°57′			注15
434	50600500	颍河	颍河	淮河	颍桥（三）	1975	1	改基面	水文	−49.459	黄海	河南省襄城县颍桥公社大桥村	113°37′	33°57′			
435	50600500	颍河	颍河	淮河	颍桥（三）	1984	1	撤销，下游6.0 km建化行闸									
436	50600600	颍河	颍汝总干渠		化行（南进水闸）	1986	7	设立	水文	0.000	假定	河南省襄城县双庙乡胡张村					
437	50600650	颍河	颍汝总干渠		化行（北分水闸）	1984	1	设立	水文	0.000	黄海	河南省襄城县颍阳乡油房李村					
438	50600700	颍河	颍河		化行（闸上）	1984	1	设立	水文	0.000	黄海	河南省襄城县双庙乡化行村	113°40′	33°55′			

序号	测站编码	水系	河名	流入何处	站名	日期 年	日期 月	变动原因	站别	冻结基面与绝对基面高差(m)	绝对或假定基面名称	断面地点	坐标 东经	坐标 北纬	至河口距离(km)	集水面积(km²)	备注
439	50600750	颍河	颍河	淮河	化行(闸下)	1984	1	设立	水文	0.000	黄海	河南省襄城县双庙乡化行村	113°40′	33°55′		1 912	
440	50600780	颍河	颍河	淮河	化行(总量)	1984	1	设立	水文								
441	50600800	颍河	颍河	淮河	杜曲	1935	4	设立	水文	0.000	假定	河南省临颖县杜曲镇	113°52′	33°50′			1938～1941年无资料
442	50600800	颍河	颍河	淮河	杜曲	1948	1	停测									
443	50600800	颍河	颍河	淮河	杜曲	1954	8	恢复	水文	0.000	假定	河南省临颖县杜曲镇	113°52′	33°50′			
444	50600800	颍河	颍河	淮河	杜曲	1955		撤销									
445	50600900	颍河	颍河	淮河	逍遥	1951	3	设立	水文	0.000	假定	河南省西华县逍遥镇	114°15′	33°46′			
446	50600900	颍河	颍河	淮河	逍遥	1952	6	停测									
447	50600900	颍河	颍河	淮河	逍遥	1954	5	恢复	水文	0.000	废黄河口	河南省西华县逍遥镇	114°15′	33°46′			
448	50600900	颍河	颍河	淮河	逍遥	1959	3	停测									
449	50600900	颍河	颍河	淮河	逍遥	1959	5	恢复,汛期	水文	0.000	废黄河口	河南省西华县逍遥镇	114°15′	33°46′			
450	50600900	颍河	颍河	淮河	逍遥	1961	7	汛期改常年	水文	0.000	废黄河口	河南省西华县逍遥镇	114°15′	33°46′	39		
451	50600900	颍河	颍河	淮河	逍遥	1965	12	常年改汛期	水文	0.000	废黄河口	河南省西华县逍遥镇	114°15′	33°46′			
452	50600901	颍河	颍河	淮河	逍遥	1967	9	撤销									
453	50601000	颍河	颍河	淮河	朱湾	1952	6	设立	水文	0.000	废黄河口	河南省西华县朱湾村	114°27′	33°44′			
454	50601000	颍河	颍河	淮河	朱湾	1953	1	变改正数	水文	-0.012	废黄河口	河南省西华县朱湾村	114°27′	33°44′			
455	50601000	颍河	颍河	淮河	朱湾	1954	1	变改正数	水文	0.000	废黄河口	河南省西华县朱湾村	114°27′	33°44′	296	6 780	
456	50601000	颍河	颍河	淮河	李湾	1959	5	下迁1.5 km,改为闸坝站	水文	0.000	废黄河口	河南省西华县西夏乡李湾村	114°27′	33°44′			
457	50601000	颍河	颍河	淮河	李湾	1962	1	改为河道站	水文	0.000	废黄河口	河南省西华县西夏乡李湾村	114°27′	33°44′			闸坝被拆
458	50601000	颍河	颍河	淮河	李湾	1963	1	变改正数	水文	-0.026	废黄河口	河南省西华县西夏乡李湾村	114°27′	33°44′			
459	50601000	颍河	颍河	淮河	李湾	1970	1	变改正数,上迁330 m	水文	0.000	废黄河口	河南省西华县西夏乡李湾村	114°27′	33°44′			
460	50601000	颍河	颍河	淮河	李湾	1975	1	改基面	水文	-0.137	黄海	河南省西华县西夏乡李湾村	114°27′	33°44′			
461	50601000	颍河	颍河	淮河	李湾	1988	1	撤销									

序号	测站编码	水系	河名	流入何处	站名	日期 年	日期 月	变动原因	站别	冻结基面与绝对基面高差（m）	绝对或假定基面名称	断面地点	坐标 东经	坐标 北纬	至河口距离（km）	集水面积（km²）	备注
462	50601140	颍河	颍河	淮河	黄桥（闸上）	1988	1	李湾站下迁7.5 km	水文	0.000	黄海	河南省西华县黄桥乡黄桥闸	114°27′	33°46′	288		
463	50601150	颍河	颍河	淮河	黄桥（闸下）	1988	1	设立	水文	0.000	黄海	河南省西华县黄桥乡黄桥闸	114°27′	33°46′		6 807	
464	50601200	颍河	颍河	淮河	周口（颍河闸上）	1975	7	设立	水位	−0.132	黄海	河南省周口镇周口闸	114°39′	33°38′			
465	50601200	颍河	颍河	淮河	周口（颍河闸上）	1991	1	变改正数	水位	−0.066	黄海	河南省周口镇周口闸	114°39′	33°38′			
466	50601300	颍河	颍河	淮河	周口	1935	8	设立	水文	0.000	废黄河口	河南省周口镇	114°39′	33°38′			注16
467	50601300	颍河	颍河	淮河	周口	1940	1	改基面	水文	0.000	大沽	河南省周口镇	114°39′	33°38′			
468	50601300	颍河	颍河	淮河	周口	1948	1	停测									
469	50601300	颍河	颍河	淮河	周口	1950	6	恢复	水文	0.000	废黄河口	河南省周口镇	114°39′	33°38′			
470	50601300	颍河	颍河	淮河	周口	1975	1	改基面	水文	−0.132	黄海	河南省周口市	114°39′	33°38′			
471	50601300	颍河	颍河	淮河	周口（二）	1978	8	下迁744 m	水文	−0.132	黄海	河南省周口市	114°39′	33°38′	265	25 800	
472	50601400	颍河	颍河	淮河	水寨	1953	6	设立，汛期	水位	0.000	废黄河口	河南省项城县水寨镇	114°54′	33°27′			
473	50601400	颍河	颍河	淮河	水寨	1953	10	停测									
474	50601400	颍河	颍河	淮河	水寨	1954	6	恢复，上迁120 m	水位	0.000	废黄河口	河南省项城县水寨镇	114°54′	33°27′			
475	50601400	颍河	颍河	淮河	水寨	1956	1	变改正数	水位	0.007	废黄河口	河南省项城县水寨镇	114°54′	33°27′			
476	50601400	颍河	颍河	淮河	水寨	1971	1	停测									
477	50601400	颍河	颍河	淮河	水寨	1976	5	恢复，汛期	水位	0.141	黄海	河南省项城县水寨镇	114°54′	33°27′			
478	50601400	颍河	颍河	淮河	水寨	1995	1	撤销									
479	50601510	颍河	颍河	淮河	槐店（闸上）	1971	7	设立	水文	0.000	黄海	河南省沈丘县槐店镇	115°05′	33°23′			
480	50601520	颍河	颍河	淮河	槐店（老闸下）	1971	7	设立	水文	0.000	黄海	河南省沈丘县槐店镇	115°05′	33°23′			
481	50601530	颍河	颍河	淮河	槐店（新闸下）	1974	7	设立	水文	0.000	黄海	河南省沈丘县槐店镇	115°05′	33°23′			
482	50601540	颍河	颍河	淮河	槐店（闸下）	1971	1	设立	水文	0.000	黄海	河南省沈丘县槐店镇	115°05′	33°23′	216	28 096	
483	50601550	颍河	南干渠		槐店（南干渠）	1972	1	设立	水文	0.000	黄海	河南省沈丘县槐店镇	115°05′	33°23′			
484	50601560	颍河	北干渠		槐店（北干渠）	1972	1	设立	水文	0.000	黄海	河南省沈丘县槐店镇	115°05′	33°23′			
485	50602200	颍河	黄花渠	吴公渠	扁担杨	1973	5	设立，汛期径流	水文	0.000	假定	河南省临颍县繁城公社扁担杨村				32.6	

序号	测站编码	水系	河名	流入何处	站名	日期(年)	日期(月)	变动原因	站别	冻结基面与绝对基面高差(m)	绝对或假定基面名称	断面地点	坐标(东经)	坐标(北纬)	至河口距离(km)	集水面积(km²)	备注
486	50602200	颍河	黄花渠	吴公渠	扁担杨	1975	10	撤销									
487	50602300	颍河	马峪河	颍河	鱼洞河	1954	7	设立	水文	0.000	假定	河南省登封县马峪公社鱼洞河村	113°13′	34°30′			
488	50602300	颍河	马峪河	颍河	鱼洞河	1955	6	上迁300 m	水文	0.000	假定	河南省登封县马峪公社鱼洞河村	113°13′	34°30′			
489	50602300	颍河	马峪河	颍河	鱼洞河	1960	12	停测									
490	50602300	颍河	马峪河	颍河	鱼洞河	1962	1	恢复,下迁300 m	水文	0.000	假定	河南省登封县马峪公社鱼洞河村	113°13′	34°30′			
491	50602300	颍河	马峪河	颍河	鱼洞河	1964	1	下迁210 m	水文	0.000	假定	河南省登封县马峪公社鱼洞河村	113°13′	34°30′			
492	50602300	颍河	马峪河	颍河	鱼洞河	1968	1	撤销									
493	50602350	颍河	清潩河	颍河	烀沱	1957	6	设立	水位	0.000	假定	河南省许昌市市郊公社烀沱村	113°50′	34°03′			
494	50602350	颍河	清潩河	颍河	许昌	1957	8	烀沱站迁至此	水文	0.000	假定	河南省许昌市市郊公社三里桥村	113°50′	34°03′			
495	50602350	颍河	清潩河	颍河	许昌	1959	1	改基面	水文	63.576	废黄河口	河南省许昌市市郊公社三里桥村	113°50′	34°03′			
496	50602350	颍河	清潩河	颍河	许昌	1969	1	变改正数	水文	0.000	废黄河口	河南省许昌市市郊公社三里桥村	113°50′	34°03′			
497	50602350	颍河	清潩河	颍河	许昌	1974	1	改站别	水位	0.000	废黄河口	河南省许昌市市郊公社三里桥村	113°50′	34°03′			
498	50602350	颍河	清潩河	颍河	许昌	1975	1	改基面	水位	−0.148	黄海	河南省许昌市市郊公社三里桥村	113°50′	34°03′		640	
499	50602350	颍河	清潩河	颍河	许昌	1980	1	撤销									
500	50602400	颍河	吴公渠	颍河	吕庄	1952	8	设立	水文			河南省郾城县吕庄	113°51′	32°41′			
501	50602400	颍河	吴公渠	颍河	吕庄	1955	1	撤销									
502	50602500	颍河	清潩河	颍河	董桥岗	1952	8	设立	水文								
503	50602500	颍河	清潩河	颍河	董桥岗	1955	1	撤销									
504	50602700	颍河	沙河	颍河	中汤	1960	6	设立	水文	0.000	废黄河口	河南省鲁山县中汤村	112°34′	33°44′			
505	50602700	颍河	沙河	颍河	中汤(二)	1963	1	上迁461 m	水文	0.000	废黄河口	河南省鲁山县中汤村	112°34′	33°44′			
506	50602700	颍河	沙河	颍河	中汤(三)	1963	6	下迁388 m	水文	0.000	废黄河口	河南省鲁山县中汤村	112°34′	33°44′			
507	50602700	颍河	沙河	颍河	中汤(三)	1975	1	改基面	水文	−0.107	黄海	河南省鲁山县中汤村	112°34′	33°44′		485	
508	50602800	颍河	沙河	颍河	下汤	1951	4	设立	水文	0.000	假定	河南省鲁山县下汤镇	112°36′	33°49′			
509	50602800	颍河	沙河	颍河	下汤	1953	1	改基面	水文	−0.002	废黄河口	河南省鲁山县下汤镇	112°36′	33°49′			

序号	测站编码	水系	河名	流入何处	站名	年	月	变动原因	站别	冻结基面与绝对基面高差(m)	绝对或假定基面名称	断面地点	东经	北纬	至河口距离(km)	集水面积(km²)	备注
510	50602800	颍河	沙河	颍河	下汤	1960	12	停测									
511	50602800	颍河	沙河	颍河	下汤	1963	6	恢复	水文	-0.002	废黄河口	河南省鲁山县下汤镇	112°36′	33°49′			
512	50602800	颍河	沙河	颍河	下汤	1965	10	常年改汛期	水文	-0.002	废黄河口	河南省鲁山县下汤镇	112°36′	33°49′			
513	50602800	颍河	沙河	颍河	下汤	1966	10	撤销									
514	50602980	颍河	沙河	颍河	昭平台	1954	6	设立	水位	0.000	废黄河口	河南省鲁山县昭平台水库	112°44′	33°43′			
515	50603000	颍河	沙河	颍河	昭平台水库（坝上）	1959	6	水库建成,改为昭平台水库站	水文	0.000	废黄河口	河南省鲁山县昭平台水库	112°44′	33°43′			
516	50603000	颍河	沙河	颍河	昭平台水库（坝上）	1975	1	改基面	水文	-0.126	黄海	河南省鲁山县昭平台水库	112°44′	33°43′			
517	50603020	颍河	沙河	颍河	昭平台水库（溢洪道）	1959	6	设立	水文			河南省鲁山县昭平台水库	112°44′	33°43′			
518	50603040	颍河	沙河	颍河	昭平台水库（输水道）	1959	6	设立	水文			河南省鲁山县昭平台水库	112°44′	33°43′			
519	50603060	颍河	沙河	颍河	昭平台水库（电站）	1970		设立	水文			河南省鲁山县昭平台水库	112°44′	33°43′			
520	50603080	颍河	沙河		昭平台水库（出库总量）	1959	6	设立	水文							1 416	
521	50603100	颍河	沙河	颍河	白龟山	1954	11	设立	水文	0.000	废黄河口	河南省宝丰县谢庄	113°10′	33°43′			
522	50603100	颍河	沙河	颍河	白龟山	1956	1	改站别	水位	0.000	废黄河口	河南省宝丰县谢庄	113°10′	33°43′			
523	50603100	颍河	沙河	颍河	白龟山	1959	12	撤销									
524	50603200	颍河	沙河	颍河	白龟山水库（坝上）	1960	1	河道站改为水库站	水文	0.000	废黄河口	河南省平顶山市白龟山水库	113°14′	33°42′			
525	50603200	颍河	沙河	颍河	白龟山水库（坝上）	1975	1	改基面	水文	-0.135	黄海	河南省平顶山市白龟山水库	113°14′	33°42′			
526	50603220	颍河	沙河	颍河	白龟山水库（泄洪闸）	1967	1	设立	水文			河南省平顶山市白龟山水库	113°14′	33°42′			
527	50603240	颍河	南干总渠		白龟山水库（南干渠）	1967	1	设立	水文			河南省平顶山市白龟山水库	113°14′	33°42′			
528	50603260	颍河	西干总渠		白龟山水库（西干渠）	1971	1	设立	水文			河南省平顶山市白龟山水库	113°14′	33°42′			
529	50603280	颍河	北干总渠		白龟山水库（北干渠）	1960	1	设立	水文			河南省平顶山市白龟山水库	113°14′	33°42′			
530	50603290	颍河	沙河		白龟山水库（出库总量）	1960	1	设立	水文							2 730	
531	50603300	颍河	沙河	颍河	叶县	1951	4	设立	水文	0.000	假定	河南省叶县寺庄乡堤郑村	113°21′	33°38′			

序号	测站编码	水系	河名	流入何处	站名	日期 年	日期 月	变动原因	站别	冻结基面与绝对基面高差（m）	绝对或假定基面名称	断面地点	坐标 东经	坐标 北纬	至河口距离（km）	集水面积（km²）	备注
532	50603300	颍河	沙河	颍河	叶县	1953	1	改基面	水文	0.000	废黄河口	河南省叶县寺庄乡堤郑村	113°21′	33°38′			
533	50603300	颍河	沙河	颍河	叶县	1961	1	停测									
534	50603300	颍河	沙河	颍河	叶县	1963	4	恢复	水文	0.000	废黄河口	河南省叶县城关镇堤郑村	113°21′	33°28′			
535	50603300	颍河	沙河	颍河	叶县	1966	12	撤销									
536	50603400	颍河	沙河	颍河	胡庄	1953	6	设立,汛期	水文	0.000	废黄河口	河南省舞阳县胡庄	113°41′	33°40′			注17
537	50603400	颍河	沙河	颍河	胡庄	1953	10	停测									
538	50603400	颍河	沙河	颍河	胡庄	1954	4	恢复	水文	0.000	废黄河口	河南省舞阳县胡庄	113°41′	33°40′			
539	50603400	颍河	沙河	颍河	胡庄	1958	9	撤销									
540	50603550	颍河	沙河灌渠		五虎庙(灌渠)	1959	7	设立	水文	0.000	废黄河口	河南省舞阳县太尉乡五虎庙村	113°44′	33°38′			注18
541	50603550	颍河	沙河灌渠		五虎庙(灌渠)	1995	1	改基面	水文	-0.280	黄海	河南省舞阳县太尉乡五虎庙村	113°44′	33°38′			
542	50603620	颍河	沙河	颍河	马湾	1955	1	设立	水文	0.000	废黄河口	河南省舞阳县拐子公社马湾村	113°47′	33°36′			
543	50603620	颍河	沙河	颍河	马湾	1958	1	撤销									
544		颍河	沙河	颍河	北舞渡	1958	1	马湾站迁至此	水文	0.000	废黄河口	河南省舞阳县北舞渡	113°41′	33°40′		9 110	
545		颍河	沙河	颍河	北舞渡	1959	11	撤销									
546	50603620	颍河	沙河	颍河	马湾(拦河闸上)	1959	7	设立,闸建成,上游5.0 km为北舞渡	水文	0.000	废黄河口	河南省舞阳县拐子王公社马湾村	113°47′	33°36′			
547	50603620	颍河	沙河	颍河	马湾(拦河闸上)	1961	1	变改正数	水文	0.020	废黄河口	河南省舞阳县拐子王公社马湾村	113°47′	33°36′			
548	50603620	颍河	沙河	颍河	马湾(拦河闸上)	1975	1	改基面	水文	-0.136	黄海	河南省舞阳县拐子王公社马湾村	113°47′	33°36′	96		
549	50603630	颍河	沙河	颍河	马湾(拦河闸下)	1959	7	设立	水文	0.000	废黄河口	河南省舞阳县拐子王公社马湾村	113°47′	33°36′			
550	50603640	颍河	泥河洼导水渠	泥河洼滞洪区	马湾(进水闸)	1959	7	设立	水文	0.000	废黄河口	河南省舞阳县拐子王公社马湾村	113°47′	33°36′			
551	50603640	颍河	泥河洼导水渠	泥河洼滞洪区	马湾(进水闸)	1975	1	改基面	水文	-0.136	黄海	河南省舞阳县拐子王公社马湾村	113°47′	33°36′			
552	50603660	颍河	沙河	颍河	马湾(电站)	1975	1	设立	水文	-0.136	黄海	河南省舞阳县拐子王公社马湾村	113°47′	33°36′			
553	50603680	颍河	沙河	颍河	马湾(总量)	1959	7	设立	水文							9 448	

序号	测站编码	水系	河名	流入何处	站名	日期 年	日期 月	变动原因	站别	冻结基面与绝对基面高差（m）	绝对或假定基面名称	断面地点	坐标 东经	坐标 北纬	至河口距离（km）	集水面积（km²）	备注
554	50603700	颖河	泥河洼滞洪区		白庄（湖中心）	1975	8	设立	水位	0.000	黄海	河南省舞阳县拐子王公社白庄村	113°45′	33°36′			分洪时有资料
555	50603700	颖河	泥河洼滞洪区		白庄（湖中心）	2005	1	改基面	水位	−0.089	85基准	河南省舞阳县拐子王乡白庄村	113°45′	33°36′			
556	50603800	颖河	泥河洼分洪道	沙河	纸房（退水闸）	1955	6	设立,汛期	水文	0.000	废黄河口	河南省舞阳县老赵村	113°46′	33°37′			
557	50603800	颖河	泥河洼分洪道	沙河	纸房（退水闸）	1966	1	改站别	水位	0.000	废黄河口	河南省舞阳县老赵村	113°46′	33°37′			分洪时有资料
558	50603800	颖河	泥河洼分洪道	沙河	纸房（退水闸）	1986	1	撤销									
559	50603900	颖河	澧河	泥河洼滞洪区	罗湾（进洪闸）	1955	6	设立,汛期	水文	0.000	废黄河口	河南省舞阳县拐子王公社罗湾村					分洪时有资料
560	50604000	颖河	沙河	颖河	漯河	1935	8	设立	水文	0.000	假定	河南省漯河市	114°02′	33°35′			
561	50604000	颖河	沙河	颖河	漯河	1948	1	停测									
562	50604000	颖河	沙河	颖河	漯河	1950	1	恢复	水文	0.000	假定	河南省漯河市	114°02′	33°35′			
563	50604000	颖河	沙河	颖河	漯河	1952	1	改基面	水文	0.000	废黄河口	河南省漯河市	114°02′	33°35′			
564	50604000	颖河	沙河	颖河	漯河	1953	1	下迁250 m	水文	0.000	废黄河口	河南省漯河市	114°02′	33°35′			
565	50604000	颖河	沙河	颖河	漯河（二）	1965	1	漯河下迁130 m	水文	0.000	废黄河口	河南省漯河市	114°02′	33°35′			
566	50604000	颖河	沙河	颖河	漯河（二）	1975	1	改基面	水文	−0.147	黄海	河南省漯河市	114°02′	33°35′	69	12 150	
567	50604100	颖河	沙河	颖河	逍遥（沙）	1951	3	设立	水文	0.000	假定	河南省西华县逍遥镇	114°15′	33°46′			
568	50604100	颖河	沙河	颖河	逍遥（沙）	1952	6	停测									
569	50604100	颖河	沙河	颖河	逍遥（沙）	1954	5	恢复	水文	0.000	废黄河口	河南省西华县逍遥镇	114°15′	33°46′		12 500	
570	50604100	颖河	沙河	颖河	逍遥（沙）	1959	10	停测									
571	50604100	颖河	沙河	颖河	逍遥（沙）	1961	7	恢复	水位	0.000	废黄河口	河南省西华县逍遥镇	114°15′	33°46′			
572	50604100	颖河	沙河	颖河	逍遥（沙）	1967	10	撤销									
573	50604200	颖河	沙河	颖河	张湾	1954	5	设立	水文	0.015	废黄河口	河南省商水县张湾村	114°30′	33°41′			原误用高程
574	50604200	颖河	沙河	颖河	张湾	1958	1	撤销									

序号	测站编码	水系	河名	流入何处	站名	日期 年	月	变动原因	站别	冻结基面与绝对基面高差(m)	绝对或假定基面名称	断面地点	坐标 东经	北纬	至河口距离(km)	集水面积(km²)	备注
575	50604300	颍河	汉口河	沙河	三叉口	1972	5	设立,汛期径流	水文	0.000	假定	河南省鲁山县赵村公社三叉口村	112°34′	33°47′			
576	50604300	颍河	汉口河	沙河	三叉口	1975		撤销									
577	50604400	颍河	太山庙河	沙河	鸡冢	1962		设立,径流	水文	0.000	假定	河南省鲁山县鸡冢公社西坡村	112°40′	33°39′			
578	50604400	颍河	太山庙河	沙河	鸡冢(二)	1965	1	下迁1.0 km	水文	0.000	假定	河南省鲁山县鸡冢公社西坡村	112°42′	33°39′			
579	50604400	颍河	太山庙河	沙河	鸡冢(二)	1967	1	改基面	水文	0.391	废黄河口	河南省鲁山县鸡冢公社西坡村	112°42′	33°39′			
580	50604400	颍河	太山庙河	沙河	鸡冢(二)	1975	1	改基面	水文	0.281	黄海	河南省鲁山县鸡冢公社西坡村	112°42′	33°39′		46.0	
581	50604500	颍河	荡泽河	沙河	下孤山	1961	8	设立	水文	0.000	废黄河口	河南省鲁山县观音寺乡下孤山村	112°43′	33°52′			
582	50604500	颍河	荡泽河	沙河	下孤山(二)	1962	8	上迁310 m	水文	0.000	废黄河口	河南省鲁山县观音寺乡下孤山村	112°43′	33°52′			
583	50604500	颍河	荡泽河	沙河	下孤山(二)	1975	1	改基面	水文	-0.110	黄海	河南省鲁山县观音寺乡下孤山村	112°43′	33°52′		354	
584	50604600	颍河	荡泽河	沙河	曹楼	1952	6	设立	水文	0.000	假定	河南省鲁山县曹楼村	112°44′	33°47′		430	
585	50604600	颍河	荡泽河	沙河	曹楼	1953	2	停测									
586	50604600	颍河	荡泽河	沙河	曹楼	1954	6	恢复	水文	0.000	废黄河口	河南省鲁山县曹楼村	112°44′	33°47′			
587	50604600	颍河	荡泽河	沙河	曹楼	1959		撤销									
588	50604700	颍河	北汝河	沙河	娄子沟	1954	7	设立	水文	0.000	废黄河口	河南省汝阳县上店公社窑厂村	112°21′	34°06′			
589	50604700	颍河	北汝河	沙河	娄子沟	1975	1	改基面	水文	-0.002	黄海	河南省汝阳县竹园公社窑厂村	112°21′	34°06′			
590	50604700	颍河	北汝河	沙河	娄子沟	1985	1	改站别	水位	-0.002	黄海	河南省汝阳县竹园公社窑厂村	112°21′	34°06′	165	1 218	
591	50604750	颍河	王建渠		娄子沟(王建渠)	1974		设立	水文	-0.002	黄海	河南省汝阳县竹园公社窑厂村	112°21′	34°06′			
592	50604750	颍河	王建渠		娄子沟(王建渠)	1983	1	撤销									
593	50604800	颍河	北汝河	沙河	伊阳	1951	4	设立	水文	0.000	假定	河南省汝阳县小店公社紫罗山坡下	112°31′	34°10′			
594	50604800	颍河	北汝河	沙河	紫罗山	1952	8	改站名	水文	0.000	假定	河南省汝阳县小店公社紫罗山坡下	112°31′	34°10′			
595	50604800	颍河	北汝河	沙河	紫罗山	1953	1	改基面	水文	-0.002	废黄河口	河南省汝阳县小店公社紫罗山坡下	112°31′	34°10′			
596	50604800	颍河	北汝河	沙河	紫罗山	1975	1	改基面	水文	-0.078	黄海	河南省汝阳县小店公社紫罗山坡下	112°31′	34°10′	142	1 800	
597	50604850	颍河	胜利渠		紫罗山(胜利渠)	1971	1	设立	水文			河南省汝阳县小店公社紫罗山坡下	112°31′	34°10′			
598	50604900	颍河	北汝河	沙河	临汝	1977	5	设立	水文	0.000	黄海	河南省临汝县城关镇南刘庄	112°50′	34°10′			

序号	测站编码	水系	河名	流入何处	站名	日期 年	日期 月	变动原因	站别	冻结基面与绝对基面高差（m）	绝对或假定基面名称	断面地点	坐标 东经	坐标 北纬	至河口距离（km）	集水面积（km²）	备注
599	50604950	颍河	北汝河	沙河	汝州	1991	1	临汝站下迁,改站名	水文	0.000	黄海	河南省汝州市汝州镇郭庄村	112°51′	34°09′	106	3 005	
600	50605000	颍河	北汝河	沙河	郏县	1956	3	设立	水文	0.000	假定	河南省郏县堂街镇刘家门村	113°19′	33°55′			
601	50605000	颍河	北汝河	沙河	郏县	1965	1	改站别,汛期	水位	0.000	假定	河南省郏县堂街镇刘家门村	113°19′	33°55′			
602	50605000	颍河	北汝河	沙河	郏县	1967	1	改基面	水位	1.564	废黄河口	河南省郏县堂街镇刘家门村	113°19′	33°55′			
603	50605000	颍河	北汝河	沙河	郏县	1975	1	改基面	水位	1.446	黄海	河南省郏县堂街镇刘家门村	113°19′	33°55′	66	4 860	
604	50605000	颍河	北汝河	沙河	郏县	1980	1	变改正数	水位	1.394	黄海	河南省郏县堂街镇刘家门村	113°19′	33°55′	66	4 860	
605	50605100	颍河	北汝河	沙河	襄城	1941	12	设立	水文	0.000	假定（一）	河南省襄城县城关镇南大街	113°29′	33°51′			注19
606	50605100	颍河	北汝河	沙河	襄城	1949	1	停测									
607	50605100	颍河	北汝河	沙河	襄城	1951	4	恢复	水文	0.000	假定（二）	河南省襄城县城关镇南大街	113°29′	33°51′			
608	50605100	颍河	北汝河	沙河	襄城	1953	1	改基面	水文	0.000	废黄河口	河南省襄城县城关镇南大街	113°29′	33°51′			
609	50605100	颍河	北汝河	沙河	襄城	1954	6	上迁960 m至南门外	水文	0.000	废黄河口	河南省襄城县城关镇南大街	113°29′	33°51′			
610	50605100	颍河	北汝河	沙河	襄城	1959	1	变改正数	水文	−0.009	废黄河口	河南省襄城县城关镇南大街	113°29′	33°51′			
611	50605100	颍河	北汝河	沙河	襄城	1961	1	变改正数	水文	−0.002	废黄河口	河南省襄城县城关镇南大街	113°29′	33°51′			
612	50605100	颍河	北汝河	沙河	襄城	1975	1	改基面	水文	−0.156	黄海	河南省襄城县城关镇南大街	113°29′	33°51′			
613	50605100	颍河	北汝河	沙河	襄城	1978	12	撤销									
614	50605200	颍河	颍汝总干渠		大陈（南进水闸）	1979	1	设立	水文	−0.152	黄海	河南省襄城县山头店乡耿庄村	113°44′	32°27′			注20
615	50605220	颍河	颍汝总干渠		大陈（北分水闸）	1979	1	设立	水文	−0.152	黄海	河南省襄城县茨沟乡吴湾村	113°44′	32°27′			
616	50605260	颍河	北汝河	沙河	大陈（闸上）	1979	1	设立,襄城站下迁至此	水文	−0.152	黄海	河南省襄城县山头店乡大陈村	113°44′	33°49′		5 550	
617	50605275	颍河	一干渠		大陈（一干渠）	1979	1	设立	水文	−0.152	黄海	河南省襄城县茨沟乡方窑村	113°44′	32°27′			
618	50605300	颍河	莲溪寺沟	北汝河	莲溪寺	1971	6	设立,径流	水文	−0.076	黄海	河南省汝阳县小店公社莲溪寺	112°31′	34°11′		9.05	
619	50605300	颍河	莲溪寺沟	北汝河	莲溪寺	1983		撤销									
620	50605350	颍河	黄涧河	北汝河	安沟	1958	1	设立	水文	200.000	废黄河口	河南省临汝县安沟村	112°57′	34°08′			
621	50605350	颍河	黄涧河	北汝河	安沟	1960	1	变改正数	水文	0.000	废黄河口	河南省临汝县安沟村	112°57′	34°08′			
622	50605350	颍河	黄涧河	北汝河	安沟	1965	1	撤销									

序号	测站编码	水系	河名	流入何处	站名	日期 年	月	变动原因	站别	冻结基面与绝对基面高差（m）	绝对或假定基面名称	断面地点	坐标 东经	北纬	至河口距离（km）	集水面积（km²）	备注
623	50605400	颍河	黄涧河	北汝河	许台	1965	1	安沟站上迁5.5 km	水文	0.000	废黄河口	河南省临汝县大峪店公社许台村	113°00′	34°13′			
624	50605400	颍河	黄涧河	北汝河	许台	1975	1	改基面	水文	0.013	黄海	河南省临汝县大峪店公社许台村	113°00′	34°13′			
625	50605400	颍河	黄涧河	北汝河	许台	1982		常年改汛期	水文	0.013	黄海	河南省临汝县大峪店公社许台村	113°00′	34°13′	17	70.1	
626	50605420	颍河	西渠		许台（渠道）	1971	1	设立	水文	0.000	假定	河南省临汝县大峪店公社许台村	113°00′	34°13′			
627	50605600	颍河	肖河	北汝河	刘武店	1967	5	设立	水文	0.000	废黄河口	河南省郏县安良公社流武店村	113°17′	34°02′			
628	50605600	颍河	肖河	北汝河	刘武店	1975	1	改基面	水文	-0.118	黄海	河南省郏县安良公社流武店村	113°17′	34°02′			
629	50605600	颍河	肖河	北汝河	刘武店	1985	1	撤销									
630	50605700	颍河	澧河	沙河	孤石滩	1952	5	设立	水文	0.000	假定	河南省方城县孤石滩公社小呼沱村	113°05′	33°29′			
631	50605700	颍河	澧河	沙河	孤石滩	1954	1	改基面	水文	-0.002	废黄河口	河南省方城县孤石滩公社小呼沱村	113°05′	33°29′			
632	50605700	颍河	澧河	沙河	孤石滩	1963	1	变改正数	水文	0.000	废黄河口	河南省方城县孤石滩公社小呼沱村	113°05′	33°29′			
633	50605700	颍河	澧河	沙河	孤石滩	1971	1	撤销									
634	50605800	颍河	澧河	沙河	孤石滩水库（坝上）	1971	1	孤石滩河道站改孤石滩水库站	水文	0.000	废黄河口	河南省叶县常村公社小呼沱村	113°06′	33°30′	91		
635	50605800	颍河	澧河	沙河	孤石滩水库（坝上）	1975	1	改基面	水文	-0.104	黄海	河南省叶县常村公社小呼沱村	113°06′	33°30′			
636	50605820	颍河	澧河	沙河	孤石滩水库（泄洪闸）	1975		设立	水文	-0.104	黄海	河南省叶县常村公社小呼沱村	113°06′	33°30′			
637	50605840	颍河	澧河	沙河	孤石滩水库（输水道）	1975		设立	水文	-0.104	黄海	河南省叶县常村公社小呼沱村	113°06′	33°30′			
638	50605880	颍河	澧河		孤石滩水库（出库总量）	1971	1	设立	水文							286	
639	50605900	颍河	澧河	沙河	上澧河店	1975	7	设立	水文	-0.064	黄海	河南省舞阳县保和公社关庄村	113°29′	33°30′			
640	50605900	颍河	澧河	沙河	上澧河店	1981		改站别,常年改汛期	水位	-0.064	黄海	河南省舞阳县保和公社关庄村	113°29′	33°30′			
641	50605900	颍河	澧河	沙河	上澧河店	1982		撤销									
642	50606000	颍河	澧河	沙河	何口	1955	6	设立	水文	0.000	废黄河口	河南省舞阳县九街公社何口村	113°44′	33°32′			
643	50606000	颍河	澧河	沙河	何口	1975	1	改基面	水文	-0.210	黄海	河南省舞阳县九街公社何口村	113°44′	33°32′			
644	50606000	颍河	澧河	沙河	何口（二）	1977	1	上迁650 m	水文	-0.210	黄海	河南省舞阳县九街公社何口村	113°44′	33°32′	42	2 124	注21
645	50606000	颍河	澧河	沙河	何口（二）	2005	1	改基面	水文	-0.158	85基准	河南省舞阳县九街公社何口村	113°44′	33°32′	42	2 124	

序号	测站编码	水系	河名	流入何处	站名	日期年	日期月	变动原因	站别	冻结基面与绝对基面高差（m）	绝对或假定基面名称	断面地点	坐标 东经	坐标 北纬	至河口距离（km）	集水面积（km²）	备注
646	50606100	颍河	干江河	澧河	燕山水库(坝下)	2009	1	设立	水文	0.000	85 基准	河南省叶县燕山水库	113°18′	33°32′			
647	50606150	颍河	干江河	澧河	燕山水库(坝下)	2009	1	设立	水文	0.000	85 基准	河南省叶县燕山水库	113°18′	33°32′			
648	50606160	颍河	干江河		燕山水库(出库总量)	2009	1	设立	水文							1 169	
649	50606245	颍河	干江河	澧河	官寨	1954	5	设立	水文	0.000	假定	河南省叶县保安公社杨湾村	113°19′	33°23′			
650	50606245	颍河	干江河	澧河	官寨	1956	1	改基面	水文	23.030	废黄河口	河南省叶县保安公社杨湾村	113°19′	33°23′			
651	50606245	颍河	干江河	澧河	官寨	1975	1	改基面	水文	22.927	黄海	河南省叶县保安公社杨湾村	113°19′	33°23′			
652	50606250	颍河	干江河	澧河	官寨(二)	1994	1	官寨站下迁	水文	0.000	黄海	河南省叶县辛店乡杨庄村	113°23′	33°26′	16	1 194	
653	50606250	颍河	干江河	澧河	官寨(二)	2008	1	撤销									
654	50606270	颍河	贾鲁河	颍河	常庙	1954	5	设立	水文	0.000	假定	河南省郑州市须水公社常庙村	113°33′	34°43′	203	117	
655	50606270	颍河	贾鲁河	颍河	常庙	1970	6	撤销									
656	50606500	颍河	贾鲁河	颍河	尖岗水库(坝上)	1970	7	常庙站上迁 3.5 km	水文	0.000	假定	河南省郑州市侯寨公社尖岗水库	113°33′	34°41′			
657	50606500	颍河	贾鲁河	颍河	尖岗水库(坝上)	1972	1	改基面	水文	10.720	废黄河口	河南省郑州市侯寨公社尖岗水库	113°33′	34°41′			
658	50606500	颍河	贾鲁河	颍河	尖岗水库(坝上)	1980	1	改基面	水文	10.591	黄海	河南省郑州市侯寨公社尖岗水库	113°33′	34°41′			
659	50606540	颍河	贾鲁河	颍河	尖岗水库(输水道)	1970	7	设立	水文	10.591	黄海	河南省郑州市侯寨公社尖岗水库	113°33′	34°41′			
660	50606550	颍河	贾鲁河	颍河	尖岗水库(泄洪道)	1970	7	设立	水文	10.591	黄海	河南省郑州市侯寨公社尖岗水库	113°33′	34°41′			
661	50606560	颍河	贾鲁河		尖岗水库(出库总量)	1970	7	设立	水文							113	
662	50606800	颍河	贾鲁河	颍河	中牟	1935	6	设立	水文	0.000	大沽	河南省中牟县	114°02′	34°44′			
663	50606800	颍河	贾鲁河	颍河	中牟	1938	1	停测									
664	50606800	颍河	贾鲁河	颍河	中牟	1959	6	恢复	水文	0.000	废黄河口	河南省中牟县邵岗公社邢庄村	114°02′	34°44′			
665	50606800	颍河	贾鲁河	颍河	中牟	1960	6	下迁 800 m	水文	0.000	废黄河口	河南省中牟县邵岗公社邢庄村	114°02′	34°44′			
666	50606800	颍河	贾鲁河	颍河	中牟	1962	1	停测									
667	50606800	颍河	贾鲁河	颍河	中牟	1963	1	恢复	水文	0.000	废黄河口	河南省中牟县邵岗乡邢庄村	114°02′	34°44′			
668	50606800	颍河	贾鲁河	颍河	中牟(二)	1965	5	上迁 300 m	水文	0.000	废黄河口	河南省中牟县邵岗乡邢庄村	114°02′	34°44′			
669	50606800	颍河	贾鲁河	颍河	中牟(二)	1975	1	改基面	水文	−0.103	黄海	河南省中牟县邵岗乡邢庄村	114°02′	34°44′		2 106	

序号	测站编码	水系	河名	流入何处	站名	日期 年	日期 月	变动原因	站别	冻结基面与绝对基面高差（m）	绝对或假定基面名称	断面地点	坐标 东经	坐标 北纬	至河口距离（km）	集水面积（km²）	备注
670	50606900	颍河	贾鲁河	颍河	尉氏	1956	4	设立	水文	17.974	废黄河口	河南省尉氏县张市公社五里河村	114°10′	34°25′			
671	50606900	颍河	贾鲁河	颍河	尉氏	1963	5	改站别	水位	17.974	废黄河口	河南省尉氏县张市公社五里河村	114°10′	34°25′	96	2 580	
672	50606900	颍河	贾鲁河	颍河	尉氏	1967	1	撤销									
673	50607000	颍河	贾鲁河	颍河	陆桥	1935	8	设立	水文	0.000	假定	河南省扶沟县斗虎营村	114°22′	34°05′			
674	50607000	颍河	贾鲁河	颍河	陆桥	1938	5	撤销									
675	50607000	颍河	贾鲁河	颍河	扶沟	1942	1	设立	水文	0.000	假定	河南省扶沟县斗虎营村	114°22′	34°05′			
676	50607000	颍河	贾鲁河	颍河	扶沟	1944	3	停测									
677	50607000	颍河	贾鲁河	颍河	扶沟	1950	8	恢复	水文	0.000	假定	河南省扶沟县斗虎营村	114°22′	34°05′			
678	50607000	颍河	贾鲁河	颍河	扶沟	1953	1	改基面	水文	1.578	废黄河口	河南省扶沟县斗虎营村	114°22′	34°05′			
679	50607000	颍河	贾鲁河	颍河	扶沟	1954	1	变改正数	水文	0.000	废黄河口	河南省扶沟县斗虎营村	114°22′	34°05′			注22
680	50607000	颍河	贾鲁河	颍河	扶沟	1959	1	撤销									
681	50607000	颍河	贾鲁河	颍河	扶沟(闸上)	1959	1	上迁1.0 km	水文	0.000	废黄河口	河南省扶沟县城关镇	114°25′	34°04′			注23
682	50607000	颍河	贾鲁河	颍河	扶沟(闸上)	1977	1	改基面	水文	−0.127	黄海	河南省扶沟县城关镇	114°25′	34°04′			
683	50607050	颍河	贾鲁河	颍河	扶沟(闸下)	1959	1	设立	水文	0.000	废黄河口	河南省扶沟县城关镇北街	114°25′	34°04′			
684	50607050	颍河	贾鲁河	颍河	扶沟(闸下)	1975	1	改基面	水文	−0.127	黄海	河南省扶沟县城关镇北街	114°25′	34°04′			
685	50607050	颍河	贾鲁河	颍河	扶沟(闸下二)	1976	1	上迁650 m	水文	−0.127	黄海	河南省扶沟县城关镇北街	114°25′	34°04′	51	5 710	
686	50607100	颍河	贾鲁河	颍河	周家口	1940	1	设立	水位	0.000	大沽	河南省淮阳县周家口	114°39′	33°38′			现为周口市
687	50607100	颍河	贾鲁河	颍河	周家口	1944	1	撤销									
688	50607100	颍河	贾鲁河	颍河	周口(贾鲁河闸上)	1975	1	设立	水位	−0.132	黄海	河南省周口镇贾鲁河闸	114°39′	33°38′			
689	50607100	颍河	贾鲁河	颍河	周口(贾鲁河闸上)	1980	1	变改正数	水位	0.000	黄海	河南省周口镇贾鲁河闸	114°39′	33°38′			
690	50607300	颍河	贾峪河	贾鲁河	常庄水库(坝上)	1980	7	设立	水文	0.000	黄海	河南省郑州市须水乡常庄水库	113°33′	34°44′			
691	50607300	颍河	贾峪河	贾鲁河	常庄水库(坝上)	1985	1	变改正数、改站别	水位	10.510	黄海	河南省郑州市须水乡常庄水库	113°3′	34°44′			
692	50607300	颍河	贾峪河	贾鲁河	常庄水库(坝上)	2000	1	改站别	水文	10.510	黄海	河南省郑州市须水乡常庄水库	113°33′	34°44′			
693	50607360	颍河	贾峪河		常庄水库(出库总量)	2001	1	设立	水文							82	

序号	测站编码	水系	河名	流入何处	站名	日期 年	月	变动原因	站别	冻结基面与绝对基面高差（m）	绝对或假定基面名称	断面地点	坐标 东经	北纬	至河口距离（km）	集水面积（km²）	备注
694	50607400	颍河	溹河	贾鲁河	丁店水库（坝上）	1985	1	设立	水位	0.393	黄海	河南省荥阳县丁店水库	113°23′	34°43′			
695	50607400	颍河	溹河	贾鲁河	丁店水库（坝上）	1992	1	撤销									
696	50607450	颍河	溹河	贾鲁河	丁店水库（输水道）	1980	1	设立	水文	0.000	黄海	河南省荥阳县丁店水库	113°23′	34°43′			
697	50607450	颍河	溹河	贾鲁河	丁店水库（输水道）	1992	1	撤销									
698	50607600	颍河	康沟河	贾鲁河	西黄庄	1952	7	设立,汛期	水位	0.000	假定	河南省尉氏县南曹乡西黄庄	114°09′	34°18′			
699	50607600	颍河	康沟河	贾鲁河	西黄庄	1953	10	停测									
700	50607600	颍河	康沟河	贾鲁河	西黄庄	1966	6	恢复	水位	0.000	废黄河口	河南省尉氏县南曹乡西黄庄	114°09′	34°18′			
701	50607600	颍河	康沟河	贾鲁河	西黄庄	1975	1	改基面	水位	−0.119	黄海	河南省尉氏县南曹乡西黄庄	114°09′	34°18′		454	
702	50607700	颍河	东方红灌渠		王村（渠首闸）	1975		设立	水文			河南省密县超化公社王村	113°24′	34°28′			未刊水位
703	50607700	颍河	东方红灌渠		王村（渠首闸）	1994	3	撤销									
704	50607900	颍河	双泊河	贾鲁河	人和	1974	1	新郑站上迁13.15 km,改站名	水文	0.000	废黄河口	河南省新郑县辛店乡人和村	113°39′	34°26′			
705	50607900	颍河	双泊河	贾鲁河	人和	1975	1	改基面	水文	−0.039	黄海	河南省新郑县辛店乡人和村	113°39′	34°26′			
706	50607900	颍河	双泊河	贾鲁河	人和	1997	1	撤销									
707	50607950	颍河	双泊河	贾鲁河	新郑	1950	7	设立	水位	0.000	假定	河南省新郑县城关镇南关	113°42′	34°25′			
708	50607950	颍河	双泊河	贾鲁河	新郑	1951	3	改站别	水文	0.000	假定	河南省新郑县城关镇南关	113°42′	34°25′			
709	50607950	颍河	双泊河	贾鲁河	新郑	1954	1	改基面	水文	0.000	废黄河口	河南省新郑县城关镇南关	113°42′	34°25′			
710	50607950	颍河	双泊河	贾鲁河	新郑	1956	1	变改正数	水文	0.002	废黄河口	河南省新郑县城关镇南关	113°42′	34°25′			
711	50607950	颍河	双泊河	贾鲁河	新郑	1957	6	下迁150 m	水文	0.002	废黄河口	河南省新郑县城关镇南关	113°42′	34°25′			
712	50607950	颍河	双泊河	贾鲁河	新郑	1974	1	撤销									
713	50607950	颍河	双泊河	贾鲁河	新郑（二）	1997	1	人和站下迁10.25 km,改站名	水文	−0.119	黄海	河南省新郑市城关乡周庄村	113°42′	34°24′		1 079	
714	50607950	颍河	双泊河	贾鲁河	新郑（二）	2000	1	改基面	水文	0.000	85基准	河南省新郑市城关乡周庄村	113°42′	34°24′		1 079	
715	50608000	颍河	双泊河	贾鲁河	南席	1940	10	设立	水位	0.000	大沽	河南省长葛县南席村	114°05′	35°14′			
716	50608000	颍河	双泊河	贾鲁河	南席	1942	1	改基面	水位	0.000	假定	河南省长葛县南席村	114°05′	35°14′			

序号	测站编码	水系	河名	流入何处	站名	日期 年	日期 月	变动原因	站别	冻结基面与绝对基面高差（m）	绝对或假定基面名称	断面地点	坐标 东经	坐标 北纬	至河口距离（km）	集水面积（km²）	备注
717	50608000	颍河	双泊河	贾鲁河	南席	1944	4	停测									
718	50608000	颍河	双泊河	贾鲁河	南席	1952	7	恢复,汛期改站别	水文	0.000	假定	河南省长葛县南席村	114°05′	35°14′			注24
719	50608000	颍河	双泊河	贾鲁河	南席	1953	10	停测									
720	50608000	颍河	双泊河	贾鲁河	南席	1955	6	恢复,汛期	水文	0.000	废黄河口	河南省长葛县南席乡南席村	114°05′	35°14′			
721	50608000	颍河	双泊河	贾鲁河	南席	1955	10	撤销									
722	50608100	颍河	双泊河	贾鲁河	西孟亭	1942	1	设立	水文	0.000	假定	河南省扶沟县西孟亭村	114°16′	34°11′			
723	50608100	颍河	双泊河	贾鲁河	西孟亭	1944	3	停测									
724	50608100	颍河	双泊河	贾鲁河	扶沟	1952	6	西孟亭站恢复并改为现名	水文	0.000	假定	河南省扶沟县西孟亭村	114°16′	34°11′			
725	50608100	颍河	双泊河	贾鲁河	西孟亭	1954	1	扶沟站改为现名	水文	0.000	废黄河口	河南省扶沟县西孟亭村	114°16′	34°11′			
726	50608100	颍河	双泊河	贾鲁河	西孟亭	1956	12	撤销									
727	50608300	颍河	新蔡河	颍河	钱店	1966	6	设立	水文	0.000	黄海	河南省郸城县钱店公社钱店集	115°08′	33°34′			
728	50608300	颍河	新蔡河	颍河	钱店	1976	6	撤销									
729	50608300	颍河	新蔡河	颍河	钱店	1995	10	豆庄(闸)站上迁3.0 km,改为现名	水文	0.000	黄海	河南省郸城县钱店公社钱店集	115°10′	33°34′		472	
730	50608400	颍河	新蔡河	颍河	豆庄(闸上)	1976	6	钱店站下迁2.3 km,改为现名	水文	0.000	黄海	河南省郸城县钱店公社豆庄村	115°10′	33°34′			
731	50608400	颍河	新蔡河	颍河	豆庄(闸上)	1995	1	撤销									
732	50608450	颍河	新蔡河	颍河	豆庄(闸下)	1976	6	钱店站下迁2.3 km,改为现名	水文	0.000	黄海	河南省郸城县钱店公社豆庄村	115°10′	33°34′			
733	50608450	颍河	新蔡河	颍河	豆庄(闸下)	1995	1	撤销									
734	50608500	颍河	新运河	颍河	龙路口(闸上)	1975	7	设立	水位	0.000	黄海	河南省淮阳县郑集公社龙路口	114°45′	33°41′			
735	50608500	颍河	新运河	颍河	龙路口(闸上)	1981	1	撤销									
736	50608550	颍河	新运河	颍河	龙路口(闸下)	1975	7	设立	水位	0.000	黄海	河南省淮阳县郑集公社龙路口	114°45′	33°41′			
737	50608550	颍河	新运河	颍河	龙路口(闸下)	1981	1	撤销									
738	50608600	颍河	泉河	颍河	沈丘	1951	4	设立	水文	0.000	假定	河南省沈丘县城关镇张湾村	115°08′	33°11′			

序号	测站编码	水系	河名	流入何处	站名	日期 年	日期 月	变动原因	站别	冻结基面与绝对基面高差(m)	绝对或假定基面名称	断面地点	坐标 东经	坐标 北纬	至河口距离(km)	集水面积(km²)	备注
739	50608600	颍河	泉河	颍河	沈丘	1953	1	改基面	水文	0.000	废黄河口	河南省沈丘县城关镇张湾村	115°08′	33°11′			
740	50608600	颍河	泉河	颍河	沈丘	1975	1	改基面	水文	−0.147	黄海	河南省沈丘县城关镇张湾村	115°08′	33°11′			
741	50608600	颍河	泉河	颍河	沈丘	1976	1	撤销									
742	50608700	颍河	泉河	颍河	沈丘(闸上)	1976	1	设立	水文	−0.147	黄海	河南省沈邱县城关镇张湾村	115°08′	33°11′			
743	50608720	颍河	泉河	颍河	沈丘(闸下)	1976	1	沈丘站上迁680 m,改为闸坝站	水文	−0.147	黄海	河南省沈丘县城关镇张湾村	115°08′	33°11′		3 094	
744	50608740	颍河	南干渠		沈丘(南干渠)	1978	1	设立	水文	−0.147	黄海	河南省沈丘县城关镇李坟村	115°08′	33°11′			
745	50608760	颍河	北干渠		沈丘(北干渠)	1978	1	设立	水文	−0.147	黄海	河南省沈丘县城关镇张湾村	115°08′	33°11′			
746	50609300	颍河	汾河	泉河	黄冲	1953	7	设立,汛期	水文	0.000	废黄河口	河南省商水县姚集乡黄冲村	114°36′	33°28′			
747	50609300	颍河	汾河	泉河	黄冲	1954	7	下迁1.5 km	水文	0.000	废黄河口	河南省商水县姚集乡黄冲村	114°37′	33°28′			
748	50609300	颍河	汾河	泉河	黄冲	1955	10	停测									
749	50609300	颍河	汾河	泉河	黄冲(二)	1968	6	恢复并改为现名	水文	0.000	废黄河口	河南省商水县姚集乡黄冲村	114°37′	33°28′			
750	50609300	颍河	汾河	泉河	黄冲(二)	1975	1	改基面	水文	−0.135	黄海	河南省商水县姚集乡黄冲村	114°37′	33°28′		968	
751	50609300	颍河	汾河	泉河	黄冲(二)	1979	1	撤销									
752	50609380	颍河	汾河	泉河	周庄	1979	1	黄冲(二)站下迁6.0 km,改为现名	水文	−0.135	黄海	河南省商水县袁老公社周庄	114°39′	33°27′		1 320	
753	50609400	颍河	汾河	泉河	周庄(闸上)	1988	1	周庄站改为周庄(闸上)	水文	0.000	黄海	河南省商水县袁老乡周庄	114°39′	33°27′			
754	50609420	颍河	汾河	泉河	周庄(闸下)	1988	1	设立	水文	0.000	黄海	河南省商水县袁老乡周庄	114°39′	33°27′		1 320	
755	50609500	颍河	汾河	泉河	蒋桥	1964	1	娄堤站迁至此,改为现名	水文	0.000	废黄河口	河南省项城县蒋桥村	114°44′	33°19′			
756	50609500	颍河	汾河	泉河	蒋桥	1968	1	撤销									
757	50609600	颍河	汾河	泉河	王营	1953	8	设立	水文	−0.082	废黄河口	河南省项城县王营	114°47′	33°18′			
758	50609600	颍河	汾河	泉河	王营	1956	1	变改正数	水文	−0.066	废黄河口	河南省项城县王营	114°47′	33°18′			
759	50609600	颍河	汾河	泉河	王营	1957	1	变改正数	水文	−0.082	废黄河口	河南省项城县王营	114°47′	33°18′			
760	50609600	颍河	汾河	泉河	王营	1960	7	撤销									

序号	测站编码	水系	河名	流入何处	站名	日期 年	日期 月	变动原因	站别	冻结基面与绝对基面高差（m）	绝对或假定基面名称	断面地点	坐标 东经	坐标 北纬	至河口距离（km）	集水面积（km²）	备注
761	50609800	颍河	汾河	泉河	娄堤（闸上）	1960	7	王营站迁至此，改为现名，河道站改为闸坝站	水文	0.000	废黄河口	河南省项城县范集区娄堤闸	114°45′	33°18′			
762	50609800	颍河	汾河	泉河	娄堤（闸上）	1963	12	撤销									
763	50609850	颍河	汾河	泉河	娄堤（闸下）	1960	7	王营站迁至此，改为现名，河道站改为闸坝站	水文	0.000	废黄河口	河南省项城县范集区娄堤闸	114°45′	33°18′			
764	50609850	颍河	汾河	泉河	娄堤（闸下）	1963	12	撤销									
765	50610000	颍河	界沟河	汾河	豆湾	1983	1	设立，小面积径流	水文	0.000	黄海	河南省商水县姚集乡豆湾	114°35′	33°26′		89.0	
766	50610000	颍河	界沟河	汾河	豆湾	1990	1	撤销									
767	50610500	颍河	汾河	泉河	项城	1951	1	设立	水文	0.000	假定	河南省项城县老城关	114°49′	33°09′			
768	50610500	颍河	汾河	泉河	项城	1953	1	改基面	水文	0.000	废黄河口	河南省项城县老城关	114°49′	33°09′			
769	50610500	颍河	汾河	泉河	项城	1954	5	撤销									
770	50610600	颍河	泥河	汾河	石桥口（闸上）	1976	1	设立	水文	0.000	黄海	河南省项城县贾岭公社石桥口村	114°50′	33°10′			
771	50610650	颍河	泥河	汾河	石桥口（闸下）	1976	1	设立	水文	0.000	黄海	河南省项城县贾岭公社石桥口村	114°50′	33°10′		775	
772	50610700	颍河	泥河	汾河	崔寨	1953	7	设立	水文	−0.052	废黄河口	河南省沈丘县崔寨	115°04′	33°10′	127	772	
773	50610700	颍河	泥河	汾河	崔寨	1957	12	撤销									
774	50800100	涡河	涡河	淮河	邸阁	1977	1	设立	水文	0.000	黄海	河南省通许县邸阁乡郝庄	114°29′	34°21′	325	898	
775	50800200	涡河	涡河	淮河	太康	1951	3	设立	水文	0.000	假定	河南省太康县东关	114°52′	34°05′			
776	50800200	涡河	涡河	淮河	太康	1951	12	停测									
777	50800200	涡河	涡河	淮河	太康	1959	5	恢复	水文	−0.133	黄海	河南省太康县东关	114°52′	34°05′			
778	50800200	涡河	涡河	淮河	太康	1960	10	撤销									
779	50800200	涡河	涡河	淮河	太康	1965	7	魏湾站迁至此，改为汛期	水位	0.000	黄海	河南省太康县东关	114°52′	34°05′			
780	50800200	涡河	涡河	淮河	太康	1967	10	停测									
781	50800200	涡河	涡河	淮河	太康	1971	1	恢复	水文	0.000	黄海	河南省太康县东关	114°52′	34°05′			

序号	测站编码	水系	河名	流入何处	站名	年	月	变动原因	站别	冻结基面与绝对基面高差（m）	绝对或假定基面名称	断面地点	东经	北纬	至河口距离（km）	集水面积（km²）	备注
782	50800200	涡河	涡河	淮河	太康	1978	1	撤销									
783	50800300	涡河	涡河	淮河	魏湾（闸上游）	1960	10	太康站迁至此并改为现名		-0.133	黄海	河南省太康县魏湾村	114°52′	34°05′			
784	50800300	涡河	涡河	淮河	魏湾（闸上游）	1965	7	停测									
785	50800300	涡河	涡河	淮河	魏湾（闸上游）	1978	1	恢复	水文	0.000	黄海	河南省太康县魏湾村	114°52′	34°05′			
786	50800300	涡河	涡河	淮河	魏湾（闸上游）	1995	1	撤销									
787	50800400	涡河	涡河	淮河	魏湾（闸下游）	1960	10	太康站迁至此并改为现名	水文	-0.133	黄海	河南省太康县魏湾村	114°52′	34°05′			
788	50800400	涡河	涡河	淮河	魏湾（闸下游）	1965	7	停测									
789	50800400	涡河	涡河	淮河	魏湾（闸下游）	1978	1	恢复	水文	0.000	黄海	河南省太康县魏湾村	114°52′	34°05′			
790	50800400	涡河	涡河	淮河	魏湾（闸下游）	1995	10	撤销									
791	50800500	涡河	涡河	淮河	玄武	1958	5	设立	水文	0.000	废黄河口	河南省鹿邑县玄武公社操庄	115°16′	33°58′			
792	50800500	涡河	涡河	淮河	玄武	1959	1	改基面	水文	-0.133	黄海	河南省鹿邑县玄武公社操庄	115°16′	33°58′			
793	50800500	涡河	涡河	淮河	玄武	1965	1	变改正数	水文	-0.277	黄海	河南省鹿邑县玄武公社操庄	115°16′	33°58′			
794	50800500	涡河	涡河	淮河	玄武	1976	1	停测									
795	50800600	涡河	涡河	淮河	玄武（闸上游）	1976	1	玄武站上迁,河道站改为闸坝站	水文	0.000	黄海	河南省鹿邑县玄武公社孟庄	115°15′	33°59′			
796	50800600	涡河	涡河	淮河	玄武（闸上游）	2002	1	撤销									
797	50800700	涡河	涡河	淮河	玄武（闸下游）	1976	1	玄武站上迁,河道站改为闸坝站	水文	0.000	黄海	河南省鹿邑县玄武公社孟庄	115°15′	33°59′		1 414	
798	50800700	涡河	涡河	淮河	玄武（闸下游）	2002	1	撤销									
799	50800750	涡河	涡河	淮河	玄武	2002	1	恢复	水文	0.000	黄海	河南省鹿邑县玄武公社孟庄	115°16′	33°58′		4 020	
800	50800800	涡河	白沟河（分水渠）	涡河	时口	1971	1	设立	水文	0.000	黄海	河南省鹿邑县玄武公社时口村	115°16′	33°58′			注25
801	50800900	涡河	涡河	淮河	鹿邑	1951	5	设立	水文	0.000	假定	河南省鹿邑县大李营村	115°30′	33°54′			
802	50800900	涡河	涡河	淮河	鹿邑	1953	1	改基面	水文	0.000	废黄河口	河南省鹿邑县大李营村	115°30′	33°54′			
803	50800900	涡河	涡河	淮河	鹿邑（二）	1954	7	鹿邑站下迁480 m	水文	0.000	废黄河口	河南省鹿邑县大李营村	115°30′	33°54′			

序号	测站编码	水系	河名	流入何处	站名	日期 年	日期 月	变动原因	站别	冻结基面与绝对基面高差 (m)	绝对或假定基面名称	断面地点	坐标 东经	坐标 北纬	至河口距离 (km)	集水面积 (km²)	备注
804	50800900	涡河	涡河	淮河	鹿邑(二)	1954	12	撤销									
805	50802100	涡河	惠济河	涡河	大王庙	1964	4	设立,唐寨站下迁4.0 km	水文	-0.113	黄海	河南省杞县裴村店乡大王庙村	114°52′	34°32′			
806	50802100	涡河	惠济河	涡河	大王庙(二)	1965	5	上迁3.0 km后又下迁100 m,改为现名	水文	-0.115	黄海	河南省杞县裴村店乡大王庙村	114°51′	34°32′			又刊东方红站
807	50802100	涡河	惠济河	涡河	大王庙	2008	1	下迁1.0 km	水文	-0.115	黄海	河南省杞县裴村店乡大王庙村	114°51′	34°33′			
808	50802300	涡河	涡河	淮河	夏楼闸(闸上游)	1982	6	设立	水文	0.000	黄海	河南省睢县白庙乡夏楼村	115°04′	34°22′			
809	50802300	涡河	涡河	淮河	夏楼闸(闸上游)	1988	1	撤销									
810	50802700	涡河	惠济河	涡河	柘城	1936	6	设立	水位	0.000	假定	河南省柘城县砖桥镇	115°25′	34°04′			
811	50802700	涡河	惠济河	涡河	柘城	1937	12	停测									
812	50802700	涡河	惠济河	涡河	柘城	1951	3	恢复	水文	0.000	假定	河南省柘城县砖桥镇	115°25′	34°04′			
813	50802700	涡河	惠济河	涡河	柘城	1953	1	改基面	水文	0.000	废黄河口	河南省柘城县砖桥镇	115°25′	34°04′			
814	50802700	涡河	惠济河	涡河	柘城	1956	6	改站别	水位	0.000	废黄河口	河南省柘城县砖桥镇	115°25′	34°04′			
815	50802700	涡河	惠济河	涡河	柘城	1957	1	变改正数	水位	0.009	废黄河口	河南省柘城县砖桥镇	115°25′	34°04′			
816	50802700	涡河	惠济河	涡河	柘城	1959	1	改基面	水位	-0.124	黄海	河南省柘城县砖桥镇	115°25′	34°04′			
817	50802700	涡河	惠济河	涡河	柘城	1962	1	撤销									
818	50802700	涡河	惠济河	涡河	砖桥	1964	1	柘城站恢复并改为砖桥站	水文	-0.124	黄海	河南省柘城县砖桥镇	115°25′	34°04′			
819	50802700	涡河	惠济河	涡河	砖桥	1965	1	变改正数	水文	-0.116	黄海	河南省柘城县砖桥镇	115°25′	34°04′			
820	50802800	涡河	惠济河	涡河	砖桥闸(闸上游)	1976	4	砖桥闸建成,河道站改闸坝站	水文	-0.116	黄海	河南省柘城县砖桥镇	115°21′	34°01′			
821	50802800	涡河	惠济河	涡河	砖桥闸(闸下游)	1976	4	砖桥闸建成,河道站改闸坝站	水文	-0.116	黄海	河南省柘城县砖桥镇	115°21′	34°01′	28	3 410	
822		涡河	东风二干渠		唐寨	1958	6	设立	水文	-0.113	黄海	河南省杞县唐寨村	114°49′	34°34′			
823		涡河	东风二干渠		唐寨	1964	4	撤销									
824	50803100	涡河	淤泥河	惠济河	小寨	1964	5	设立	水文	-0.115	黄海	河南省杞县平城公社小寨村	114°43′	34°40′			
825	50803100	涡河	淤泥河	惠济河	小寨	1971	1	变改正数	水文	-0.085	黄海	河南省杞县平城公社小寨村	114°43′	34°40′			

序号	测站编码	水系	河名	流入何处	站名	日期 年	日期 月	变动原因	站别	冻结基面与绝对基面高差(m)	绝对或假定基面名称	断面地点	坐标 东经	坐标 北纬	至河口距离(km)	集水面积(km²)	备注
826	50803100	涡河	淤泥河	惠济河	小寨	1977	1	撤销									
827	50803200	涡河	通惠渠	惠济河	睢县	1975	6	设立	水文	0.000	黄海	河南省睢县城隍乡董园村	115°03′	34°26′	7.5	495	
828	50803200	涡河	通惠渠	惠济河	睢县(二)	2000	1	上迁1.8 km	水文	0.000	黄海	河南省睢县城郊乡码头村	115°03′	34°26′	9.3	495	
829	50803200	涡河	通惠渠	惠济河	睢县(二)	2006	1	改基面	水文	0.060	85基准	河南省睢县城郊乡码头村	115°03′	34°26′	9.3	495	
830	50803500	涡河	古宋河	大沙河	徐村铺	1964	5	设立	水文	-0.131	黄海	河南省商丘县李口乡徐村铺	115°35′	34°16′			
831	50803500	涡河	古宋河	大沙河	徐村铺	1967	1	变改正数	水文	-0.144	黄海	河南省商丘县李口乡徐村铺	115°35′	34°16′			
832	50803500	涡河	古宋河	大沙河	徐村铺	1986	1	撤销									
833	50900200	洪泽湖	浍河	崇潼河	新桥	1952	7	设立,汛期	水文	0.000	假定	河南省永城县新桥公社史庄村	116°21′	33°49′			
834	50900200	洪泽湖	浍河	崇潼河	新桥	1953	1	改基面	水文	0.000	废黄河口	河南省永城县新桥公社史庄村	116°21′	33°49′			
835	50900200	洪泽湖	浍河	崇潼河	新桥	1954	7	撤销									
836	50900200	洪泽湖	浍河	崇潼河	马庄	1954	7	下迁3.0 km至此,改名,汛期	水文	0.000	废黄河口	河南省永城县新桥公社史庄村	116°21′	33°49′			
837	50900200	洪泽湖	浍河	崇潼河	马庄	1956	10	撤销									
838	50900300	洪泽湖	浍河	崇潼河	黄口集	1962	7	马庄站恢复并改为现名	水文	0.018	黄海	河南省永城县新桥公社史庄村	116°21′	33°49′			
839	50900300	洪泽湖	浍河	崇潼河	黄口集(二)	1963	5	上迁1.14 km改为黄口集(二)	水文	0.018	黄海	河南省永城县黄口公社史庄村	116°21′	33°49′			注26
840	50900300	洪泽湖	浍河	崇潼河	黄口集(二)	1971	7	撤销									
841	50900400	洪泽湖	浍河	崇潼河	黄口集闸(闸上游)	1971	7	黄口集闸建成,河道站改为闸坝站	水文	0.037	黄海	河南省永城县黄口公社黄口集村	116°21′	33°49′			
842	50900500	洪泽湖	浍河	崇潼河	黄口集闸(闸下游)	1971	7	黄口集闸建成,河道站改为闸坝站	水文	0.037	黄海	河南省永城县黄口公社黄口集村	116°21′	33°49′	220	1 201	
843	50902800	洪泽湖	包河	浍河	孙庄	1985	6	设立	水文	0.000	黄海	河南省商丘市周庄乡孙庄	115°39′	34°28′	143	84.3	
844	50902800	洪泽湖	包河	浍河	孙庄	1995	1	变改正数	水文	0.056	黄海	河南省商丘市周庄乡孙庄	115°39′	34°28′	143	84.3	
845	50902900	洪泽湖	包河	浍河	鱼地	1954	7	设立	水位	0.000	废黄河口	河南省永城县鱼地村	116°16′	33°47′			
846	50902900	洪泽湖	包河	浍河	鱼地	1955	10	停测									
847	50902900	洪泽湖	包河	浍河	鱼地	1962	7	恢复	水位	0.000	黄海	河南省永城县鱼地村	116°16′	33°47′			
848	50902900	洪泽湖	包河	浍河	鱼地	1965	1	撤销									
849	50907300	洪泽湖	沱河	崇潼河	张板桥闸(闸上游)	1983	6	设立	水文	0.000	黄海	河南省永城县蒋口乡张板桥	116°14′	34°04′			

序号	测站编码	水系	河名	流入何处	站名	年	月	变动原因	站别	冻结基面与绝对基面高差（m）	绝对或假定基面名称	断面地点	东经	北纬	至河口距离（km）	集水面积（km²）	备注
850	50907300	洪泽湖	沱河	崇潼河	张板桥闸（闸上游）	1988		撤销									
851	50907400	洪泽湖	沱河	崇潼河	永城	1953	7	设立，汛期	水文	0.000	假定	河南省永城县北关	116°22′	33°56′			
852	50907400	洪泽湖	沱河	崇潼河	永城	1954	4	汛期改常年	水文	0.000	假定	河南省永城县北关	116°22′	33°56′			
853	50907400	洪泽湖	沱河	崇潼河	永城	1955	1	改基面	水文	0.000	废黄河口	河南省永城县北关	116°22′	33°56′			
854	50907400	洪泽湖	沱河	崇潼河	永城	1956	1	变改正数	水文	-0.015	废黄河口	河南省永城县北关	116°22′	33°56′			
855	50907400	洪泽湖	沱河	崇潼河	永城	1959	1	改基面	水文	-0.146	黄海	河南省永城县北关	116°22′	33°56′			
856	50907400	洪泽湖	沱河	崇潼河	永城	1965	1	变改正数	水文	-0.091	黄海	河南省永城县北关	116°22′	33°56′			
857	50907400	洪泽湖	沱河	崇潼河	永城	1971	7	撤销	水文			河南省永城县北关	116°22′	33°56′			
858	50907500	洪泽湖	沱河	崇潼河	永城闸（闸上游）	1971	7	永城闸站建成，河道站改闸坝站	水文	0.000	黄海	河南省永城县城郊公社张桥	116°24′	33°56′			
859	50907600	洪泽湖	沱河	崇潼河	永城闸（闸下游）	1971	7	永城闸站建成，河道站改闸坝站	水文	0.000	黄海	河南省永城县城郊公社张桥	116°24′	33°56′		2 237	
860	50908500	洪泽湖	毛河	沱河	李集	1974	1	夏邑站上迁13 km改为现名	水文	0.000	黄海	河南省夏邑县李集公社司庄村	116°04′	34°14′			
861	50908500	洪泽湖	毛河	沱河	李集	1979	1	常年改汛期	水文	0.000	黄海	河南省夏邑县李集公社司庄村	116°04′	34°14′	12.5	176	
862	50908600	洪泽湖	毛河	沱河	夏邑	1962	7	设立	水文	0.000	黄海	河南省夏邑县西关	116°16′	34°19′			
863	50908600	洪泽湖	毛河	沱河	夏邑	1965	1	变改正数	水文	0.024	黄海	河南省夏邑县西关	116°16′	34°19′			
864	50908600	洪泽湖	毛河	沱河	夏邑	1969	1	变改正数	水文	0.000	黄海	河南省夏邑县西关	116°16′	34°19′			
865	50908600	洪泽湖	毛河	沱河	夏邑	1970	1	变改正数	水文	-0.010	黄海	河南省夏邑县西关	116°16′	34°19′		276	
866	50908600	洪泽湖	毛河	沱河	夏邑	1974	1	撤销				河南省夏邑县西关	116°16′	34°19′			
867	50908700	洪泽湖	响河	沱河	金黄邓闸（闸上游）	1981	1	设立	水文	0.000	黄海	河南省夏邑县城关公社金黄口村	116°06′	34°13′			
868	50908700	洪泽湖	响河	沱河	金黄邓闸（闸上游）	1986	1	撤销									
869	50908710	洪泽湖	响河	沱河	南黄楼闸（闸下游）	1981	1	设立	水文	0.000	黄海	河南省夏邑县太平公社南黄楼	116°14′	34°14′			
870	50908710	洪泽湖	响河	沱河	南黄楼闸（闸下游）	1986	1	撤销									
871	50908800	洪泽湖	李集沟	毛河	段胡同	1982	1	崔菜园站上迁3.5 km，改为现名	水文	0.000	黄海	河南省夏邑县李集公社段胡同	116°01′	34°19′	49	73.6	
872	50908900	洪泽湖	李集沟	毛河	崔菜园	1976	5	设立，汛期	水文	0.000	黄海	河南省夏邑县李集公社崔菜园	116°03′	34°19′			
873	50908900	洪泽湖	李集沟	毛河	崔菜园	1981	5	撤销									

序号	测站编码	水系	河名	流入何处	站名	日期年	日期月	变动原因	站别	冻结基面与绝对基面高差(m)	绝对或假定基面名称	断面地点	坐标东经	坐标北纬	至河口距离(km)	集水面积(km²)	备注
874	50909000	洪泽湖	虬龙沟	沱河	杨庄	1967	5	设立	水文	0.000	黄海	河南省虞城县稍岗公社杨庄村	116°02′	34°27′			
875	50909000	洪泽湖	虬龙沟	沱河	杨庄	1970	1	变改正数	水文	-0.154	黄海	河南省虞城县稍岗公社杨庄村	116°02′	34°27′			
876	50909000	洪泽湖	虬龙沟	沱河	杨庄	1973	1	撤销									
877	50909100	洪泽湖	虬龙沟	沱河	姜楼闸(闸上游)	1973	1	杨庄站下迁,改为现名	水文	0.033	黄海	河南省虞城县杨集公社黄陵	116°04′	34°26′			
878	50909100	洪泽湖	虬龙沟	沱河	姜楼闸(闸上游)	1979	1	常年改汛期	水文	0.033	黄海	河南省虞城县杨集公社黄陵	116°04′	34°26′			
879	50909100	洪泽湖	虬龙沟	沱河	姜楼闸(闸上游)	1985		撤销									
880	50909200	洪泽湖	虬龙沟	沱河	姜楼闸(闸下游)	1973	1	杨庄站下迁,改为现名	水文	0.033	黄海	河南省虞城县杨集公社黄陵	116°04′	34°26′			
881	50909200	洪泽湖	虬龙沟	沱河	姜楼闸(闸下游)	1979	1	常年改汛期	水文	0.033	黄海	河南省虞城县杨集公社黄陵	116°04′	34°26′			
882	50909200	洪泽湖	虬龙沟	沱河	姜楼闸(闸下游)	1985		撤销									
883	50909600	洪泽湖	白羊沟	浍河	永城(白羊沟闸闸下游)	1962	7	设立	水文	-0.146	黄海	河南省永城县赵庄	116°22′	33°56′			
884	50909600	洪泽湖	白羊沟	浍河	永城(白羊沟闸闸下游)	1965	1	变改正数	水文	-0.097	黄海	河南省永城县赵庄	116°22′	33°56′			
885	50909600	洪泽湖	白羊沟	浍河	永城(白羊沟闸闸下游)	1966	1	撤销									

注1:三河尖站个别时段没有在淮河干流上观测,在史河上观测水位。

注2:南湾水库建库第一年两个断面,原断面为水库外,坝上水位为库内。

注3:石山口站1958年设立,1963～1970年资料未刊布。

注4:泼河水库电站1974年经纬度变动。

注5:北庙集河道裁弯取直,3月用新断面。

注6:陈坡寨(坡东)、陈坡寨(坡西)和陈坡寨(闸)分洪时有资料。

注7:杨埠站1938～1944年无资料。

注8:板桥水库、石漫滩水库于1975年冲毁,后在原址复建。站名、水文编码一样,水位资料不是一个系列。遂平站

注9:汝南站1936年5月至1937年资料未公布,1938～1941年、1945年、1948～1950年无资料,1951年2月复设为雨量站,1951年4月恢复为水文站。

注10:宿鸭湖(出库总量)2001～2010年水文编码应为50302690,错刊为50302700。

注11:野猪岗未刊水位,无经纬度。

注12:下陈站只有1970年刊水位。

注13:黎集(闸上)曾刊为黎集(解放闸)。

注14:鲇鱼山(二)站水位受建库影响。

注15:无颍桥(二)站。

注16:周口站1945年无资料。

注17:胡庄站1953年前流量资料根据暴雨径流关系推求。

注18:灌溉时有资料。

注19:襄城站1945年、1946年无资料。

注20:颍汝总干渠,引汝河水过颍河(化行)到许昌。

注21:何口站逐日水位注明上迁1km,有误。

注22:扶沟站逐日水位表已加上1.760m。

注23:扶沟(闸上)1962～1976年无水位资料,按河道站整理。

注24:南席站1951年7月恢复,10月撤销;1952年6月恢复,10月撤销。

注25:时口站1990年前刊印为玄武(一)站。

注26:黄口集1964年高差数刊错。

序号	测站编码	水系	河名	流入何处	站名	日期 年	日期 月	变动原因	站别	冻结基面与绝对基面高差（m）	绝对或假定基面名称	断面地点	坐标 东经	坐标 北纬	至河口距离（km）	集水面积（km²）	备注
1	62001700	丹江	丹江	汉江	荆紫关	1953	6	设立	水位	0.000	吴淞	河南省淅川县荆紫关镇店子村	110°56′	33°16′			
2	62001700	丹江	丹江	汉江	荆紫关	1954	6	上迁6.2 km，改站别	水文	0.000	吴淞	河南省淅川县荆紫关镇李家营村	110°56′	33°16′			
3	62001700	丹江	丹江	汉江	荆紫关	1958	6	上迁700 m	水文	0.000	吴淞	河南省淅川县荆紫关镇李家营村	110°55′	33°16′	131.9	4 830	
4	62001700	丹江	丹江	汉江	荆紫关	1965	1	变改正数	水文	−0.265	吴淞	河南省淅川县荆紫关镇李家营村	110°55′	33°16′	131.9	4 830	
5	62001700	丹江	丹江	汉江	荆紫关	1977	1	改基面	水文	−1.933	黄海	河南省淅川县荆紫关镇李家营村	110°55′	33°16′	131.9	7 060	
6	62001700	丹江	丹江	汉江	荆紫关（二）	1989	1	下迁3.5 km	水文		黄海	河南省淅川县荆紫关镇汉王坪村	111°01′	33°15′	122	7 086	注1
7	62001701	丹江	备战渠	汉江	荆紫关（渠）	1989	1	设立	水文	0.000	黄海	河南省淅川县荆紫关镇汉王坪村	111°01′	33°15′			
8	62001801	丹江	丹江	汉江	白渡滩	1953	1	设立	水文	0.000	吴淞	河南省淅川县白渡滩村	111°26′	33°01′	55.6	14 370	
9	62001801	丹江	丹江	汉江	白渡滩	1965	1	变改正数	水文	−0.265	吴淞	河南省淅川县白渡滩村	111°26′	33°01′	55.6	14 370	
10	62001801	丹江	丹江	汉江	白渡滩	1969	1	撤销									
11	62001900	丹江	南水北调		陶岔	2002	8	设立	水文	−1.713	85 基准	河南省淅川九重镇陶岔	111°43′	32°40′			
12	62001900	丹江	丹江	汉江	李官桥	1947	8	设立	水文	0.000	吴淞	河南省淅川县李官桥镇	111°29′	32°44′			
13	62001900	丹江	丹江	汉江	李官桥	1954	1	撤销									1953 年资料不全
14	62001905				磨峪湾	1969	1	设立	水位			河南省淅川县大石桥镇					未刊印
15	62001905				磨峪湾			撤销									
16	62001910	丹江	丹江	汉江	申明铺	1969	1	设立	水位	−1.780	黄海	河南省淅川县申明铺村	111°17′	33°00′			未刊印
17	62001910	丹江	丹江	汉江	申明铺	1974		撤销									
18	62001915	丹江	丹江	汉江	淅川老城	1966	1	设立	水位	−1.778	黄海	河南省淅川县淅川老城	111°21′	33°00′	70.8		未刊印
19	62001915	丹江	丹江	汉江	淅川老城	1969		撤销									
20	62001920	丹江	丹江	汉江	单岗	1971	6	设立	水位	−1.780	黄海	河南省淅川县单岗	111°23′	32°59′	69.6		未刊印
21	62001920	丹江	丹江	汉江	单岗	1974		撤销									
22	62001925	丹江	丹江	汉江	高营	1966	1	设立	水位	−1.779	黄海	河南省淅川县高营	111°28′	32°55′	58.1		未刊印
23	62001925	丹江	丹江	汉江	高营	1973		撤销									

序号	测站编码	水系	河名	流入何处	站名	日期 年	月	变动原因	站别	冻结基面与绝对基面高差（m）	绝对或假定基面名称	断面地点	坐标 东经	北纬	至河口距离（km）	集水面积（km²）	备注
24	62001930	丹江	丹江	汉江	磨峪湾	2005	12	设立	水位			河南省淅川县磨峪湾					
25	62001935	丹江	丹江	汉江	巡路口	1966	1	设立	水位	−1.771	黄海	河南省淅川县巡路口	111°33′	32°49′	37.7		未刊印
26	62001935	丹江	丹江	汉江	巡路口	1968		撤销									
27	62006200	丹江	淇河	丹江	西坪	1951	4	设立	水位			河南省西峡县西坪乡	110°55′	33°34′	47.2		
28	62006200	丹江	淇河	丹江	西坪	1953	6	上迁 2.0 km	水位			河南省西峡县西坪乡尚庄村	111°05′	33°27′	47.2		
29	62006200	丹江	淇河	丹江	西坪	1965	1	变改正数	水位	0.000	假定	河南省西峡县西坪乡尚庄村	111°05′	33°27′	47.2		
30	62006200	丹江	淇河	丹江	西坪	1968	1	改站别	水文	0.000	假定	河南省西峡县西坪乡尚庄村	111°05′	33°27′	47.2	1 267	
31	62006200	丹江	淇河	丹江	西坪	1970	1	改基面	水文	286.529	黄海	河南省西峡县西坪乡尚庄村	111°05′	33°27′	47.2	1 267	
32	62006200	丹江	淇河	丹江	西坪（二）	1975	1	上迁 300 m	水文	286.529	黄海	河南省西峡县西坪乡尚庄村	111°04′	33°26′	47	1 267	
33	62006200	丹江	淇河	丹江	西坪（三）	1980	1	上迁 400 m	水文	286.529	黄海	河南省西峡县西坪乡城子村	111°04′	33°26′	47	911	
34	62006200	丹江	淇河	丹江	西坪（三）	1986	5	改站别	水位	286.529	黄海	河南省西峡县西坪乡城子村	111°04′	33°26′	47	911	
35	62006700	丹江	峡河	淇河	捷道沟	1971	6	设立	径流实验	0.000	吴淞	河南省西峡县砑根公社捷道沟村	111°14′	33°38′		14.1	
36	62006700	丹江	峡河	淇河	捷道沟	1975	1	改基面	径流实验	−1.795	黄海	河南省西峡县砑根公社捷道沟村	111°14′	33°38′		14.1	
37	62006700	丹江	峡河	淇河	捷道沟	1976	1	撤销									
38	62007700	丹江	老灌河	丹江	朱阳关	1951	6	设立	水位	0.000	假定	河南省卢氏县朱阳关公社莫家营	110°57′	33°45′	154		
39	62007700	丹江	老灌河	丹江	朱阳关	1957	1	停测									
40	62007700	丹江	老灌河	丹江	朱阳关	1961	1	恢复	水位	0.000	假定	河南省卢氏县朱阳关公社莫家营	110°57′	33°47′	154		
41	62007700	丹江	老灌河	丹江	朱阳关	1981	1	撤销									
42	62008200	丹江	老灌河	丹江	米坪	1956	5	设立	水文	0.000	假定	河南省西峡县米坪乡金钟寺	111°22′	33°35′	127	1 404	
43	62008200	丹江	老灌河	丹江	米坪	1965	1	改基面	水文		测站	河南省西峡县米坪乡金钟寺	111°22′	33°35′	127	1 404	
44	62008200	丹江	老灌河	丹江	米坪	1977	1	改基面	水文	424.260	黄海	河南省西峡县米坪乡金钟寺	111°22′	33°35′	127	1 404	注2

序号	测站编码	水系	河名	流入何处	站名	日期 年	日期 月	变动原因	站别	冻结基面与绝对基面高差（m）	绝对或假定基面名称	断面地点	坐标 东经	坐标 北纬	至河口距离（km）	集水面积（km²）	备注
45	62008201	丹江	老灌河	丹江	米坪（渠）	1972	1	设立	水文	424.260	黄海	河南省西峡县米坪乡金钟寺	111°22′	33°35′			
46	62008260				蛮子营	1969		设立	水位			河南省淅川县蛮子营	111°27′	33°03′			未刊印
47	62008300				淅川（二）	2005	12	设立	水位			河南省淅川县蛮子营	111°27′	33°08′			未刊印
48	62008400	丹江	赶仗河	老灌河	肖庄	1972	1	设立	径流实验	0.000	假定	河南省西峡县米坪乡肖庄村	111°24′	33°35′		41.8	
49	62008400	丹江	赶仗河	老灌河	肖庄	1977	1	改基面	径流实验	420.688	黄海	河南省西峡县米坪乡肖庄村	111°24′	33°35′		41.8	
50	62008400	丹江	赶仗河	老灌河	肖庄	1979	1	撤销									
51	62008700	丹江	老灌河	丹江	西峡（下河）	1951	4	设立	水位	0.000	假定	河南省西峡县五里桥乡下河村	111°30′	33°18′		3 410	
52	62008700	丹江	老灌河	丹江	西峡（黄湾）	1954	6	西峡（下河）下迁2.0 km，改站名	水文	0.000	假定	河南省西峡县五里桥乡黄湾村	111°30′	33°18′		3 410	
53	62008700	丹江	老灌河	丹江	西峡	1965	1	改站名	水文	0.000	假定	河南省西峡县五里桥乡黄湾村	111°30′	33°18′		3 410	
54	62008700	丹江	老灌河	丹江	西峡	1970	1	改基面	水文	125.484	吴淞	河南省西峡县五里桥乡黄湾村	111°30′	33°18′		3 410	
55	62008700	丹江	老灌河	丹江	西峡	1975	1	改基面	水文	128.630	黄海	河南省西峡县五里桥乡黄湾村	111°29′	33°16′		3 410	
56	62008700	丹江	老灌河	丹江	西峡	1997	1	改集水面积	水文	128.630	黄海	河南省西峡县五里桥乡黄湾村	111°29′	33°16′		3 418	
57	62008701	丹江	老灌河	丹江	西峡（渠）	1993	1	设立	水文	128.630	黄海	河南省西峡县五里桥乡黄湾村	111°29′	33°16′			注1
58	62009500	丹江	八迭河	老灌河	上河	1971	1	设立	径流实验	236.711	吴淞	河南省西峡县上河	111°31′	33°18′		57.2	
59	62009500	丹江	八迭河	老灌河	上河	1977	1	撤销									
60	62010800	唐白河	白河	唐白河	白土岗	1951	5	设立	水位	0.000	假定	河南省南召县白土岗镇	112°18′	33°35′	219.3	1 118	
61	62010800	唐白河	白河	唐白河	白土岗	1958	5	改站别	水文	0.000	假定	河南省南召县白土岗镇	112°18′	33°35′	219.3	1 118	
62	62010800	唐白河	白河	唐白河	白土岗	1975	5	改基面	水文	141.605	黄海	河南省南召县白土岗镇	112°18′	33°35′	219.3	1 118	
63	62010800	唐白河	白河	唐白河	白土岗（二）	1989	1	下迁4.5 km	水文	0.000	黄海	河南省南召县白土岗镇白河店村	112°24′	33°26′	188	1 134	
64	62010900	唐白河	白河	唐白河	万庄	1956	5	设立	水文	0.000	测站	河南省南召县小黄道沟村	112°30′	33°28′		2 342	
65	62010900	唐白河	白河	唐白河	万庄	1959	5	撤销									
66	62011000	唐白河	白河	唐白河	鸭河口（坝上）	1959	5	设立	水文	0.000	吴淞	河南省南召县皇路店镇东抬头村	112°30′	33°23′	165		

续表

序号	测站编码	水系	河名	流入何处	站名	年	月	变动原因	站别	冻结基面与绝对基面高差（m）	绝对或假定基面名称	断面地点	东经	北纬	至河口距离（km）	集水面积（km²）	备注
67	62011000	唐白河	白河	唐白河	鸭河口（坝上）			改基面	水文	-1.772	黄海	河南省南召县皇路店镇东抬头村	112°30′	33°23′	165		
68	62011001	唐白河	东干渠		鸭河口（东干渠）	1962	8	设立	水文	-1.772	黄海	河南省南召县皇路店镇东抬头村	112°30′	33°23′			
69	62011002	唐白河	左岸尾水渠		鸭河口（左岸尾水渠）	1962	9	设立	水文	-1.772	黄海	河南省南召县皇路店镇东抬头村	112°30′	33°23′			
70	62011003	唐白河	右渠		鸭河口（右渠）	1965	1	设立	水文	-1.772	黄海	河南省南召县皇路店镇东抬头村	112°30′	33°23′			
71	62011004	唐白河	白河	唐白河	鸭河口（溢洪道）	1959	5	设立	水文	-1.772	黄海	河南省南召县皇路店镇东抬头村	112°30′	33°23′			
72	62011006	唐白河	白河	唐白河	鸭河口（出库总量）	1959	5	设立	水文							2 800	
73	62011100	唐白河	白河	唐白河	黑山头	1951	3	设立	水文	0.000	吴淞	河南省南召县皇路店镇沽沱村	112°41′	33°16′	174.7	2 513	
74	62011100	唐白河	白河	唐白河	黑山头	1956	1	改站别	水位	0.000	吴淞	河南省南召县皇路店镇沽沱村	112°41′	33°16′	174.7	2 513	
75	62011100	唐白河	白河	唐白河	黑山头	1959	5	撤销									
76	62011200	唐白河	白河	唐白河	蒲山店	1962	9	设立	水位			河南省南阳县石桥镇圪垱	112°34′	33°13′			
77	62011200	唐白河	白河	唐白河	蒲山店	1965	1	变改正数	水位	0.000	吴淞	河南省南阳县石桥镇圪垱	112°34′	33°13′			
78	62011200	唐白河	白河	唐白河	蒲山店	1966	1	撤销									
79	62011400	唐白河	白河	唐白河	南阳	1933	1	设立	水位	0.000	假定（一）	河南省南阳市南关	112°33′	32°59′		3 363	
80	62011400	唐白河	白河	唐白河	南阳	1937	12	停测									
81	62011400	唐白河	白河	唐白河	南阳	1941	10	恢复	水位	0.000	假定（二）	河南省南阳市南关	112°33′	32°59′		3 363	
82	62011400	唐白河	白河	唐白河	南阳	1948	8	停测									
83	62011400	唐白河	白河	唐白河	南阳	1951	3	恢复，改站别	水文	0.000	吴淞	河南省南阳市南关	112°33′	32°59′		3 363	
84	62011400	唐白河	白河	唐白河	南阳	1954	1	下迁200 m	水文	0.000	吴淞	河南省南阳市南关	112°33′	32°59′	132.4	3 363	
85	62011400	唐白河	白河	唐白河	南阳	1962	1	改站别	水位	0.000	吴淞	河南省南阳市南关	112°33′	32°59′			
86	62011400	唐白河	白河	唐白河	南阳	1963	1	停测									
87	62011400	唐白河	白河	唐白河	南阳	1965	1	恢复，改站别	水文	-0.289	吴淞	河南省南阳市南关	112°33′	33°03′	132	3 363	
88	62011400	唐白河	白河	唐白河	南阳	1971	1	停测									
89	62011400	唐白河	白河	唐白河	南阳	1972	1	恢复，改站别	水位	-0.289	吴淞	河南省南阳市南关	112°32′	32°59′	132	3 980	
90	62011400	唐白河	白河	唐白河	南阳	1975	1	改基面	水位	2.069	黄海	河南省南阳市南关	112°32′	32°59′	132	3 980	

序号	测站编码	水系	河名	流入何处	站名	日期 年	月	变动原因	站别	冻结基面与绝对基面高差（m）	绝对或假定基面名称	断面地点	坐标 东经	北纬	至河口距离（km）	集水面积（km²）	备注
91	62011400	唐白河	白河	唐白河	南阳（二）	1990	4	南阳站下迁100 m并更名	水位	2.069	黄海	河南省南阳市南关	112°32′	32°59′	132	3 980	
92	62011400	唐白河	白河	唐白河	南阳（二）	1991	10	改站别	水文	2.069	黄海	河南省南阳市南关	112°32′	32°59′	132	3 980	
93	62011400	唐白河	白河	唐白河	南阳（三）	1994	12	上迁 12 km	水文	0.000	黄海	河南省南阳市宛城区白河镇盆窑	112°37′	33°01′	144	3 896	
94	62011400	唐白河	白河	唐白河	南阳（四）	2007	1	下迁 13.5 km	水文	0.000	黄海	河南省南阳市宛城区溧河乡丘庄	112°30′	32°57′	117	4 050	
95	62011600	唐白河	白河	唐白河	新野	1936	1	设立	水文	0.000	假定	河南省新野县解家营	112°21′	32°33′		9 414	
96	62011600	唐白河	白河	唐白河	新野	1938	1	停测									
97	62011600	唐白河	白河	唐白河	新野	1941	12	恢复	水文	0.000	假定	河南省新野县解家营	112°21′	32°33′		9 414	
98	62011600	唐白河	白河	唐白河	新野	1951	1	改基面	水文	0.000	吴淞	河南省新野县解家营	112°21′	32°33′		9 414	
99	62011600	唐白河	白河	唐白河	新野	1953	5	撤销									
100	62011800	唐白河	白河	唐白河	新店铺	1953	5	新野站迁至此	水文	0.000	吴淞	河南省新野县新店铺	112°18′	32°25′			
101	62011800	唐白河	白河	唐白河	新店铺（二）	1968	1	上迁 200 m	水文	0.000	吴淞	河南省新野县新店铺	112°18′	32°25′	36	10 958	
102	62011800	唐白河	白河	唐白河	新店铺（三）			改基面	水文	-2.081	黄海	河南省新野县新店铺	112°18′	32°25′	36	10 958	
103	62011800	唐白河	白河	唐白河	新店铺（三）	2000	1	上迁 725 m	水文	-1.994	黄海	河南省新野县新店铺	112°18′	32°25′	36	10 958	
104	62011900	唐白河	白河	汉江	白湾	1986	5	设立	水位	-1.994	黄海	河南省新野县新店铺镇白湾	112°18′	32°23′	53.5		
105	62012200	唐白河	黄鸭河	白河	菜园	1958	6	设立	水文		测站	河南省南召县李青店菜园村	112°16′	33°34′		272	
106	62012200	唐白河	黄鸭河	白河	菜园	1965	1	改基面	水文			河南省南召县李青店菜园村	112°16′	33°34′		272	无基面名称
107	62012200	唐白河	黄鸭河	白河	菜园	1968	1	撤销									
108	62012400	唐白河	黄鸭河	白河	李青店	1977	1	设立	水文	0.000	黄海	河南省南召县城郊乡西沟村	112°26′	33°29′	12	613	
109	62012401	唐白河	董店渠	白河	李青店（渠）	1977	1	设立	水文	0.000	黄海	河南省南召县城郊乡西沟村	112°26′	33°29′			
110	62012601	唐白河	排路河	白河	廖庄（输水道）	1960	1	设立	水文		假定	河南省南召县廖庄村	112°23′	33°25′		60.5	
111	62012601	唐白河	排路河	白河	廖庄（输水道）	1962	1	撤销									
112	62012602	唐白河	排路河	白河	廖庄	1960	1	设立	水文		假定	河南省南召县廖庄村	112°23′	33°25′			
113	62012602	唐白河	排路河	白河	廖庄	1962	1	撤销									

序号	测站编码	水系	河名	流入何处	站名	日期 年	日期 月	变动原因	站别	冻结基面与绝对基面高差（m）	绝对或假定基面名称	断面地点	坐标 东经	坐标 北纬	至河口距离（km）	集水面积（km²）	备注
114	62012800	唐白河	留山河	白河	留山	1972	1	设立	径流测验	0.000	假定	河南省南召县留山公社南岗村	112°33′	33°27′			
115	62012800	唐白河	留山河	白河	留山	1982	1	常年站改为汛期站,改经纬度	水文	0.000	假定	河南省南召县留山公社南岗村	112°33′	33°26′			
116	62012800	唐白河	留山河	白河	留山	1987	1	改站别	水位	0.000	假定	河南省南召县留山公社南岗村	112°33′	33°26′			
117	62012800	唐白河	留山河	白河	留山（二）	1988	8	上迁6.5 km,改基面	水文	0.000	黄海	河南省南召县留山镇河口村	112°32′	33°28′	20	76	
118	62012900	唐白河	灌河	白河	南河店	1954	7	设立	水文	0.000	假定	河南省南召县南河店镇范庄村	112°23′	33°32′			
119	62012900	唐白河	灌河	白河	南河店			停测									
120	62012900	唐白河	灌河	白河	南河店	1992	1	恢复	水文	0.000	假定	河南省南召县南河店镇范庄村	112°24′	33°21′		198	
121	62012900	唐白河	灌河	白河	南河店	2008	1	撤销									
122	62013000	唐白河	铁河	白河	老蒋庄	1991	7	设立	水文	0.000	假定	河南省南召县南河店镇老蒋庄	112°24′	33°23′		56.2	
123	62013000	唐白河	铁河	白河	老蒋庄	2008	1	撤销									
124	62013200	唐白河	鸭河	白河	口子河	1956	7	设立	水文	0.000	测站	河南省南召县黄土岭村	112°30′	33°25′		387	
125	62013200	唐白河	鸭河	白河	口子河	1962	1	改基面	水文	0.000	假定	河南省南召县黄土岭村	112°30′	33°25′		387	
126	62013200	唐白河	鸭河	白河	口子河	1977	1	改基面	水文	83.518	黄海	河南省南召县太山庙公社黄土岭村	112°39′	33°25′		387	
127	62013400	唐白河	潦河	白河	王村铺	1957	6	设立	水文	0.000	测站	河南省南召县王村铺乡柴庄村	112°24′	33°06′	45	472	
128	62013400	唐白河	潦河	白河	王村铺	1967	1	改站别	水位	0.000	测站	河南省南召县王村铺乡柴庄村	112°24′	33°06′	45	472	
129	62013400	唐白河	潦河	白河	王村铺	1968	1	撤销									
130	62013401	唐白河	潦河	白河	王村铺（渠）	1966	1	设立	水文	0.000	测站	河南省南召县王村铺乡紫庄村	112°24′	33°06′			
131	62013401	唐白河	潦河	白河	王村铺（渠）	1968	1	撤销									
132	62013600	唐白河	潦河	白河	赵庄	1967	5	设立	水位		假定	河南省南阳县王村铺乡赵庄村	112°24′	32°56′			注3
133	62013600	唐白河	潦河	白河	赵庄	1976	1	改基面	水位	126.904	黄海	河南省南阳县王村铺乡赵庄村	112°25′	32°59′			
134	62013800	唐白河	湍河	白河	后会	1953	5	设立	水位	0.000	假定	河南省内乡县后会村	111°56′	33°33′	146.8		
135	62013800	唐白河	湍河	白河	后会	1956	6	上迁3.0 km,改站别	水文	0.000	假定	河南省内乡县七里坪柏凹村	111°48′	33°25′		820	

序号	测站编码	水系	河名	流入何处	站名	年	月	变动原因	站别	冻结基面与绝对基面高差（m）	绝对或假定基面名称	断面地点	东经	北纬	至河口距离（km）	集水面积（km²）	备注
136	62013800	唐白河	湍河	白河	后会（二）	1970	1	后会站下迁1.5 km，改站名、基面	水文	0.000	吴淞	河南省内乡县七里坪公社柏凹村	111°50′	33°20′		820	
137	62013800	唐白河	湍河	白河	后会（二）	1975	1	改基面	水文	−1.781	黄海	河南省内乡县七里坪公社柏凹村	111°49′	33°18′		820	
138	62013800	唐白河	湍河	白河	后会（二）	1993	1	改站别	水位	−1.781	黄海	河南省内乡县七里坪乡柏凹村	111°49′	33°18′		816	
139		唐白河	湍河	白河	内乡	1937	10	设立			假定	河南省内乡县赤眉城东城营	111°59′	33°13′			原站名赤眉
140		唐白河	湍河	白河	内乡	1945	1	撤销									
141	62014000	唐白河	湍河	白河	内乡（下河村）	1951	4	设立	水文	0.000	假定	河南省内乡县下河村					
142	62014000	唐白河	湍河	白河	内乡（花园村）	1954	6	内乡（下河村）上迁3.5 km至此并改名	水文	0.000	假定	河南省内乡县花园村	111°59′	33°13′		1 389	
143	62014000	唐白河	湍河	白河	内乡	1955	6	内乡（花园村）改站名、站别	水位	0.000	假定	河南省内乡县花园村	111°59′	33°13′		1 389	
144	62014000	唐白河	湍河	白河	内乡	1965	1	改站别	水文	0.000	假定	河南省内乡县城关镇花园村	111°48′	33°09′	105	1 507	
145	62014000	唐白河	湍河	白河	内乡	1967	7	改站别	水位	0.000	假定	河南省内乡县城关镇花园村	111°51′	33°03′	105	1 507	
146	62014000	唐白河	湍河	白河	内乡	1980	1	改基面	水位	54.880	黄海	河南省内乡县城关镇花园村	111°51′	33°03′	105	1 507	
147	62014000	唐白河	湍河	白河	内乡	1985	11	改为汛期站	水位	54.880	黄海	河南省内乡县城关镇花园村	111°51′	33°03′	105	1 507	
148	62014000	唐白河	湍河	白河	内乡	1993	1	改站别，常年	水文	54.880	黄海	河南省内乡县城关镇花园村	111°51′	33°03′	105	1 507	
149	62014000	唐白河	湍河	白河	内乡（二）	2004	3	内乡站下迁700 m	水文	54.880	黄海	河南省内乡县城关镇北园村	111°51′	33°03′	105	1 507	
150	62014000	唐白河	湍河	白河	内乡（二）	2008	1	变改正数	水文	54.791	黄海	河南省内乡县城关镇北园村	111°51′	33°03′	98	1 507	
151	62014200	唐白河	湍河	白河	杨砦	1967	5	设立	水文	0.000	吴淞	河南省邓县十林公社许沟村	115°53′	32°58′		2 037	
152	62014200	唐白河	湍河	白河	杨砦	1975	1	改基面	水文	−1.779	黄海	河南省邓县十林公社许沟村	115°52′	32°56′		2 037	
153	62014200	唐白河	湍河	白河	杨砦	1985	1	撤销									
154	62014600	唐白河	湍河	白河	凃滩	1951	5	设立	水位	0.000	假定	河南省邓县刘楼村			22		

序号	测站编码	水系	河名	流入何处	站名	年	月	变动原因	站别	冻结基面与绝对基面高差(m)	绝对或假定基面名称	断面地点	东经	北纬	至河口距离(km)	集水面积(km²)	备注
155	62014600	唐白河	湍河	白河	淯滩	1951	11	上迁2.3 km,改基面	水位	0.000	吴淞	河南省邓县淯滩镇廖寨村	112°16′	32°41′	22	4 488	
156	62014600	唐白河	湍河	白河	淯滩	1952	5	改站别	水文	0.000	吴淞	河南省邓县淯滩镇廖寨村	112°16′	32°41′	22	4 488	
157	62014600	唐白河	湍河	白河	淯滩	1955	3	下迁100 m	水文	0.000	吴淞	河南省邓县淯滩镇廖寨村	112°16′	32°41′	22	4 488	
158	62014600	唐白河	湍河	白河	淯滩	1983	1	上迁2.3 km,改基面	水文	−1.963	黄海	河南省邓县淯滩镇廖寨村	112°16′	32°41′	20	4 263	
159	62014700	唐白河	西赵河	湍河	后河	1971	4	设立	径流实验	0.000	假定	河南省镇平县二龙乡后河村	112°11′	33°16′		20.1	
160	62014700	唐白河	西赵河	湍河	后河	1979	1	撤销									
161	62015000	唐白河	西赵河	白河	棠梨树	1966	6	设立	水文	0.000	吴淞	河南省镇平县二龙公社棠梨树村	112°10′	33°10′		161	
162	62015000	唐白河	西赵河	白河	棠梨树	1976	1	改基面	水文	−1.443	黄海	河南省镇平县二龙公社棠梨树村	112°10′	33°10′	70	127	
163	62015100	唐白河	严陵河	西赵河	白牛	1993	4	设立	水文	0.000	黄海	河南省邓州市白牛乡故事桥村	112°12′	32°45′	9.4	527	
164	62015200	唐白河	礓石河	湍河	礓石河	1971	10	设立	水文	0.000	吴淞	河南省新野县红旗公社王小桥村	112°21′	32°43′		316	
165	62015200	唐白河	礓石河	湍河	礓石河	1975	1	改基面	水文	−1.782	黄海	河南省新野县红旗公社王小桥村	112°21′	32°43′		316	
166	62015200	唐白河	礓石河	湍河	礓石河	1986	1	改为汛期水位站	水位	−1.782	黄海	河南省新野县歪子乡王小桥村	112°21′	32°43′		310	
167	62015200	唐白河	礓石河	湍河	青华	1993	4	礓石河上迁17 km,改站名	水文	0.000	黄海	河南省南阳县青华乡青华村	112°20′	32°54′	34	69.2	
168	62015300	唐白河	西赵河	湍河	赵湾(库内)	1961	1	设立	水文	0.000	测站	河南省镇平县石佛寺赵湾村	112°06′	33°13′		223	
169	62015300	唐白河	西赵河	湍河	赵湾(库内)	1966	1	撤销									
170	62015301	唐白河	西赵河	湍河	赵湾(输水道)	1961	1	设立	水文	0.000	假定	河南省镇平县石佛寺赵湾村	112°06′	33°13′		223	
171	62015301	唐白河	西赵河	湍河	赵湾(输水道)	1966	1	撤销									
172	62015302	唐白河	西赵河	湍河	赵湾(溢洪道)	1961	1	设立	水文	0.000	假定	河南省镇平县石佛寺赵湾村	112°06′	33°13′		223	
173	62015302	唐白河	西赵河	湍河	赵湾(溢洪道)	1966	1	撤销									
174	62015600	唐白河	刁河	白河	半店	1954	6	设立	水文	0.000	吴淞	河南省邓县文曲乡姚营村	111°46′	32°45′		467	

序号	测站编码	水系	河名	流入何处	站名	日期 年	日期 月	变动原因	站别	冻结基面与绝对基面高差（m）	绝对或假定基面名称	断面地点	坐标 东经	坐标 北纬	至河口距离（km）	集水面积（km²）	备注
175	62015600	唐白河	刁河	白河	半店	1976	1	改基面、经纬度	水文	-3.020	黄海	河南省邓县文曲乡姚营村	111°51′	32°43′		674	
176	62015600	唐白河	刁河	白河	半店	1993	1	改站别	水位	-3.020	黄海	河南省邓县文曲乡姚营村	111°51′	32°43′		425	
177	62015600	唐白河	刁河	白河	半店	2000	1	变改正数	水位	-2.928	黄海	河南省淅川县九重乡唐王桥村	111°51′	32°43′	72	435	注4
178	62015600	唐白河	刁河	白河	半店（二）	2004	1	下迁2.0 km	水文	+0.000	黄海	河南省淅川县九重乡唐王桥村	111°51′	32°43′	72	435	
179	62015800	唐白河	刁河	白河	刁河店	1951	4	设立	水文	0.000	假定	河南省邓县刁河店镇				873	
180	62015800	唐白河	刁河	白河	刁河店	1952	5	改站别	水位	0.000	假定	河南省邓县刁河店镇					
181	62015800	唐白河	刁河	白河	刁河店	1954	6	撤销									
182	62016000	唐白河	唐河	唐白河	赊旗店	1951	3	设立	水文	0.000	吴淞	河南省南阳县赊期镇大朱营村	112°59′	33°01′		992	
183	62016000	唐白河	唐河	唐白河	社旗	1966	1	赊旗店改为现名	水文	0.000	吴淞	河南省社旗县城郊公社大朱营村	112°56′	33°04′	178	992	
184	62016000	唐白河	唐河	唐白河	社旗	1976	1	改基面	水文	-1.917	黄海	河南省社旗县城郊公社大朱营村	112°58′	33°01′	178	1 044	
185	62016000	唐白河	唐河	唐白河	社旗	2001	1	改地名	水文	-1.917	黄海	河南省社旗县郝寨镇新庄村	112°58′	33°01′	178	1 044	
186	62016200	唐白河	唐河	唐白河	唐河	1936	5	设立	水文		假定（一）	河南省唐河县城关镇	112°51′	32°42′	124	4 573	
187	62016200	唐白河	唐河	唐白河	唐河	1937	12	停测									
188	62016200	唐白河	唐河	唐白河	唐河	1941	12	恢复	水文	0.000	假定（二）	河南省唐河县城关镇	112°51′	32°42′	124	4 573	
189	62016200	唐白河	唐河	唐白河	唐河	1948	2	停测									
190	62016200	唐白河	唐河	唐白河	唐河	1951	5	恢复,上迁400 m,改基面	水文	0.000	吴淞	河南省唐河县城关镇	112°51′	32°42′	124	4 573	
191	62016200	唐白河	唐河	唐白河	唐河	1965	1	变改正数	水文	-0.289	吴淞	河南省唐河县城关镇	112°51′	32°42′	124	4 573	
192	62016200	唐白河	唐河	唐白河	唐河	1970	10	上迁100 m	水文	-0.289	吴淞	河南省唐河县城关镇	112°51′	32°42′	124	4 573	
193	62016200	唐白河	唐河	唐白河	唐河	1976	1	改基面	水文	-1.906	黄海	河南省唐河县城关公社西关	112°49′	32°42′	124	4 571	
194	62016200	唐白河	唐河	唐白河	唐河（二）	2009	1	下迁3.3 km	水文	-1.906	黄海	河南省唐河县城关公社西关	112°48′	32°41′	121	4 777	
195	62016300	唐白河	唐河	汉江	王庄	1986	5	设立	水文	-1.635	黄海	河南省唐河县王张营乡王营	112°37′	32°31′	105		

序号	测站编码	水系	河名	流入何处	站名	日期 年	日期 月	变动原因	站别	冻结基面与绝对基面高差（m）	绝对或假定基面名称	断面地点	坐标 东经	坐标 北纬	至河口距离（km）	集水面积（km²）	备注
96	62016400	唐白河	唐河	唐白河	郭滩	1966	1	设立	水文	-1.635	黄海	河南省唐河县郭滩镇	112°36′	32°31′	82	6 877	
97	62017000	丹江	泌河	唐河	华山	1961	1	设立	水位	0.000	吴淞	河南省泌阳县羊册乡华山	113°19′	33°05′			
98	62017000	丹江	泌河	唐河	华山	1962	1	撤销									
99	62017100	唐白河	十八道河	泌河	宋家场	1956	5	设立	水文		测站	河南省泌阳县宋家场村	113°32′	32°52′		173	
200	62017100	唐白河	十八道河	泌河	宋家场	1960	2	上迁2.5 km，改基面	水文	0.000	吴淞	河南省泌阳县高邑镇桐河村	113°32′	32°46′		173	
201	62017100	唐白河	十八道河	泌河	宋家场	1960	5	下迁4.0 km	水文	0.000	吴淞	河南省泌阳县高邑镇桐河村	113°32′	32°46′		173	
202	62017100	唐白河	十八道河	泌河	宋家场	1968	1	撤销									
203	62017100	唐白河	十八道河	泌河	宋家场水库（坝上）	1972	1	宋家场水库建成	水文	-1.778	黄海	河南省泌阳县马谷田公社宋家场村	113°32′	32°46′			
204	62017210	唐白河	十八道河	泌河	宋家场水库（大电站）	1972	1	设立	水文	-1.778	黄海	河南省泌阳县马谷田公社宋家场村	113°32′	32°46′			
205	62017220	唐白河	十八道河	泌河	宋家场水库（小电站）	1972	1	设立	水文	-1.778	黄海	河南省泌阳县马谷田公社宋家场村	113°32′	32°46′			
206	62017240	唐白河	十八道河	泌河	宋家场水库（左岸输水道）	1972	1	设立	水文	-1.778	黄海	河南省泌阳县马谷田公社宋家场村	113°32′	32°46′			
207	62017260	唐白河	十八道河	泌河	宋家场水库（右岸输水道）	1972	1	设立	水文	-1.778	黄海	河南省泌阳县马谷田公社宋家场村	113°32′	32°46′			
208	62017280	唐白河	十八道河	泌河	宋家场水库（溢洪道）	1972	1	设立	水文	-1.778	黄海	河南省泌阳县马谷田公社宋家场村	113°32′	32°46′			
209	62017300	唐白河	十八道河	泌河	宋家场水库（出库总量）	1972	1	设立	水文							186	
210	62017400	唐白河	泌河	唐河	泌阳（东关）	1952	5	设立	水位	0.000	假定	河南省泌阳县城关镇	113°26′	32°46′		635	
211	62017400	唐白河	泌河	唐河	泌阳（西关）	1954	1	泌阳（东关）站下迁3.0 km至此，改站别，改基面	水文	0.000	吴淞	河南省泌阳县城关镇	113°26′	32°46′		635	
212	62017400	唐白河	泌河	唐河	泌阳	1955	1	泌阳（西关）站改为现名	水文	0.000	吴淞	河南省泌阳县泌水镇邱庄村	113°26′	32°46′	50	635	
213	62017400	唐白河	泌河	唐河	泌阳	1965	1	变改正数	水文	0.016	吴淞	河南省泌阳县城关镇邱庄村	113°26′	32°46′			

序号	测站编码	水系	河名	流入何处	站名	日期 年	日期 月	变动原因	站别	冻结基面与绝对基面高差(m)	绝对或假定基面名称	断面地点	坐标 东经	坐标 北纬	至河口距离(km)	集水面积(km²)	备注
214	62017400	唐白河	泌河	唐河	泌阳	1975	1	改基面	水文	-1.762	黄海	河南省泌阳县城关镇邱庄村	113°18′	32°43′			
215	62017600	唐白河	桐河	唐河	桐河	1962	3	设立	水位	0.000	吴淞	河南省唐河县桐河乡申庄村	112°46′	32°54′			
216	62017600	唐白河	桐河	唐河	桐河	1975	1	改基面	水位	-1.777	黄海	河南省唐河县桐河乡申庄村	112°46′	32°54′			
217	62017800	唐白河	三夹河	唐河	平氏	1953	5	设立	水位	0.000	假定	河南省桐柏县平氏镇苗庄村	113°11′	32°34′		699	
218	62017800	唐白河	三夹河	唐河	平氏	1956	5	下迁4.5km,改站别,改基面	水文	0.000	测站	河南省桐柏县平氏镇前埠村	113°03′	32°33′	32	748	
219	62017800	唐白河	三夹河	唐河	平氏	1976	1	改基面	水文	110.711	黄海	河南省桐柏县平氏镇前埠村	113°03′	32°33′	32	748	
220	62018000	唐白河	大磨沟河	三夹河	大张庄	1971	1	设立	径流实验	0.000	假定	河南省桐柏县大张庄村	113°07′	32°27′		27.7	
221	62018000	唐白河	大磨沟河	三夹河	大张庄	1973	1	改站别	水位	0.000	假定	河南省桐柏县大张庄村	113°07′	32°27′		27.7	
222	62018000	唐白河	大磨沟河	三夹河	大张庄	1975	1	撤销									
223	62018200	唐白河	丑河	三夹河	虎山(库内)	1973	6	设立	水位	0.000	吴淞	河南省唐河县马振抚公社虎山水库	113°00′	32°32′		199	
224	62018200	唐白河	丑河	三夹河	虎山(库内)	1974	1	停测									
225	62018200	唐白河	丑河	三夹河	虎山	1976	1	虎山(库内)站恢复,并改站名、站别	水文	0.000	吴淞	河南省唐河县马振抚公社虎山水库	113°00′	32°32′		199	
226	62018200	唐白河	丑河	三夹河	虎山	1980	1	撤销									
227	62018201	唐白河	丑河	三夹河	虎山(输水洞)	1973	6	设立	水文	0.000	吴淞	河南省唐河县马振抚公社虎山水库	113°00′	32°32′			只有1976年资料
228	62018201	唐白河	丑河	三夹河	虎山(输水洞)	1980	1	撤销									

注1:面积包括渠道断面。

注2:米坪站年鉴前期河口距离刊印为174.7 km。

注3:年鉴1967~1972年内无基面,空白。本次改为假定基面。年鉴1973年采用假定基面。

注4:半店站1993~2003年有流量资料。

另注:无水系无河名,62001800,淅川站,1941年设立,河南省淅川县双河镇,东经111°29′,北纬33°56′,查不到撤销年份。

丹江水系蛇尾河中坪站,无编码,西峡县二郎乡中坪村,1960年设,撤销年份不详。

丹江水系军马河军马站,无编码,西峡县军马河镇,1960年设立,撤销年份不详。未刊印的站点、其他情况不详。

唐白河水系西赵河,石佛寺站,无编码,河南省镇平县李帮相乡刘洼村,东经112°08′,北纬35°06′,面积124.5 km,1957年设立,1958年撤销。

三、雨量站点

海河流域雨量站沿革表

序号	水系	河名	测站编码	站名	设站时间	观测场地址	坐标		附注
							东经	北纬	
1	南运河	大沙河	31020050	南岭	1966	山西省晋城市柳树口乡南岭村	113°10′	35°29′	
2	南运河	大沙河	31020100	黄围	1967	山西省晋城市柳树口乡黄围村	113°07′	35°25′	
3	南运河	大沙河	31020150	玄坛庙	1962	河南省博爱县寨豁乡玄坛庙村	113°03′	35°19′	1962～1963年刊为汉高城站
4	南运河	大沙河	31020170	孤山	1960	河南省焦作市孤山村	113°06′	35°20′	1965年撤销
5	南运河	大沙河	31020200	博爱	1951	河南省博爱县气象局	113°02′	35°12′	1934～1937年有资料
6	南运河	大沙河	31020250	宁郭	1967	河南省武陟县宁郭乡宁郭村	113°11′	35°09′	1990年（含）以前东经为113°13′
7	南运河	大沙河	31020300	焦作	1951	河南省焦作市气象局	113°10′	35°15′	1970年以前河名刊为运粮河
8	南运河	山门河	31020350	田坪	1962	河南省修武县西村乡田坪村	113°15′	35°20′	
9	南运河	山门河	31020400	西村	1962	河南省修武县西村乡西村	113°17′	35°19′	
10	南运河	山门河	31020450	孟泉	1962	河南省修武县西村乡孟泉村	113°20′	35°21′	
11	南运河	山门河	31020500	白庄	1956	河南省焦作市待王镇白庄	113°20′	35°13′	1966年撤销
12	南运河	新河	31020550	修武	1951	河南省修武县五里源乡大堤屯村	113°25′	35°13′	1957年以前河名刊为运粮河
13	南运河	纸坊沟	31020600	金岭坡	1956	河南省修武县西村乡金岭坡村	113°18′	35°25′	1963年以前河名刊为峪河
14	南运河	纸坊沟	31020650	吴村	1966	河南省辉县吴村乡吴村	113°29′	35°22′	1969年以前河名刊为峪河
15	南运河	峪河	31020700	古郊	1957	山西省陵川县古郊乡南边村	113°30′	35°42′	
16	南运河	峪河	31020750	西石门	1952	山西省陵川县横水乡横水村	113°23′	35°37′	1955年河名刊为运粮河,1965年河名刊为洪水河
17	南运河	峪河	31020800	凤凰	1963	山西省陵川县夺火乡凤凰村	113°19′	35°35′	1965年河名刊为凤凰河
18	南运河	峪河	31020850	琵琶河	1963	山西省陵川县夺火乡夺火村	113°19′	35°32′	
19	南运河	峪河	31020900	平甸	1962	河南省辉县薄壁镇平甸村	113°26′	35°31′	1963～1964年6月15日刊为马疙垱站
20	南运河	峪河	31020950	西寨山	1963	河南省辉县薄壁镇西寨山村	113°27′	35°28′	2001年（含）以后东经为113°25′,北纬为35°26′
21	南运河	峪河	31021000	峪河口	1954	河南省辉县铁匠庄	113°26′	35°29′	1977年以后北纬为35°26′,1998年撤销
22	南运河	峪河	31021020	宝泉	1998	河南省辉县市薄壁镇宝泉水库	113°26′	35°29′	

序号	水系	河名	测站编码	站名	设站时间	观测场地址	坐标		附注
							东经	北纬	
23	南运河	共产主义渠		黄土岗	1919	河南省卫辉市城郊乡下园村	114°04′	35°24′	1965 年撤销
24	南运河	共产主义渠	31021040	辛丰	1982	河南省获嘉县大辛庄乡辛丰村	113°39′	35°12′	
25	南运河	运粮河	31021050	获嘉	1934	河南省获嘉县气象局	113°46′	35°15′	
26	南运河	马头口河	31021100	官山	1957	河南省辉县上八里乡官山村	113°35′	35°30′	1974 年以前河名刊为石门河,1974~1980 年河名刊为马头河
27	南运河	马头口河	31021150	白草岗	1967	河南省辉县冀屯乡白草岗村	113°35′	35°26′	1980 年以前河名刊为马头河
28	南运河	石门河	31021200	五里窑	1971	河南省辉县上八里乡五里窑村	113°33′	35°37′	
29	南运河	石门河	31021250	山神庙	1971	河南省辉县山神庙村	113°33′	35°35′	1985 年撤销
30	南运河	石门河	31021300	红门	1971	河南省辉县红门村	113°36′	35°35′	1985 年撤销
31	南运河	石门河	31021350	石门	1975	河南省辉县上八里镇石门水库	113°35′	35°54′	1993 年(含)以前刊为石门水库站
32	南运河	石门河		西连	1982	河南省辉县西连	113°33′	35°39′	1985 年撤销
33	南运河	石门河	31021400	上八里	1956	河南省辉县上八里	113°39′	35°32′	1975 年撤销,设石门站
34	南运河	黄水河	31021450	黄水口	1956	河南省辉县黄水乡河西村	113°42′	35°32′	
35	南运河	黄水河	31021500	高庄	1966	河南省辉县高庄乡高庄村	113°45′	35°33′	
36	南运河	黄水河	31021550	茅草庄	1966	河南省辉县洪洲乡茅草庄村	113°39′	35°32′	
37	南运河	黄水河		东花木	1966	河南省辉县东花木	113°42′	35°27′	1955 年有资料,1971 年撤销
38	南运河	刘店干河	31021600	四里厂	1967	河南省辉县拍石头乡四里厂村	113°48′	35°37′	
39	南运河	百泉河	31021650	辉县	1950	河南省辉县气象局	113°48′	35°24′	1953 年、1954 年、1957~1962 年无资料,部分年份刊印为白泉站
40	南运河	卫河	31021700	合河	1933	河南省新乡县合河乡后贾村	113°48′	35°17′	1978 年(含)以后东经为 113°45′,北纬为 35°21′
41	南运河	西孟姜女河	31021740	张唐马	1982	河南省新乡县大召营乡张唐马村	113°45′	35°15′	
42	南运河	西孟姜女河	31021750	八里营	1972	河南省新乡市八里营	113°50′	35°17′	
43	南运河	人民胜利渠	31021760	秦厂	1983	河南省武陟县二铺营乡秦厂村	113°31′	35°00′	1999 年 1 月撤销
44	南运河	卫河	31021800	新乡	1924	河南省新乡县牧野村	113°53′	35°19′	1963 年撤销
45	南运河	人民胜利渠	31021840	何营	1966	河南省武陟县詹店镇何营村	113°35′	35°01′	
46	南运河	人民胜利渠	31021850	忠义	1966	河南省获嘉县冯庄乡冯庄村	113°39′	35°05′	
47	南运河	人民胜利渠	31021900	小吉	1966	河南省新乡县小吉镇小吉村	113°45′	35°12′	
48	南运河	东孟姜女河	31021940	康庄	1982	河南省新乡县七里营乡康庄村	113°46′	35°08′	

序号	水系	河名	测站编码	站名	设站时间	观测场地址	坐标		附注
							东经	北纬	
49	南运河	东孟姜女河	31021950	郎公庙	1967	河南省新乡县郎公庙乡郎公庙村	113°55′	35°13′	
50	南运河	东孟姜女河	31022000	东屯	1967	河南省延津县东屯镇东屯村	114°05′	35°20′	
51	南运河	卫河	31022050	汲县	1919	河南省卫辉市城郊乡纸坊村	114°04′	35°24′	1962年、1963年刊为黄土岗站
52	南运河	卫河	31022100	东陈召	1966	河南省卫辉市太公泉镇东陈召村	113°59′	35°32′	
53	南运河	卫河	31022130	工农村	1966	河南省汲县工农村	113°59′	35°32′	1987年撤销
54	南运河	沧河	31022150	东拴马	1965	河南省卫辉市东拴马乡东拴马村	113°56′	35°40′	
55	南运河	沧河	31022200	狮豹头	1956	河南省卫辉市狮豹头乡狮豹头水库	114°00′	35°40′	1976年(含)以前东经为113°51′
56	南运河	沧河	31022250	塔岗	1959	河南省卫辉市狮豹头乡塔岗水库	114°04′	35°35′	1970年(含)以前刊为塔岗水库站
57	南运河	思德河	31022300	前嘴	1955	河南省淇县黄洞乡前嘴	114°07′	35°43′	1972年(含)以前东经为114°10′,北纬为35°42′
58	南运河	思德河	31022350	赵庄	1976	河南省淇县桥盟乡赵庄	114°06′	35°40′	
59	南运河	思德河	31022400	朝歌	1951	河南省淇县城关镇	114°12′	35°36′	
60	南运河	赤叶河	31022520	黄松背	1952	山西省陵川县黄松背村	113°26′	35°47′	1970年以前河名刊为赤叶河,1971年(含)河名刊为香磨河
61	南运河	香磨河	31022720	六泉	1971	山西省陵川县六泉村	113°27′	35°48′	1985年撤销
62	南运河	桑延河	31022750	鹅屋	1971	山西省壶关县鹅屋乡黄崖底村	113°33′	35°53′	
63	南运河	淇河	31022800	口上	1976	河南省林县原康乡口上村	113°40′	35°52′	
64	南运河	淇河	31022850	南寨	1954	河南省辉县南寨乡南寨村	113°40′	35°48′	
65	南运河	淇河	31022855	后庄	1985	河南省辉县后庄乡后庄村	113°40′	35°43′	
66	南运河	淇河	31022900	要街	1959	河南省辉县西平罗乡要街水库	113°45′	35°46′	部分年份刊为要街水库站
67	南运河	淇河	31022950	临淇	1950	河南省林县临淇镇	113°53′	35°46′	
68	南运河	湘河	31022970	栗元	1977	河南省林县栗元	113°47′	35°53′	1985年撤销
69	南运河	湘河	31023000	大峪	1966	河南省林县茶店乡大峪村	113°46′	35°52′	
70	南运河	湘河	31023050	茶店	1965	河南省林县茶店乡茶店村	113°49′	35°50′	
71	南运河	郊沟河	31023100	塔店	1971	山西省壶关县塔店村	113°21′	35°55′	1991年撤销
72	南运河	淅河	31023150	马家庄	1952	山西省壶关县树掌乡马家庄	113°25′	35°55′	1958年以前河名刊为淇河,1959~1962年河名刊为陶清河,1963~1965年河名刊为五支叶河,1953~1955年无资料

序号	水系	河名	测站编码	站名	设站时间	观测场地址	坐标		附注
							东经	北纬	
73	南运河	浙河	31023200	新城	1952	山西省平顺县新城村	113°29′	36°01′	1952～1958年、1962年河名刊为浊漳河,1959年河名刊为北龙河,1961年河名刊为北岔底河,1985年撤销
74	南运河	浙河	31023250	桥上	1953	山西省壶关县桥上村	113°34′	35°55′	1959年以前河名刊为淅河,1959～1965年河名刊为五支叶河
75	南运河	浙河	31023300	弓上	1960	河南省林县合涧镇河西村	113°40′	35°56′	1964～1993年刊为弓上水库站,1962年、1963年刊为弓上(坝下)站
76	南运河	浙河	31023350	合涧	1957	河南省林县合涧镇	113°44′	35°57′	1960～1976年、1979年无资料,1985年撤销
77	南运河	浙河	31023400	小店	1976	河南省林县小店乡小店村	113°48′	35°56′	
78	南运河	浙河	31023430	岭西	1976	河南省林县岭西村	113°53′	35°56′	1985年撤销
79	南运河	浙河	31023450	兴泉	1967	河南省林县兴泉村	113°54′	35°54′	1985年撤销
80	南运河	淇河	31023500	土圈	1954	河南省林县泽下乡刁公岩	113°58′	35°51′	2009年撤销
81	南运河	淇河	31023530	城峪	1976	河南省林县城峪村	114°00′	35°44′	1985年撤销
82	南运河	淇河	31023550	盘石头	1964	河南省鹤壁市大河涧乡弓家庄	114°04′	35°51′	
83	南运河	淇河	31023600	大柏峪	1967	河南省淇县黄洞乡大柏峪	114°06′	35°48′	
84	南运河	淇河	31023630	邢盆	1976	河南省淇县邢盆村	114°10′	35°47′	1985年撤销
85	南运河	淇河	31023650	新村	1952	河南省鹤壁市庞村镇新村	114°14′	35°45′	1972年(含)以前东经为114°13′
86	南运河	淇河	31023670	刘街	1954	河南省淇县刘街	114°16′	35°33′	1960年撤销
87	南运河	卫河	31023700	淇门	1951	河南省浚县新镇镇小李庄村	114°18′	35°30′	
88	南运河	北干河	31023750	牛屯	1963	河南省滑县牛屯乡牛屯村	114°25′	35°17′	
89	南运河	北干河	31023800	东申寨	1976	河南省滑县王庄乡东申寨	114°26′	35°26′	
90	南运河	北干河	31023850	道口	1922	河南省滑县道口镇	114°31′	35°35′	1972年(含)以前东经为114°36′,北纬为35°30′
91	南运河	卫河	31023900	浚县	1951	河南省浚县西关	114°31′	35°40′	1956年5月撤销
92	南运河	卫河	31023950	白寺	1967	河南省浚县白寺乡白寺	114°27′	35°41′	1972年(含)以前东经为114°24′
93	南运河	卫河	31024000	屯子	1976	河南省浚县屯子乡屯子	114°29′	35°46′	
94	南运河	卫河	31024050	老观嘴	1962	河南省汤阴县瓦碴村	114°35′	35°50′	1983年撤销,设五陵站
95	南运河	卫河	31024050	五陵	1983	河南省汤阴县五陵镇五陵村	114°35′	35°51′	
96	南运河	卫河	31024100	迎阳铺	1967	河南省浚县善堂乡迎阳铺	114°38′	35°42′	1972年(含)以前北纬为35°43′
97	南运河	汤河	31024130	鹤壁集	1976	河南省鹤壁市鹤壁集	114°09′	35°58′	1985年撤销

序号	水系	河名	测站编码	站名	设站时间	观测场地址	东经	北纬	附注
98	南运河	汤河	31024150	鹤壁	1962	河南省鹤壁市鹿楼乡张庄村	114°11′	35°54′	1972年(含)以前东经为114°09′,北纬为35°56′
99	南运河	汤河	31024200	小河子	1959	河南省汤阴县韩庄乡小河子村	114°17′	35°55′	1962年刊为小河子(坝下)站,1993年(含)以前刊为小河子水库站
100	南运河	永通河	31024230	冷泉	1976	河南省鹤壁市冷泉	114°17′	32°55′	1985年撤销
101	南运河	永通河	31024250	申屯	1967	河南省浚县大赉店乡申屯	114°20′	35°46′	1972年(含)以前东经为114°19′
102	南运河	永通河	31024300	大性	1976	河南省汤阴县伏道乡大性	114°27′	35°52′	
103	南运河	汤河	31024350	高汉	1956	河南省汤阴县菜园乡西高汉	114°30′	35°56′	1972年(含)以前东经为114°28′,北纬为35°58′
104	南运河	洪水河	31024400	马投涧	1963	河南省安阳县马投涧乡马投涧	114°15′	36°01′	1971年(含)以前河名刊为安阳河
105	南运河	洪水河	31024410	二十里铺	1977	河南省安阳县郭村乡二十里铺	114°21′	36°01′	
106	南运河	洪水河	31024430	前定龙	1977	河南省安阳县前定龙村	114°24′	36°03′	
107	南运河	卫河	31024450	西元村	1952	河南省内黄县高堤乡王营村	114°44′	35°58′	
108	南运河	安阳河	31024470	分水岭	1976	河南省林县红旗渠管理处	113°48′	36°14′	1985年撤销
109	南运河	安阳河	31024500	姚村	1955	河南省林县姚村镇姚村	113°48′	36°11′	1962年(含)以前东经为113°45′,北纬为36°15′
110	南运河	安阳河	31024550	石楼	1966	河南省林县城关镇田家沟	113°45′	36°08′	1972年(含)以前北纬为36°09′,1976年(含)以后由石楼村迁到田家沟
111	南运河	安阳河	31024570	桃园	1976	河南省林县桃园村	113°43′	36°03′	1985年撤销
112	南运河	安阳河	31024600	南陵阳	1966	河南省林县陵阳镇南陵阳	113°51′	36°07′	1966年北陵阳观测
113	南运河	安阳河	31024650	林县	1925	河南省林县城关镇	113°49′	36°04′	
114	南运河	安阳河	31024700	横水	1955	河南省林县横水镇东横水村	113°55′	36°03′	
115	南运河	安阳河	31024750	小屯	1967	河南省林县合涧镇小屯	113°46′	36°00′	
116	南运河	安阳河	31024770	南峪	1976	河南省林县南峪村	113°53′	36°00′	1985年撤销
117	南运河	安阳河	31024800	东姚	1953	河南省林县东姚镇东姚村	113°57′	35°55′	1959年河名刊为淇河
118	南运河	安阳河	31024850	施家沟	1967	河南省鹤壁市姬家山乡施家沟	114°04′	35°56′	
119	南运河	安阳河	31024900	小南海	1954	河南省安阳县善应乡庄货村	114°06′	36°02′	1959年(含)以前刊为张二庄站,1960~1964年刊为小南海站,1965~1993年刊为小南海水库站
120	南运河	安阳河	31024950	彰武	1951	河南省安阳县彰武	114°08′	36°04′	1951年8月至1952年5月在南麻水观测,1952年5月至1959年在西高平观测,1960年以后刊为彰武站,1963年停测,1973年恢复。1974年(含)以后站名刊为彰武水库站,1977年撤销
121	南运河	粉红江	31025000	河顺	1956	河南省林县河顺镇河顺	113°55′	36°10′	
122	南运河	粉红江	31025050	李珍	1962	河南省安阳县铜冶乡李珍	114°04′	36°14′	
123	南运河	粉红江	31025100	水冶	1953	河南省安阳县水冶镇	114°07′	36°08′	汛期站,1954年停测,1966年恢复

序号	水系	河名	测站编码	站名	设站时间	观测场地址	坐标		附注
							东经	北纬	
124	南运河	安阳河	31025150	东何坟	1967	河南省安阳县蒋村乡东何坟	114°11′	36°11′	
125	南运河	安阳河	31025200	安阳	1921	河南省安阳县北关区安家庄	114°21′	36°07′	1919～1920年有资料
126	南运河	安阳河	31025205	焦邵村	1977	河南省安阳县焦邵村	114°16′	36°07′	1977年、1978年资料未刊印,1979年无资料,1985年撤销
127	南运河	安阳河	31025207	东大姓	1976	河南省安阳县东大姓	114°19′	36°10′	1981年(含)以后无资料,1984年撤销
128	南运河	安阳河	31025210	白壁	1977	河南省安阳县白壁集	114°30′	36°05′	
129	南运河	安阳河	31025250	冯宿	1956	河南省安阳县吕村乡冯宿	114°36′	36°06′	
130	南运河	卫河	31025300	楚旺	1960	河南省内黄县王庄	114°52′	36°03′	1960～1965年刊为北善村站,1979年撤销
131	南运河	硝河	31025350	千口	1956	河南省内黄县六村乡赵庄	114°45′	35°51′	1961年(含)以前无资料,1989年(含)以前在太平村观测
132	南运河	硝河	31025400	内黄	1954	河南省内黄县城关镇	114°54′	35°57′	1962年河名刊为卫河
133	南运河	硝河	31025410	东大城	1985	河南省内黄县梁庄乡东大城村	114°47′	35°43′	2006年以前测站编码为31025275
134	南运河	硝河	31025420	湾子	1985	河南省浚县善堂乡湾子村	114°40′	35°44′	2006年以前测站编码为31025270
135	南运河	卫河	31025430	甘庄	1985	河南省内黄县楚旺乡甘庄村	114°47′	36°05′	2006年以前测站编码为31025260
136	南运河	卫河	31025440	元村集	1979	河南省南乐县元村集镇元村集	115°03′	36°07′	
137	南运河	卫河	31025450	北张集	1959	河南省南乐县寺庄乡北张集	115°10′	36°12′	1963年1月～1963年4月无资料
138	南运河	浊漳河	31029000	天桥断	1958	河南省林县任村镇穆家庄	113°47′	36°21′	
139	南运河	露水河		柏树庄	1962	河南省林县尖庄	113°46′	36°16′	1963～1964年刊为尖庄站,1965年撤销
140	南运河	露水河	31029010	高家台	1976	河南省林县高家台	113°41′	36°07′	1985年撤销
141	南运河	露水河	31029050	石板岩	1976	河南省林县石板岩乡石板岩	113°43′	36°10′	
142	南运河	露水河	31029080	大井	1976	河南省林县大井村	113°56′	36°15′	1985年撤销
143	南运河	露水河	31029100	南谷洞	1976	河南省林县石板岩乡南谷洞水库	113°45′	36°14′	1993年(含)以前刊为南谷洞水库站
144	南运河	露水河	31029200	任村	1954	河南省林县任村镇任村	113°48′	36°17′	1962年(含)以前东经为113°43′,北纬为36°46′
145	徒骇马颊	马颊河	31120100	许村	1966	河南省濮阳县区胡村乡许村	115°01′	35°49′	
146	徒骇马颊	马颊河	31120150	黄城	1966	河南省濮阳县区岳村乡黄城	115°08′	35°45′	
147	徒骇马颊	马颊河	31120200	清丰	1953	河南省清丰县城关镇	115°07′	35°54′	
148	徒骇马颊	马颊河	31120250	大流	1967	河南省清丰县大流乡苗圃	115°07′	35°59′	
149	徒骇马颊	马颊河	31120300	南乐	1950	河南省南乐县谷金楼乡后平邑村	115°15′	36°06′	
150	徒骇马颊	徒骇河	31123400	柳屯	1962	河南省濮阳县柳屯镇柳屯村	115°15′	35°42′	
151	徒骇马颊	徒骇河	31123480	仙庄	1962	河南省清丰县巩营乡农场	115°21′	35°58′	

黄河流域雨量站沿革表

序号	水系	河名	测站编码	站名	设站时间	观测场地址	坐标 东经	坐标 北纬	附注
1	黄河下游区	枣乡河	40926350	两岔口	1960	河南省灵宝县两岔口村	110°25′	34°27′	1983 年撤销
2	黄河下游区	枣乡河	40926400	城东	1959	河南省灵宝县城东村	110°30′	34°35′	1970 年已撤销
3	黄河下游区	枣乡河	40926700	王家庄	1976	河南省灵宝县王家庄	110°31′	34°25′	
4	黄河下游区	阳平河	40926950	桑园	1962	河南省灵宝县阳平乡桑园村	110°39′	34°30′	
5	黄河下游区	黄河	40927050	杨家湾	1965	河南省灵宝县西阎乡杨家湾	110°43′	34°36′	
6	黄河下游区	宏农河	40927100	虢略镇	1955	河南省灵宝县留庄	110°46′	34°32′	1959 年撤销
7	黄河下游区	宏农河	40927150	干解原	1979	河南省灵宝县五亩乡干解原村	110°50′	34°20′	
8	黄河下游区	宏农河	40927200	大村	1971	河南省灵宝县朱阳镇大村	110°47′	34°11′	
9	黄河下游区	宏农河	40927250	石破湾	1971	河南省灵宝县朱阳镇石破湾村	110°39′	34°13′	
10	黄河下游区	宏农河	40927300	犁牛河	1954	河南省灵宝县朱阳镇犁牛河村	110°32′	34°16′	
11	黄河下游区	宏农河	40927350	董家埝	1960	河南省灵宝县朱阳镇董家埝村	110°35′	34°20′	
12	黄河下游区	宏农河	40927400	朱阳	1960	河南省灵宝县朱阳镇西寨村	110°43′	34°19′	
13	黄河下游区	宏农河	40927650	窄口	1973	河南省灵宝县五亩乡长桥村	110°47′	34°23′	
14	黄河下游区	宏农河	40927700	苏村	1959	河南省灵宝县苏村乡苏村	110°56′	34°26′	
15	黄河下游区	宏农河	40927750	虢镇	1958	河南省灵宝县桥头	110°52′	34°31′	
16	黄河下游区	东涧河	40927850	福地	1976	河南省灵宝县苏村乡福地村	110°56′	34°19′	
17	黄河下游区	东涧河	40927900	梁阳坡	1979	河南省灵宝县梁阳坡	110°57′	34°23′	无资料
18	黄河下游区	宏农河	40927950	官道口	1951	河南省卢氏县官道口乡官道口村	111°03′	34°19′	
19	黄河下游区	川口河	40928000	水南	1976	河南省灵宝县苏村乡水南村	111°00′	34°23′	
20	黄河下游区	东涧河	40928050	翻里	1979	河南省灵宝县翻里村	110°59′	34°27′	无资料
21	黄河下游区	黄河	40928200	大营	1959	河南省陕县大营镇大营村	111°04′	34°43′	
22	黄河下游区	好阳河	40928300	方家河	1962	河南省灵宝县阳店镇方家河村	110°59′	34°35′	
23	黄河下游区	三里涧河	40928350	草庙	1979	河南省陕县张汴乡草庙村	111°08′	34°32′	
24	黄河下游区	青龙涧河	40928400	张村	1959	河南省陕县张村乡张村	111°13′	34°37′	
25	黄河下游区	青龙涧河	40928450	菜园	1951	河南省陕县菜园乡	111°17′	34°41′	

序号	水系	河名	测站编码	站名	设站时间	观测场地址	坐标		附注
							东经	北纬	
26	黄河下游区	青龙涧河	40928550	张茅	1976	河南省陕县张茅乡南头村	111°23′	34°43′	
27	黄河下游区	黄河	41420050	三门峡	1951	河南省三门峡高庙乡坝头	111°22′	34°49′	
28	黄河下游区	黄河	41420150	观音堂	1960	河南省陕县观音堂村	111°34′	34°43′	1973年撤销
29	黄河下游区	黄河	41420500	坡头	1962	河南省渑池县坡头乡坡头村	111°44′	34°53′	
30	黄河下游区	黄河	41421400	北段村	1962	河南省渑池县北段村乡北段村	111°50′	34°59′	
31	黄河下游区	黄河	41421450	宝山	1951	河南省渑池县宝山村	112°46′	35°00′	已撤销
32	黄河下游区	枯河	41421740	唐岗	1964	河南省荥阳县广武乡唐岗村	113°26′	35°05′	1980年撤销
33	黄河下游区	西阳河	41422400	邵源	1979	河南省济源县邵源乡邵源村	112°08′	35°10′	
34	黄河下游区	黄河	41422450	石渠	1976	河南省新安县峪里乡石渠村	112°02′	35°03′	
35	黄河下游区	东洋河	41422650	黄背角	1977	河南省济源县邵源乡黄背角村	112°06′	35°16′	
36	黄河下游区	东洋河	41422750	灵山	1979	河南省济源县邵源乡灵山大队	112°08′	35°13′	
37	黄河下游区	东洋河	41422800	花园	1961	河南省济源县邵源乡花园村	112°11′	35°11′	
38	黄河下游区	铁山河	41422900	石扳道	1979	河南省济源县王屋乡石扳道村	112°14′	35°14′	1999年撤销
39	黄河下游区	石井河	41422950	石井	1960	河南省新安县石井乡石井村	112°07′	34°58′	
40	黄河下游区	黄河	41423000	西沃	1962	河南省新安县石井乡西沃村	112°00′	34°58′	1997年撤销
41	黄河下游区	畛水	41423050	曹村	1962	河南省新安县曹村乡曹村	112°01′	34°53′	
42	黄河下游区	畛水	41423100	北冶	1960	河南省新安县北冶乡北冶村	112°09′	34°53′	
43	黄河下游区	畛水	41423140	石寺	1996	河南省新安县石寺镇	112°06′	34°50′	
44	黄河下游区	王屋河	41423200	王屋	1955	河南省济源县王屋乡王屋村	112°17′	35°07′	
45	黄河下游区	大峪河	41423250	封门口	1977	河南省济源县王屋乡封门口村	112°21′	35°07′	
46	黄河下游区	大峪河	41423300	大峪	1977	河南省济源县大峪乡大峪村	112°17′	35°00′	
47	黄河下游区	黄河	41423350	小浪底	1955	河南省济源县坡头乡太山村	112°24′	34°55′	
48	黄河下游区	白道河	41423400	店留	1976	河南省济源县坡头乡店留村	112°32′	34°57′	
49	黄河下游区	黄河	41423440	坡头(济)	1977	河南省济源县坡头乡坡头村	112°31′	34°55′	
50	黄河下游区	黄河	41423450	孟津	1934	河南省孟津县白鹤乡铁谢村	112°36′	34°51′	
51	黄河下游区	黄河	41423500	吉利	1977	河南省洛阳市吉利乡冶戍村	112°37′	34°55′	

序号	水系	河名	测站编码	站名	设站时间	观测场地址	坐标 东经	坐标 北纬	附注
52	黄河下游区	黄河	41423550	赵和	1977	河南省孟津县赵和乡赵和村	112°43′	34°59′	1982年撤销,1983年设冶墙站
53	黄河下游区	黄河	41423600	邙岭	1977	河南省偃师市邙岭乡杨庄	112°44′	34°46′	
54	黄河下游区	黄河	41423650	化工	1977	河南省孟县化工乡化工村	112°52′	34°53′	
55	黄河下游区	黄河	41423700	沙鱼沟	1976	河南省巩县沙鱼沟乡沙鱼沟村	113°07′	34°49′	1985年撤销
56	黄河下游区	汜水河	41423800	小关	1977	河南省巩县小关乡小关村	113°10′	34°44′	
57	黄河下游区	汜水河	41423850	米河	1977	河南省巩县米河乡米河村	113°15′	34°43′	
58	黄河下游区	东汜河	41423900	高山	1977	河南省荥阳县高山乡高山村	113°13′	34°48′	
59	黄河下游区	汜水河	41423950	汜水	1977	河南省荥阳县汜水乡汜水村	113°14′	34°51′	
60	黄河下游区	漭河	41424000	黄龙庙	1964	山西省阳城县桑林乡黄龙庙村	112°28′	35°15′	
61	黄河下游区	漭河	41424050	泗坪	1979	河南省济源县克井乡泗坪水库	112°30′	35°12′	1985年撤销
62	黄河下游区	漭河	41424100	交地	1965	河南省济源县克井乡交地村	112°34′	35°11′	
63	黄河下游区	漭河	41424150	王沟	1965	河南省济源县思礼乡王沟村	112°24′	35°10′	1986年撤销
64	黄河下游区	漭河	41424200	曲阳	1979	河南省济源县承留乡曲阳水库	112°30′	35°05′	1986年撤销
65	黄河下游区	漭河	41424250	虎岭	1975	河南省济源县承留镇虎岭村	112°29′	35°05′	
66	黄河下游区	漭河	41424300	竹园	1965	河南省济源县思礼乡竹园村	112°27′	35°10′	
67	黄河下游区	漭河	41424350	桥洼	1965	河南省济源县城乡桥洼村	112°30′	35°02′	1965年刊为桥凹站,1986年撤销
68	黄河下游区	漭河	41424400	赵沟	1964	河南省济源县虎岭村	112°21′	35°07′	1964年河名刊为赵沟,1965年停侧,1967年恢复,1968年撤销
69	黄河下游区	漭河	41424450	济源	1958	河南省济源县亚桥乡亚桥村	112°37′	35°05′	1962~1997年刊为赵礼庄站
70	黄河下游区	漭河	41424550	柏香	1977	河南省沁阳县柏香乡柏香村	112°46′	35°05′	
71	黄河下游区	漭河	41424600	冶墙	1983	河南省孟县赵和乡冶墙村	112°44′	35°01′	
72	黄河下游区	漭河	41424650	崇义	1977	河南省沁阳县崇义乡崇义村	112°49′	35°01′	
73	黄河下游区	漭河	41424700	黄庄	1977	河南省温县黄庄乡黄庄村	112°59′	34°59′	
74	黄河下游区	漭河	41424750	祥云镇	1977	河南省温县祥云乡祥云镇	112°59′	34°55′	
75	黄河下游区	漭河	41424850	赵堡	1977	河南省温县赵堡乡西马村	113°10′	34°58′	
76	黄河下游区	漭河	41424900	沁阳	1960	河南省沁阳县城关乡城关	112°57′	35°06′	

序号	水系	河名	测站编码	站名	设站时间	观测场地址	坐标		附注
							东经	北纬	
77	黄河下游区	漭河	41424950	大封	1977	河南省武陟县大封乡大封村	113°14′	34°59′	
78	黄河下游区	漭河	41425000	北郭	1977	河南省武陟县北郭乡小司马村	113°19′	35°02′	
79	黄河下游区	枯河	41425050	王村	1979	河南省荥阳县王村乡王村	113°17′	34°53′	1985 年无资料
80	黄河下游区	枯河	41425150	广武	1977	河南省荥阳县广武镇广武村	113°27′	34°54′	
81	黄河下游区	黄河	41425350	田坡	1978	河南省郑州市郊古荥乡田坡村	112°32′	34°55′	1986 年撤销
82	黄河下游区	黄河	41425450	花园口	1986	河南省郑州市花园口镇花园口村	113°39′	34°55′	
83	黄河下游区	黄河	41425650	夹河滩	1994	河南省开封县刘店乡王明垒村	114°34′	34°54′	
84	黄河下游区	天然文岩渠	41425700	何营	1969	河南省武陟县何营村	113°35′	35°01′	汛期站,1999 年撤销
85	黄河下游区	天然渠	41425750	原武	1934	河南省原阳县原武镇	113°46′	35°00′	1937 年停测,1966 年 6 月复设
86	黄河下游区	天然文岩渠	41425800	官厂	1982	河南省原阳县官厂乡官厂村	113°53′	34°57′	1985 年撤销
87	黄河下游区	天然渠	41425850	大宾	1966	河南省原阳县大宾乡大宾村	114°02′	35°00′	
88	黄河下游区	天然渠	41425900	封丘	1936	河南省封丘县城关镇	114°25′	35°03′	
89	黄河下游区	文岩渠	41425950	师寨	1982	河南省原阳县师寨乡师寨村	113°50′	35°05′	
90	黄河下游区	文岩渠	41426000	八里庄	1982	河南省原阳县城关镇八里庄	113°57′	35°06′	1985 年撤销
91	黄河下游区	文岩渠	41426050	原阳	1934	河南省原阳县城关乡西关村	113°57′	35°06′	
92	黄河下游区	文岩渠	41426100	西别河	1966	河南省原阳县路寨乡西别河村	114°07′	35°05′	汛期站
93	黄河下游区	文岩渠	41426150	榆林	1966	河南省延津县榆林乡榆林村	114°05′	35°12′	汛期站,1985 年撤销
94	黄河下游区	文岩渠	41426200	朱付村	1963	河南省延津县僧固乡朱付村	114°15′	35°11′	
95	黄河下游区	文岩渠	41426250	李辛庄	1966	河南省原阳县齐街乡李辛庄	114°15′	35°04′	
96	黄河下游区	天然渠	41426300	黄陵	1967	河南省封丘县黄陵乡黄陵村	114°19′	35°00′	
97	黄河下游区	文岩渠	41426350	罗庄	1965	河南省长垣县常村乡罗庄	114°32′	35°07′	
98	黄河下游区	天然文岩渠	41426400	大车集	1956	河南省长垣县位庄乡大车集村	114°40′	35°05′	
99	黄河下游区	黄河	41426500	坝头	1931	河南省濮阳县坝头镇	115°07′	35°27′	已撤销
100	黄河下游区	黄庄河	41426750	长垣	1953	河南省长垣县城关镇	114°41′	35°12′	1974 年撤销
101	黄河下游区	黄庄河	41426800	聂店	1972	河南省长垣县樊相乡聂店林场	114°38′	35°15′	
102	黄河下游区	黄庄河	41426850	丁栾	1966	河南省长垣县丁栾镇丁栾村	114°44′	35°10′	

序号	水系	河名	测站编码	站名	设站时间	观测场地址	坐标 东经	坐标 北纬	附注
103	黄河下游区	黄庄河	41426900	方里	1966	河南省长垣县方里村	114°40′	35°13′	汛期站,1974年撤销
104	黄河下游区	黄庄河	41426950	孔村	1964	河南省滑县老庙乡孔村	114°49′	35°25′	1970年(含)以前东经为114°18′,北纬为35°26′
105	黄河下游区	黄庄河	41427000	中辛庄	1967	河南省滑县赵营乡中辛庄村	114°56′	35°34′	
106	黄河下游区	黄庄河	41427050	常村	1973	河南省长垣县常庄	114°33′	35°11′	1977年撤销
107	黄河下游区	柳青河	41427150	胙城	1966	河南省延津县胙城	114°13′	35°19′	1978年(含)以前河名刊为文岩渠
108	黄河下游区	柳青河	41427200	上官村	1975	河南省滑县上官村镇上官村	114°38′	35°27′	
109	黄河下游区	柳青河	41427300	付集	1966	河南省滑县付集	114°31′	35°29′	1977年撤销
110	黄河下游区	金堤河	41427400	王辛庄	1962	河南省濮阳县渠村乡王辛庄	115°00′	35°23′	
111	黄河下游区	金堤河	41427450	白道口	1962	河南省滑县白道口镇白道口村	114°46′	35°38′	
112	黄河下游区	金堤河	41427500	中召	1967	河南省内黄县中召乡中召村	114°53′	35°41′	
113	黄河下游区	金堤河	41427550	濮阳	1922	河南省濮阳县城关镇南堤村	115°01′	35°41′	1950年以前有1922年、1930～1937年资料
114	黄河下游区	金堤河	41427600	徐镇	1962	河南省濮阳县徐镇乡王楼村	115°12′	35°31′	
115	黄河下游区	金堤河	41427700	濮城	1953	河南省范县濮城镇濮城村	115°23′	35°43′	
116	黄河下游区	金堤河	41427750	范县	1961	河南省范县新区建设路	115°30′	35°54′	1967年以前刊为樱桃园站
117	黄河下游区	金堤河	41427800	龙王庄	1964	河南省范县龙王庄乡龙王庄村	115°35′	35°56′	
118	黄河下游区	金堤河	41427900	马楼	1963	河南省台前县马楼乡马楼村	115°48′	35°55′	
119	黄河下游区	金堤河	41428000	台前	1976	河南省台前县水利局	115°52′	36°00′	1981年撤销
120	伊洛河	蒉衣河	41624800	木桐沟	1951	河南省卢氏县木桐沟乡木桐沟村	110°44′	34°07′	
121	伊洛河	兰草河	41625600	东下	1966	河南省卢氏县官坡乡东下村	110°39′	33°54′	
122	伊洛河	官坡河	41625800	官坡	1960	河南省卢氏县官坡乡官坡村	110°44′	33°54′	
123	伊洛河	洛河	41626000	河南村	1966	河南省卢氏县徐家湾乡河南村	110°48′	33°59′	
124	伊洛河	潘河	41626200	潘河	1977	河南省卢氏县潘河乡权家村	110°50′	34°05′	
125	伊洛河	洛河	41626400	龙驹街	1977	河南省卢氏县磨沟口乡龙驹街	110°56′	33°58′	
126	伊洛河	洛河	41626600	碾子沟口	1966	河南省卢氏县磨沟口乡后虎峪村	110°58′	33°55′	
127	伊洛河	横涧河	41626800	横涧	1977	河南省卢氏县横涧乡横涧村	111°00′	33°58′	
128	伊洛河	涧北河	41627000	两岔口	1961	河南省卢氏县潘河乡两岔口村	110°54′	34°05′	

序号	水系	河名	测站编码	站名	设站时间	观测场地址	坐标		附注
							东经	北纬	
129	伊洛河	涧北河	41627200	蒿平河	1965	河南省卢氏县杜关乡坡根村	110°54′	34°12′	
130	伊洛河	涧北河	41627600	沙河街	1963	河南省卢氏县沙河乡沙河街	110°57′	34°05′	
131	伊洛河	涧北河	41628400	涧北	1956	河南省卢氏县城郊乡涧北村	110°59′	34°01′	
132	伊洛河	驳向河	41628600	竹林峪	1976	河南省卢氏县营子乡竹林峪村	111°07′	33°56′	
133	伊洛河	柳关河	41628800	柳关	1956	河南省卢氏县城郊乡柳关村	111°00′	34°10′	
134	伊洛河	洛河	41629000	卢氏	1951	河南省卢氏县城关镇大桥头	111°04′	34°03′	
135	伊洛河	文峪河	41629600	大石河	1960	河南省卢氏县文峪乡大石河村	111°12′	34°00′	
136	伊洛河	文峪河	41629800	文峪	1977	河南省卢氏县文峪乡文峪村	111°08′	34°03′	
137	伊洛河	洛河	41630000	范里	1976	河南省卢氏县范里乡范里村	111°11′	34°07′	
138	伊洛河	洛河	41630400	故县	1954	河南省洛宁县故县乡寻峪村	111°17′	34°14′	
139	伊洛河	寻峪河	41630600	庄科	1966	河南省卢氏县官道口乡庄科村	111°07′	34°15′	
140	伊洛河	洛河	41630800	麻院	1960	河南省洛宁县下峪乡麻院村	111°25′	34°11′	2006 年撤销,设崇阳站
141	伊洛河	洛河	41630900	崇阳	2006	河南省洛宁县下峪乡崇阳村	111°22′	34°13′	
142	伊洛河	洛河	41631000	上戈	1960	河南省洛宁县上戈乡上戈村	111°16′	34°22′	
143	伊洛河	洛河	41631400	纸房	1977	河南省洛宁县罗岭乡纸房村	111°23′	34°22′	
144	伊洛河	洛河	41631600	瓦庙	1977	河南省洛宁县兴华乡瓦庙村	111°28′	34°13′	
145	伊洛河	洛河	41631800	兴华	1977	河南省洛宁县兴华乡兴华村	111°26′	34°15′	
146	伊洛河	洛河	41632000	长水	1951	河南省洛宁县长水乡刘坡村	111°26′	34°19′	
147	伊洛河	孟村涧	41632400	西山底	1978	河南省洛宁县西山底乡西山底村	111°34′	34°17′	
148	伊洛河	洛河	41632600	七里坪	1965	河南省洛宁县赵村乡七里坪村	111°37′	34°14′	
149	伊洛河	洛河	41632700	东山底	2009	河南省洛宁县赵村乡东山底村	111°36′	34°18′	
150	伊洛河	洛河	41632800	赵村	1977	河南省洛宁县赵村乡赵村	111°36′	34°20′	
151	伊洛河	洛河	41633600	谷圭	1977	河南省洛宁县陈吴乡谷圭村	111°45′	34°19′	
152	伊洛河	弹沟河	41633800	华山	1962	河南省宜阳县木柴关乡华山村	111°51′	34°18′	
153	伊洛河	大沟河	41634000	木柴关	1962	河南省宜阳县木柴关乡木柴关村	111°54′	34°20′	
154	伊洛河	宽坪河	41634200	宽坪	1966	河南省陕县店子乡宽坪村	111°20′	34°31′	

序号	水系	河名	测站编码	站名	设站时间	观测场地址	坐标 东经	坐标 北纬	附注
155	伊洛河	渡洋河	41634400	小石介	1962	河南省洛宁县小石介乡小石介村	111°35′	34°30′	
156	伊洛河	渡洋河	41634600	东宋	1977	河南省洛宁县东宋乡东宋村	111°43′	34°28′	
157	伊洛河	洛河	41634800	张舞	1976	河南省宜阳县张舞乡张舞村	111°49′	34°25′	
158	伊洛河	永昌河	41635000	宫前	1957	河南省陕县宫前乡宫前村	111°28′	34°37′	
159	伊洛河	韩城河	41635200	西村	1978	河南省渑池县西村乡梁寨村	111°44′	34°40′	
160	伊洛河	韩城河	41635400	李村	1963	河南省陕县李村乡李村	111°41′	34°39′	
161	伊洛河	韩城河	41635600	下瑶屋	1979	河南省渑池县西村乡下瑶屋村	111°44′	34°37′	
162	伊洛河	韩城河	41635800	杜寺	1979	河南省渑池县西村乡杜寺村	111°46′	34°39′	
163	伊洛河	韩城河	41636000	河底	1956	河南省洛宁县河底乡河底村	111°46′	34°35′	
164	伊洛河	韩城河	41636200	石村	1978	河南省宜阳县石村乡石村	111°49′	34°33′	
165	伊洛河	韩城河	41636400	藕池	1978	河南省渑池县笃忠乡藕池村	111°49′	34°39′	
166	伊洛河	韩城河	41636600	高村	1978	河南省宜阳县高村乡高村	111°52′	34°35′	
167	伊洛河	韩城河	41636800	韩城	1954	河南省宜阳县韩城镇	111°55′	34°30′	
168	伊洛河	鲍瑶河	41637200	上观	1977	河南省宜阳县上观乡上观村	111°57′	34°25′	
169	伊洛河	笃忠河	41637400	笃忠	1977	河南省渑池县笃忠乡笃忠村	111°52′	34°40′	
170	伊洛河	涧河	41637600	五龙庙	1957	河南省宜阳县上观乡五龙庙村	111°58′	34°21′	
171	伊洛河	柳泉河	41637800	柳泉	1977	河南省宜阳县柳泉乡柳泉村	112°02′	34°31′	
172	伊洛河	陈宅河	41638000	赵堡	1976	河南省宜阳县赵堡乡东赵堡村	112°06′	34°26′	
173	伊洛河	水兑河	41638200	盐镇	1956	河南省宜阳县盐镇乡盐镇村	112°00′	34°41′	
174	伊洛河	水兑河	41638400	石陵	1976	河南省宜阳县石陵乡石陵村	112°06′	34°38′	
175	伊洛河	洛河	41639400	宜阳	1934	河南省宜阳县寻村乡段村	112°10′	34°31′	
176	伊洛河	洛河	41639600	寻村	1977	河南省宜阳县寻村乡寻村	112°13′	34°32′	
177	伊洛河	洛河	41639800	辛店	1977	河南省洛阳市辛店乡辛店村	112°20′	34°36′	
178	伊洛河	涧河	41640000	观音堂	1960	河南省陕县观音堂镇观音堂村	111°34′	34°43′	
179	伊洛河	涧河	41640600	张村	1962	河南省渑池县张村乡杜家村	111°38′	34°47′	
180	伊洛河	涧河	41641000	渑池	1957	河南省渑池县城关镇苗铺村	111°46′	34°46′	

序号	水系	河名	测站编码	站名	设站时间	观测场地址	坐标		附注
							东经	北纬	
181	伊洛河	涧河	41641400	铁门	1977	河南省新安县铁门乡铁门村	112°01′	34°45′	
182	伊洛河	洪阳河	41641600	仁村	1982	河南省渑池县仁村乡仁村	111°56′	34°48′	
183	伊洛河	涧河	41641800	新安	1934	河南省新安县城南关	112°09′	34°43′	
184	伊洛河	涧河	41642000	磁涧	1957	河南省新安县磁涧乡粮所	112°18′	34°42′	
185	伊洛河	金水河	41642200	养马	1961	河南省新安县五头乡仑上村	112°09′	34°48′	
186	伊洛河	涧河	41642400	麻屯	1977	河南省孟津县麻屯乡麻屯村	112°21′	34°45′	
187	伊洛河	瀍河	41642800	马屯	1960	河南省孟津县马屯乡马屯村	112°21′	34°52′	
188	伊洛河	洛河	41643400	白马寺	1955	河南省洛阳市白马寺镇枣园村	112°35′	34°43′	
189	伊洛河	伊河	41643600	庙底	1963	河南省栾川县陶湾乡庙底村	111°23′	33°51′	
190	伊洛河	伊河	41643800	阳坡	1980	河南省栾川县陶湾乡西沟村	111°25′	33°47′	
191	伊洛河	伊河	41644200	山岔	1982	河南省栾川县陶湾乡坪地村	111°28′	33°51′	
192	伊洛河	伊河	41644400	石庙	1980	河南省栾川县石庙乡石庙街	111°32′	33°49′	
193	伊洛河	伊河	41644600	核桃坪	1979	河南省栾川县石庙乡核桃坪村	111°29′	33°46′	
194	伊洛河	伊河	41644800	陶湾	1956	河南省栾川县陶湾乡陶湾村	111°28′	33°50′	
195	伊洛河	伊河	41645000	栾川	1951	河南省栾川县城关镇场房村	111°36′	33°47′	
196	伊洛河	北沟河	41645200	白沙洞	1965	河南省栾川县赤土店乡白沙洞村	111°36′	33°55′	
197	伊洛河	伊河	41646000	庙子	1960	河南省栾川县庙子乡庙子村	111°44′	33°47′	
198	伊洛河	伊河	41646200	大清沟	1975	河南省栾川县大清沟乡大清沟村	111°45′	33°54′	
199	伊洛河	小河	41646400	白土	1960	河南省栾川县白土乡三阀村	111°26′	34°03′	
200	伊洛河	小河	41646600	白狮	1956	河南省栾川县狮子庙乡白狮村	111°33′	34°01′	
201	伊洛河	小河	41646800	河西	1966	河南省栾川县秋扒乡河西村	111°39′	34°05′	
202	伊洛河	伊河	41647000	潭头	1951	河南省栾川县潭头乡杏树湾村	111°44′	33°59′	
203	伊洛河	明白河	41647400	明白川	1965	河南省嵩县车村公社明白川村	111°54′	33°46′	
204	伊洛河	明白河	41647600	合峪	1960	河南省栾川县合峪乡南瑶场村	111°54′	33°51′	
205	伊洛河	明白河	41647800	庙湾	1975	河南省栾川县合峪乡庙湾村	111°52′	33°55′	

序号	水系	河名	测站编码	站名	设站时间	观测场地址	坐标		附注
							东经	北纬	
206	伊洛河	龙潭沟	41648000	竹园沟	1966	河南省嵩县旧县乡竹园沟村	111°48′	34°06′	
207	伊洛河	伊河	41648200	旧县	1977	河南省嵩县旧县乡旧县村	111°51′	34°02′	
208	伊洛河	伊河	41648400	东湾	1958	河南省嵩县德亭乡山峡村	111°59′	34°03′	
209	伊洛河	大王沟	41648500	王帽沟	1976	河南省嵩县德亭乡王帽沟村	112°01′	33°58′	
210	伊洛河	蛮峪河	41648800	左峪	1960	河南省嵩县德亭乡佛泉寺村	111°49′	34°12′	
211	伊洛河	蛮峪河	41649000	南台	1979	河南省嵩县德亭乡蛇沟口	111°53′	34°09′	
212	伊洛河	蛮峪河	41649200	王莽寨	1966	河南省嵩县德亭乡后寺村	111°50′	34°16′	
213	伊洛河	蛮峪河	41649400	黄水庵	1979	河南省嵩县德亭乡黄水庵	111°52′	34°12′	
214	伊洛河	蛮峪河	41649600	栗子园	1979	河南省嵩县德亭乡西地村	111°56′	34°10′	
215	伊洛河	蛮峪河	41649800	下河村	1957	河南省嵩县德亭乡下河村	111°56′	34°07′	
216	伊洛河	茅沟	41650000	茅沟	1957	河南省嵩县纸房乡火神庙村	112°07′	34°02′	
217	伊洛河	沙沟	41650200	七泉	1966	河南省嵩县纸房乡毛湾村	112°09′	34°06′	
218	伊洛河	高都河	41650400	陶村	1960	河南省嵩县城关乡陶村	111°59′	34°12′	
219	伊洛河	伊河	41650800	陆浑	1960	河南省嵩县田湖乡陆浑水库坝下	112°11′	34°12′	
220	伊洛河	焦家川	41651000	青沟	1967	河南省嵩县大坪乡江沟村	112°01′	34°17′	
221	伊洛河	八达河	41651400	禹山	1967	河南省嵩县饭坡乡大瑶沟村	112°15′	34°09′	
222	伊洛河	干河	41651600	石羽镇	1974	河南省宜阳县白杨乡石羽镇	112°11′	34°19′	
223	伊洛河	黑龙沟	41651800	黑龙沟	1974	河南省伊川县酒后乡黑龙沟村	112°19′	34°16′	
224	伊洛河	顺阳河	41652000	白杨镇	1955	河南省宜阳县白杨乡白杨镇	112°14′	34°24′	
225	伊洛河	伊河	41652400	鸣皋	1963	河南省伊川县鸣皋乡鸣皋村	112°18′	34°20′	
226	伊洛河	杜康河	41652600	上蔡店	1974	河南省汝阳县上蔡店乡上蔡店村	112°25′	34°17′	
227	伊洛河	白降河	41652800	颖阳	1976	河南省登封县颖阳乡颖阳村	112°45′	34°25′	1985 年撤销
228	伊洛河	白降河	41653000	江左	1974	河南省伊川县江左乡江左村	112°41′	34°24′	
229	伊洛河	白降河	41653400	吕店	1963	河南省伊川县吕店乡吕店村	112°38′	34°27′	
230	伊洛河	白降河	41653600	白沙	1954	河南省伊川县白沙乡白沙村	112°32′	34°23′	

序号	水系	河名	测站编码	站名	设站时间	观测场地址	坐标		附注
							东经	北纬	
231	伊洛河	伊河	41654200	鸦岭	1960	河南省伊川县鸦岭乡鸦岭村	112°23′	34°29′	
232	伊洛河	曲河	41654400	彭婆	1974	河南省伊川县彭婆乡彭婆村	112°29′	34°29′	
233	伊洛河	伊河	41654600	龙门镇	1935	河南省洛阳市龙门镇	112°28′	34°33′	
234	伊洛河	沙河	41654800	寇店	1977	河南省偃师市寇店乡寇店村	112°39′	34°35′	
235	伊洛河	伊河	41655000	李村	1976	河南省偃师市李村乡李村	112°35′	34°36′	
236	伊洛河	马涧河	41655200	九龙角	1962	河南省偃师市府店乡九龙角水库	112°51′	34°32′	
237	伊洛河	马涧河	41655400	山张	1977	河南省偃师市大口乡山张村	112°43′	34°30′	
238	伊洛河	马涧河	41655600	缑氏	1977	河南省偃师市缑氏乡缑氏村	112°47′	34°37′	
239	伊洛河	干沟河	41656000	鲁庄	1976	河南省巩县鲁庄乡鲁庄	112°52′	34°36′	1985 年撤销
240	伊洛河	西河沟	41656200	回郭镇	1976	河南省巩县回郭镇乡南罗村	112°52′	34°41′	2006 年以前测站编码为 41425051
241	伊洛河	坞罗河	41656400	核桃园	1976	河南省巩县核桃园乡核桃园村	113°06′	34°36′	1985 年撤销
242	伊洛河	坞罗河	41656600	涉村	1976	河南省巩县涉村乡涉村	113°03′	34°37′	1985 年撤销
243	伊洛河	坞罗河	41656800	坞罗	1976	河南省巩县西村乡坞罗水库	113°00′	34°39′	1985 年撤销
244	伊洛河	天波河	41657000	瑶岭	1976	河南省巩县西村乡瑶岭村	112°57′	34°36′	1980 年后河名刊为天波河
245	伊洛河	坞罗河	41657200	西村	1977	河南省巩县西村乡西村	112°56′	34°37′	
246	伊洛河	伊洛河	41657600	黑石关	1934	河南省巩县芝田乡益家窝村	112°56′	34°43′	
247	伊洛河	伊洛河	41657800	张岭	1977	河南省巩县康店乡张岭村	112°55′	34°48′	1985 年撤销
248	伊洛河	洪河	41658000	李家闸	1977	河南省巩县小关乡虎脑村	113°08′	34°38′	
249	伊洛河	洪河	41658200	洪河	1976	河南省巩县涉村乡洪河	113°08′	34°38′	1985 年撤销
250	伊洛河	伊洛河	41658400	站街	1934	河南省巩县站街乡站街村	113°04′	34°38′	2006 年以前测站编码为 41425052
251	伊洛河	东泗河	41658600	大峪沟	1976	河南省巩县大峪沟乡大峪沟	113°06′	34°43′	1985 年撤销
252	沁河	沁河	41734000	五龙口	1952	河南省济源市辛庄乡省庄	112°41′	35°09′	
253	沁河	沁河	41734200	广利局	1955	河南省沁阳市南寻村	112°46′	35°06′	无资料
254	沁河	沁河	41734600	紫陵	1977	河南省沁阳市紫陵乡紫陵村	112°47′	35°10′	
255	沁河	丹河	41740400	山路平	1952	河南省沁阳市常平乡四渡村	112°59′	35°14′	

序号	水系	河名	测站编码	站名	设站时间	观测场地址	坐标		附注
							东经	北纬	
256	沁河	沁河	41740800	西万	1977	河南省沁阳市西万乡西万村	112°56′	35°12′	
257	沁河	老漭河	41740900	崇义	1977	河南省沁阳县崇义乡崇义村	112°49′	35°01′	已撤销
258	沁河	沁河	41741000	武陟	1950	河南省武陟县大虹桥乡大虹桥村	113°16′	35°04′	
259	沁河	老漭河	41741100	祥云镇	1977	河南省温县祥云镇	112°59′	34°55′	已撤销
260	沁河	老漭河	41741200	温县	1953	河南省温县城关镇	113°05′	34°57′	尚有 1934~1937 年资料,1988 年撤销
261	沁河	老漭河	41741300	赵堡	1977	河南省温县赵堡乡西马村	113°10′	34°58′	已撤销
262	沁河	老漭河	41741400	沁阳	1952	河南省沁阳县城关镇	112°57′	35°06′	有 1930 年、1931 年、1934~1937 年资料
263	沁河	老漭河	41741500	大封	1977	河南省武陟县大封乡大封村	113°14′	34°59′	已撤销
264	沁河	老漭河	41741600	北郭	1977	河南省武陟县北郭乡小司马村	113°19′	35°02′	已撤销
265	黄河下游区	黄河		孙口	1952	河南省范县孙口乡孙口村	115°45′	35°54′	1970 年撤销
266	黄河下游区	漭河		后进村	1952	河南省孟县后进村	112°48′	35°00′	1960 年撤销
267	黄河下游区	漭河		瑞村	1957	河南省济源县瑞村	112°39′	35°05′	1960 年撤销
268	黄河下游区	汜水河		庙子	1979	河南省荥阳县庙子乡庙子村	113°15′	34°38′	1985 年撤销
269	黄河下游区	北漭河		济源	1958	河南省济源县城关村	112°36′	35°05′	1962 年撤销
270	黄河下游区	文岩渠		裴固	1963	河南省长垣县裴固村	114°32′	35°09′	1963 年停测,1965 年撤销
271	黄河下游区	文岩渠		延津	1934	河南省延津县城关	114°13′	35°09′	1963 年撤销,设朱付村
272	黄河下游区	金堤河		五爷庙	1953	河南省滑县秦寨村	114°54′	35°35′	1964 年撤销
273	黄河下游区	金堤河		古城	1961	河南省范县古城镇	115°41′	35°57′	1967 年撤销
274	黄河下游区	金堤河		樱桃园	1961	河南省范县樱桃园	115°30′	35°43′	1968 年撤销
275	黄河下游区	柳青河		张庄	1962	河南省滑县张庄	114°42′	35°23′	1977 年撤销
276	黄河下游区	黄庄河		前大郭	1973	河南省长垣县前大郭			汛期站,1976 年撤销
277	黄河下游区	天然渠		宋庄	1966	河南省武陟县宋庄			汛期站,1969 年迁移到何营,1969 年撤销

淮河流域雨量站沿革表

序号	水系	河名	测站编码	站名	设站时间	观测场地址	坐标		附注
							东经	北纬	
1	淮河	淮河	50220050	固庙	1951	河南省桐柏县鸿仪河乡固庙镇	113°18′	32°25′	1965 年刊为东经 113°20′
2	淮河	银盘河	50220100	银盘河	1978	河南省桐柏县城郊乡银盘河水库			1985 年撤销
3	淮河	淮河	50220150	桐柏	1922	河南省桐柏县城关镇	113°24′	32°22′	1965 年刊为东经 113°26′
4	淮河	淮河	50220200	二道河	1966	湖北省随县淮河乡二道河村	113°28′	32°17′	1965 年刊为东经 113°26′
5	淮河	月河	50220250	新集	1953	河南省桐柏县朱庄乡新集	113°26′	32°31′	1965 年刊为东经 113°27′
6	淮河	月河	50220300	赵庄	1976	河南省桐柏县吴城乡赵庄村	113°29′	32°29′	1985 年撤销
7	淮河	月河	50220350	吴城	1966	河南省桐柏县吴城镇	113°30′	32°26′	1966～1970 年刊为东经 113°31′
8	淮河	月河	50220400	月河店	1952	河南省桐柏县月河乡月河店	113°32′	32°21′	1965～1967 年年鉴为 1963 年设站
9	淮河	淮河	50220500	朱庄	1962	河南省桐柏县朱庄乡老庄村	113°31′	32°33′	1967 年撤销
10	淮河	五里河	50220550	黄岗	1951	河南省桐柏县黄岗乡下坎村	113°36′	32°35′	1965 年刊为东经 113°38′，北纬 32°33′
11	淮河	五里河	50220600	潘庄	1966	河南省桐柏县毛集乡潘庄村	113°39′	32°30′	1975 年河名刊为固县河，1951～1970 年刊为东经 113°38′，北纬 32°10′
12	淮河	五里河	50220650	固县	1976	河南省桐柏县固县镇	113°38′	32°26′	
13	淮河	淮河	50220700	胡家湾	1953	湖北省随县淮河乡胡家湾村	113°39′	32°19′	
14	淮河	毛集河	50220750	回龙寺	1953	河南省桐柏县回龙寺乡回龙寺村	113°44′	32°37′	
15	淮河	毛集河	50220800	毛集	1976	河南省桐柏县毛集乡毛集村	113°41′	32°32′	
16	淮河	淮河	50220850	大坡岭	1951	河南省信阳县高梁店乡李田村	113°45′	32°25′	1965 年刊为东经 113°44′，北纬 32°27′
17	淮河	庄河	50221000	高梁店	1972	河南省信阳县高梁店乡高梁店村	113°46′	32°23′	1981 年撤销
18	淮河	柳河	50221050	尖山	1978	河南省信阳县邢集乡尖山水库	113°49′	32°32′	
19	淮河	柳河	50221100	黄庄	1976	河南省信阳县王岗乡黄庄	113°44′	32°30′	1981 年撤销
20	淮河	老鸦河	50221150	老鸦河	1976	河南省信阳县平昌关乡老鸦河水库	113°52′	32°25′	
21	淮河	淮河	50221200	平昌关	1951	河南省信阳县平昌关乡平昌关	113°53′	32°22′	
22	淮河	游河	50221250	余家湾	1967	湖北省随县草店镇余家湾村	113°35′	32°08′	
23	淮河	游河	50221350	台子畈	1967	湖北省随县草店镇台子畈村	113°42′	32°09′	
24	淮河	游河	50221500	余寨	1970	河南省信阳县吴家店乡余寨村	113°47′	32°15′	1985 年撤销

序号	水系	河名	测站编码	站名	设站时间	观测场地址	坐标		附注
							东经	北纬	
25	淮河	游河	50221550	顺河店	1952	河南省信阳县吴家店乡顺河店村	113°47′	32°19′	1965 年刊为东经 113°48′,北纬 32°13′
26	淮河	游河	50221800	吴家店	1957	河南省信阳县吴家店乡吴家店村	113°50′	32°16′	1970 年撤销,设余寨店
27	淮河	游河	50221850	游河	1976	河南省信阳县游河乡老庙村	113°35′	32°15′	从 1985 年刊为东经 113°35′,北纬 32°15′
28	淮河	淮河	50221900	长台关	1934	河南省信阳县长台关乡长台关镇	114°04′	32°19′	1965 年刊为东经 114°02′,北纬 32°20′
29	淮河	十字江	50221950	尚河	1966	河南省信阳县明港乡尚河村	113°28′	32°26′	1972 年撤销
30	淮河	十字江	50222000	井老庄	1972	河南省信阳县明港公社井老庄	113°58′	32°26′	1980 年撤销
31	淮河	十字江	50222050	黄庄	1966	河南省信阳县明港乡黄庄村	114°01′	32°26′	1985 年撤销
32	淮河	十字江	50222100	马营	1971	河南省信阳县长台关乡郭庄	114°01′	32°23′	1980 年撤销
33	淮河	十字江	50222150	王堂	1972	河南省信阳县长台关乡张庄村	114°00′	32°22′	
34	淮河	明港河	50222200	阎庄	1966	河南省信阳县邢集乡阎庄村	113°54′	32°34′	
35	淮河	明港河	50222250	红石嘴	1976	河南省信阳县蓝店乡红石嘴水库	113°54′	32°31′	
36	淮河	明港河	50222300	李新店	1957	河南省确山县李新店乡黄楼村	114°03′	32°32′	
37	淮河	明港河	50222350	明港	1978	河南省信阳县明港乡明港镇	114°03′	32°28′	
38	淮河	淮河	50222400	双河	1976	河南省确山县双河乡双河村	114°07′	32°30′	1985 年撤销
39	淮河	淮河	50222450	肖曹店	1955	河南省信阳市肖曹店乡肖曹店村	114°14′	32°26′	1965 年刊为东经 114°15′,北纬 32°26′
40	淮河	淮河	50222500	胡店	1978	河南省信阳县胡店乡胡楼村	114°07′	32°23′	1981 年撤销
41	淮河	范河	50222550	洪山	1976	河南省信阳县龙井乡洪山水库	114°12′	32°23′	1977 年河名刊为新生河,1985 年撤销
42	淮河	淮河	50222600	陡沟	1967	河南省正阳县陡沟乡陡沟村	114°20′	32°22′	
43	淮河	淮河	50222650	肖王	1978	河南省信阳县肖王乡大白村	114°17′	32°19′	1985 年撤销
44	淮河	洋河	50222700	彭家湾	1976	河南省信阳县彭家湾乡彭家湾村	114°04′	32°15′	
45	淮河	洋河	50222750	洋河	1966	河南省信阳县洋河乡洋河村	114°11′	32°15′	
46	淮河	浉河	50222800	武胜关	1985	河南省信阳县鸡公山乡梨树湾村	114°17′	31°21′	
47	淮河	浉河	50222850	新店	1953	河南省信阳县鸡公山乡新店村	114°03′	31°49′	1965 年刊为东经 113°59′,北纬 31°53′

序号	水系	河名	测站编码	站名	设站时间	观测场地址	坐标		附注
							东经	北纬	
48	淮河	浉河	50222900	台畈	1982	河南省信阳县鸡公山乡台畈村	114°00′	31°49′	
49	淮河	浉河	50222950	天平山	1982	河南省信阳县谭家河乡天平山村	113°58′	31°50′	
50	淮河	浉河	50223000	麻树坦	1982	河南省信阳县谭家河乡金华村	114°01′	31°54′	
51	淮河	浉河	50223050	谭家河	1951	河南省信阳县谭家河乡谭家河镇	113°58′	31°54′	1985年刊为东经113°58′,北纬31°54′
52	淮河	浉河	50223250	大庙畈	1954	河南省信阳县谭家河乡刘河口村	113°54′	31°54′	1954年刊为马家畈站,1965年刊为东经113°50′,北纬32°08′
53	淮河	浉河	50223300	西双河	1954	河南省信阳县谭家河乡徐家岭村	113°58′	31°57′	
54	淮河	浉河	50223350	新建	1978	河南省信阳县浉河港乡新建村	113°51′	32°02′	
55	淮河	浉河	50223400	浉河港	1954	河南省信阳县浉河港乡响塘村	113°54′	32°03′	1954年刊为南王岗站,1965年刊为东经113°53′,北纬32°03′
56	淮河	浉河	50223450	三角山	1952	河南省信阳县白马山村	113°45′	32°04′	1961年撤销,设黄龙寺站
57	淮河	浉河	50223500	黄龙寺	1961	河南省信阳县董家河乡黄龙寺村	113°46′	32°06′	1965年刊为东经113°40′,北纬32°08′
58	淮河	浉河	50223550	西河湾	1954	河南省信阳县董家河乡西河湾村	113°50′	32°10′	1954年刊为冯家庄站,1962年撤销
59	淮河	浉河	50223600	董家河	1961	河南省信阳县董家河乡楼房村	113°51′	32°10′	1965年刊为东经113°46′,北纬32°12′
60	淮河	浉河	50223650	南湾	1951	河南省信阳县南湾乡南湾水库	114°00′	32°07′	1965年刊为东经113°58′,北纬32°08′
61	淮河	浉河	50223700	黄湾	1976	河南省信阳县十三里桥乡黄湾村	114°03′	32°05′	1981年撤销
62	淮河	东双河	50223750	东双河	1961	河南省信阳县东双河六子店村	114°05′	32°01′	1965年刊为东经114°06′
63	淮河	浉河	50223800	龙井沟	1976	河南省信阳县李家寨乡龙井沟水库	114°06′	31°54′	
64	淮河	浉河	50223820	信阳	1922	河南省信阳县平桥镇	114°08′	32°06′	1961年撤销
65	淮河	浉河	50223850	平桥	1961	河南省信阳县平桥镇	114°08′	32°05′	
66	淮河	浉河	50223900	五里店	1955	河南省信阳县五里店乡十里头村	114°17′	32°08′	1965年刊为东经114°16′,北纬32°12′
67	淮河	浉河	50223950	高店	1967	河南省罗山县高店乡高店村	114°23′	32°14′	
68	淮河	淮河	50224000	江湾	1952	河南省正阳县大林店乡江湾村	114°32′	32°18′	1965年刊为东经114°30′,北纬32°18′
69	淮河	卡房河	50224200	胡家河	1966	河南省新县卡房乡上畈村	114°33′	31°40′	1970年撤销,设卡房站
70	淮河	竹竿河	50224250	卡房	1966	河南省新县卡房乡古店村	114°35′	31°38′	

序号	水系	河名	测站编码	站名	设站时间	观测场地址	坐标 东经	坐标 北纬	附注
71	淮河	墨河	50224300	墨河	1976	河南省新县苏河乡墨河村	114°36′	31°43′	
72	淮河	竹竿河	50224350	定远店	1955	河南省罗山县定远乡定远店村	114°30′	31°48′	1952～1954 年在陡山冲站观测
73	淮河	竹竿河	50224400	苏河	1971	河南省新县苏河乡苏河镇	114°34′	31°48′	1981 年撤销
74	淮河	山河	50224450	后沟	1967	河南省罗山县山店乡将军岩村	114°24′	31°47′	
75	淮河	寿河	50224500	江塝	1977	河南省罗山县彭新乡黄油坊村	114°25′	31°51′	
76	淮河	竹竿河	50224550	周党畈	1951	河南省罗山县周党乡桂店	114°31′	31°54′	
77	淮河	九龙河	50224600	铁卜	1977	河南省罗山县铁卜乡铁卜村	114°16′	31°49′	1985 年刊为河南省罗山县铁卜乡老湾村
78	淮河	九龙河	50224650	彭新店	1955	河南省罗山县彭新店乡彭新店村	114°21′	31°54′	
79	淮河	九龙河	50224700	潘新	1976	河南省罗山县潘新乡潘新村	114°26′	31°56′	
80	淮河	竹竿河	50224720	陡山冲	1952	河南省罗山县庚戌庄	114°24′	31°56′	为定远店临时观测站，1955 年撤销
81	淮河	竹竿河	50224750	南李店	1955	河南省罗山县庙仙乡南李店村	114°36′	32°02′	1965 年刊为东经 114°34′，北纬 32°02′
82	淮河	竹竿河	50224800	仙居	1978	河南省光山县仙居乡林岗村	114°38′	32°04′	1985 年撤销
83	淮河	竹竿河	50224850	竹竿铺	1952	河南省罗山县竹竿铺乡竹竿铺村	114°39′	32°10′	1965 年刊为东经 114°40′，北纬 32°12′
84	淮河	小潢河	50224900	杨畈	1975	河南省罗山县涩港乡杨畈村	114°16′	31°55′	
85	淮河	小潢河	50224950	涩港店	1956	河南省罗山县涩港乡涩港店村	114°19′	31°58′	1965 年刊为东经 114°19′，北纬 31°59′
86	淮河	小潢河	50225000	朱堂	1975	河南省罗山县朱堂乡朱堂村	114°14′	32°00′	
87	淮河	小潢河	50225050	石山口	1955	河南省罗山县子路乡石山口水库	114°23′	32°02′	1965 年刊为东经 114°26′，北纬 32°08′
88	淮河	子路河	50225100	双桥	1976	河南省罗山县青山乡双桥村	114°18′	32°04′	1985 年撤销
89	淮河	子路河	50225150	子路	1976	河南省罗山县子路乡子路村	114°27′	32°05′	1985 年撤销
90	淮河	小潢河	50225200	兴隆店	1955	河南省罗山县兴隆店镇	114°26′	32°08′	1960 年撤销
91	淮河	小泥河	50225250	楠杆	1978	河南省罗山县楠杆乡魏湾村	114°25′	32°09′	1985 年撤销
92	淮河	小潢河	50225300	小龙山	1959	河南省罗山县小龙山水库	114°31′	32°12′	1964 年撤销
93	淮河	小潢河	50225350	罗山	1933	河南省罗山县城关镇	114°32′	32°13′	1959 年、1960 年、1961 年、1963 年刊为小龙山站

序号	水系	河名	测站编码	站名	设站时间	观测场地址	坐标		附注
							东经	北纬	
94	淮河	清水河	50225400	梁庙	1967	河南省正阳县梁庙乡梁庙村	114°19′	32°34′	
95	淮河	清水河	50225450	吴庄	1974	河南省正阳县兰青乡程老庄村	114°20′	32°31′	1977 年撤销
96	淮河	清水河	50225500	铜钟	1966	河南省正阳县铜钟乡铜钟村	114°30′	32°25′	
97	淮河	清水河	50225550	孙庙	1978	河南省息县孙庙乡孙庙村	114°39′	32°22′	1985 年撤销
98	淮河	淮河	50225600	息县	1931	河南省息县城关镇大埠口村	114°44′	32°20′	1965 年刊为东经 114°43′,北纬 32°22′
99	淮河	澺河	50225650	路口	1976	河南省息县路口乡路口村	114°41′	32°27′	
100	淮河	淮河	50225700	任大寨	1967	河南省息县关店乡谷楼村	114°51′	32°07′	1975 年刊为东经 114°51′,北纬 32°17′
101	淮河	淮河	50225750	八里岔	1967	河南省息县八里岔乡何庄村	114°47′	32°13′	
102	淮河	寨河	50225800	沙石湾	1953	河南省新县千斤乡沙石湾村	114°43′	32°46′	1965 年刊为东经 114°42′,北纬 31°47′
103	淮河	代家河	50225850	学田岗	1967	河南省新县千斤乡学田岗村	114°47′	31°42′	1973 年撤销
104	淮河	青龙河	50225900	双镇	1976	河南省新县苏河乡下代余村	114°38′	31°47′	1985 年撤销
105	淮河	青龙河	50225950	钱大湾	1973	河南省光山县南向店乡钱小湾村	114°38′	31°48′	
106	淮河	五楼河	50226000	易洼	1973	河南省光山县殷棚乡板栗树坡村	114°41′	31°51′	
107	淮河	凉亭河	50226050	杨余	1967	河南省光山县殷棚乡杨余村	114°36′	31°54′	1955～1957 年刊为苏家河站,1985 年撤销
108	淮河	青龙河	50226100	五岳	1972	河南省光山县南向店乡五岳水库	114°39′	31°52′	
109	淮河	青龙河	50226150	长兴镇	1978	河南省光山县仙居乡前涂湾村	114°38′	32°00′	1985 年撤销
110	淮河	青龙河	50226200	北向店	1978	河南省光山县北向店乡王岗村	114°39′	32°00′	
111	淮河	寨河	50226250	陈兴寨	1959	河南省光山县陈兴寨水库	114°49′	32°05′	1967 年撤销,设寨河站
112	淮河	寨河	50226300	寨河	1967	河南省光山县寨河乡罗湖村	114°54′	32°09′	
113	淮河	淮河	50226350	后河	1966	河南省息县关店乡后河村	114°57′	32°15′	1985 年撤销
114	淮河	泥河	50226400	杨店	1967	河南省息县杨店乡杨围孜村	114°49′	32°25′	1985 年撤销
115	淮河	泥河	50226450	项店	1976	河南省息县项店乡项店村	114°52′	32°23′	1985 年撤销
116	淮河	泥河	50226500	夏庄	1967	河南省息县夏庄乡范店村	115°02′	32°24′	

序号	水系	河名	测站编码	站名	设站时间	观测场地址	坐标		附注
							东经	北纬	
117	淮河	闾河	50226550	大高庄	1983	河南省正阳县闾河店乡大高庄村	114°23′	32°32′	
118	淮河	闾河	50226600	闾河店	1983	河南省正阳县闾河店乡闾河水库	114°28′	32°33′	
119	淮河	闾河	50226650	杨店	1983	河南省正阳县闾河店乡杨店村	114°29′	32°35′	
120	淮河	闾河	50226700	王围孜	1983	河南省正阳县永兴乡王围孜村	114°33′	32°32′	
121	淮河	闾河	50226750	新丰集	1966	河南省正阳县王勿桥乡新丰集村	114°33′	32°36′	
122	淮河	闾河	50226800	王勿桥	1952	河南省正阳县王勿桥乡王勿桥村	114°37′	32°33′	
123	淮河	闾河	50226850	白店	1966	河南省息县白店乡白店村	114°50′	32°34′	
124	淮河	闾河	50226900	夏寨	1966	河南省息县东岳乡夏寨村	114°50′	32°34′	1980 年撤销
125	淮河	闾河	50226950	张陶	1966	河南省息县张陶乡张陶村	114°52′	32°29′	
126	淮河	闾河	50227000	包信	1951	河南省息县包信乡包信村	114°59′	32°33′	1965 年刊为东经 115°01′，北纬 32°35′
127	淮河	闾河	50227050	乌龙店	1955	河南省息县小茴店乡乌龙店村	115°03′	32°28′	1975 年刊为东经 115°03′，北纬 32°08′
128	淮河	淮河	50227100	芦集	1978	河南省淮滨县芦集乡芦集村	115°12′	32°24′	1981 年撤销
129	淮河	淮河	50227150	踅孜集	1951	河南省潢川县踅孜集镇	115°12′	32°20′	1965 年刊为东经 115°13′，北纬 32°21′
130	淮河	潢河	50227200	西畈	1978	河南省新县泗店乡西畈水库	114°54′	31°30′	
131	淮河	潢河	50227250	余河	1966	河南省新县泗店乡余河村	114°55′	31°29′	1971 年撤销
132	淮河	潢河	50227300	泗店	1966	河南省新县泗店乡范店村	114°53′	31°33′	1954～1956 年刊为范店站，1975 年刊为泗店渠首站
133	淮河	田铺河	50227350	塘畈	1974	河南省新县田铺乡塘畈村	115°01′	31°32′	
134	淮河	田铺河	50227400	田铺	1966	河南省新县田铺乡田铺村	114°58′	31°32′	
135	淮河	田铺河	50227450	香山	1973	河南省新县新集乡香山水库	114°54′	31°35′	
136	淮河	田铺河	50227500	水塝	1974	河南省新县田铺乡潢河村	114°56′	31°33′	
137	淮河	潢河	50227550	朱冲	1953	河南省新县代嘴乡朱冲村	114°59′	31°35′	1965 年刊为东经 115°00′，北纬 31°36′
138	淮河	潢河	50227600	范店	1954	河南省新县范店村	114°54′	31°36′	1957 年撤销
139	淮河	裴河	50227650	夏家店	1966	河南省新县城郊乡夏家店村	114°50′	31°32′	1971 年撤销

続表

序号	水系	河名	测站编码	站名	设站时间	观测场地址	坐标 东经	坐标 北纬	附注
140	淮河	裴河	50227700	八个稻场	1982	河南省新县新集乡八个稻场村	114°48′	31°37′	1989 年撤销
141	淮河	裴河	50227750	杨湾	1982	河南省新县新集镇杨湾村	114°50′	31°37′	
142	淮河	裴河	50227800	裴河	1982	河南省新县新集镇裴河村	114°51′	31°37′	
143	淮河	潢河	50227850	新县	1951	河南省新县新集镇	114°52′	31°37′	
144	淮河	潢河	50227900	浒湾	1971	河南省新县浒湾乡浒湾村	114°53′	31°43′	
145	淮河	泼陂河	50227950	周河	1965	河南省新县周河乡周河村	115°04′	31°37′	1965 年刊为东经115°02′,北纬31°37′
146	淮河	泼陂河	50228000	长洲河	1973	河南省新县八里乡长洲河水库	115°01′	31°41′	
147	淮河	泼陂河	50228050	李家南冲	1965	河南省新县八里乡李家南冲村	115°03′	31°42′	1965 年刊为东经115°00′,北纬31°44′,1985 年撤销
148	淮河	泼陂河	50228100	八里畈	1962	河南省新县八里乡八里畈村	114°59′	31°43′	1965 年刊为东经114°57′,北纬31°43′
149	淮河	泼陂河	50228150	新街	1965	河南省光山县泼河乡新街村	114°57′	31°42′	1968 年撤销
150	淮河	泼陂河	50228200	泼河	1953	河南省光山县泼河镇泼河水库	114°55′	31°47′	1970 年以前刊为泼陂河站
151	淮河	晏家河	50228300	老庙	1978	河南省新县城郊乡老庙村	114°48′	31°39′	1985 年撤销
152	淮河	晏家河	50228350	白马山	1978	河南省新县陡山河乡范河村	114°41′	31°41′	1981 年撤销
153	淮河	晏家河	50228400	陡山河	1953	河南省新县陡山河乡陡山河村	114°45′	31°42′	1965 年刊为东经114°44′,北纬31°39′
154	淮河	晏家河	50228450	千斤	1967	河南省新县千斤乡千斤村	114°41′	31°45′	1985 年撤销
155	淮河	晏家河	50228500	吴陈河	1966	河南省新县吴陈河乡吴陈河村	114°48′	31°45′	
156	淮河	晏家河	50228550	杨帆桥	1978	河南省光山县晏河乡冷寨(合水)村	114°50′	31°01′	1985 年撤销
157	淮河	潢河	50228600	万河	1976	河南省光山县槐店乡万河林场	114°51′	31°55′	
158	淮河	文殊河	50228650	文殊	1978	河南省光山县文殊乡柏树林村	114°46′	31°55′	
159	淮河	梁河	50228700	神埠	1977	河南省光山县城郊乡神埠水库			1981 年撤销
160	淮河	潢河	50228750	龙山	1952	河南省光山县城郊乡龙山村	114°52′	31°00′	1965 年撤销,2009 年恢复
161	淮河	潢河	50228800	光山	1951	河南省光山县城关镇	114°54′	32°01′	1933 年、1934 年有资料
162	淮河	潢河	50228850	王湾	1966	河南省光山县凉亭乡王湾村	115°04′	31°48′	2009 年以前站名刊为王湾

序号	水系	河名	测站编码	站名	设站时间	观测场地址	坐标 东经	坐标 北纬	附注
163	淮河	灵仙河	50228900	浏河	1978	河南省光山县砖桥乡苗湾村	114°59′	31°52′	1985 年撤销
164	淮河	潢河	50228950	彭店	1966	河南省潢川县彭店乡彭店村	115°02′	31°58′	
165	淮河	潢河	50229000	卜集	1978	河南省潢川县卜集乡卜集村	115°00′	31°03′	1985 年撤销
166	淮河	潢河	50229050	潢川	1931	河南省潢川县城关镇	115°03′	32°08′	
167	淮河	潢河	50229100	邬桥	1976	河南省潢川县魏岗乡邬桥水库	115°03′	32°12′	
168	淮河	潢河	50229150	来龙	1979	河南省潢川县来龙乡来龙村	115°08′	31°18′	1985 年撤销
169	淮河	乌龙港	50229200	新里	1978	河南省淮滨县新里集乡新里集村	115°10′	31°29′	1985 年撤销
170	淮河	马集港	50229250	马集	1966	河南省淮滨县马集乡马集村	115°15′	32°27′	
171	淮河	淮河	50229300	张庄	1976	河南省淮滨县张庄乡张庄村	115°21′	32°22′	
172	淮河	淮河	50229350	淮滨	1952	河南省淮滨县城关镇	115°25′	32°26′	
173	淮河	淮河	50229400	谷堆	1978	河南省淮滨县谷堆乡谷堆村	115°31′	31°25′	1985 年撤销
174	淮河	淮河	50229420	洪河口	1935	河南省淮滨县孙岗乡洪河村	115°34′	32°24′	1967 年撤销
175	淮河	白鹭河	50229450	卜店	1978	河南省新县沙窝乡下湾村	115°09′	31°37′	
176	淮河	白鹭河	50229500	熊家河	1952	河南省新县沙窝乡熊家河村	115°10′	31°37′	1970 年撤销
177	淮河	白鹭河	50229550	沙窝	1952	河南省新县沙窝乡沙窝村	115°07′	31°42′	
178	淮河	白鹭河	50229600	余集	1952	河南省商城县余集乡余集村	115°12′	31°44′	1965 年刊为东经 115°15′,北纬 31°46′
179	淮河	白鹭河	50229650	白雀园	1966	河南省光山县白雀乡白雀镇	115°06′	31°47′	
180	淮河	万家河	50229700	大石桥	1972	河南省商城县观庙乡大石桥水库	115°13′	31°48′	
181	淮河	万家河	50229750	晏湾	1972	河南省商城县汪桥公社晏湾村	115°09′	31°48′	1983 年撤销
182	淮河	万家河	50229800	观庙	1966	河南省商城县汪桥公社观庙村	115°10′	31°50′	1983 年撤销
183	淮河	万家河	50229850	罗围孜	1970	河南省商城县汪桥乡罗围孜村	115°11′	31°53′	1985 年撤销
184	淮河	白鹭河	50229900	双柳树	1955	河南省潢川县双柳树乡双柳树村	115°13′	31°55′	1965 年刊为东经 115°11′,北纬 31°56′,1985 ~ 2008 年年鉴错刊为 1975 年设立

序号	水系	河名	测站编码	站名	设站时间	观测场地址	坐标		附注
							东经	北纬	
185	淮河	白鹭河	50229950	双轮河	1952	河南省潢川县后袁围孜村	115°15′	31°55′	1961 年撤销
186	淮河	白鹭河	50230000	三里坪	1966	河南省商城县三里坪乡三里坪村	115°17′	31°54′	
187	淮河	白鹭河	50230050	传流店	1966	河南省潢川县传流店乡传流店村	115°12′	31°02′	
188	淮河	白鹭河	50230100	古塘	1978	河南省潢川县传流店乡古塘村	115°10′	32°07′	1985 年撤销
189	淮河	亚港河	50230150	胡桥	1978	河南省潢川县仁和乡刘老湾	115°06′	31°56′	1981 年撤销
190	淮河	白鹭河	50230200	白鹭河	1967	河南省潢川县黄岗乡白鹭河村	115°15′	32°14′	
191	淮河	白鹭河	50230250	石猴	1977	河南省潢川县上游岗乡石猴村			1985 年撤销
192	淮河	春河	50230300	关岗	1976	河南省潢川县江集乡红石桥	115°16′	31°56′	1985 年撤销
193	淮河	春河	50230350	张集	1965	河南省潢川县张集乡张大营村	115°18′	32°04′	1965 年刊为东经 115°17′,北纬 32°04′
194	淮河	春河	50230400	贺堰	1976	河南省潢川县桃林乡贺堰水库			1985 年撤销
195	淮河	白鹭河	50230450	北庙集	1951	河南省淮滨县北庙集乡北庙集村	115°23′	32°15′	1965 年刊为东经 115°25′,北纬 32°17′
196	淮河	白鹭河	50230500	期思	1976	河南省淮滨县期思乡期思村	115°28′	32°20′	
197	洪河	滚河	50320050	尚店	1952	河南省舞钢县尚店乡尚店村	113°27′	33°14′	1965 年刊为东经 115°28′,北纬 33°13′
198	洪河	滚河	50320100	刀子岭	1976	河南省舞钢县杨庄乡刀子岭村	113°33′	33°11′	
199	洪河	滚河	50320150	袁门	1956	河南省舞钢县杨庄乡袁门水库	113°31′	33°13′	1965 年刊为东经 113°29′,北纬 33°15′
200	洪河	滚河	50320200	柏庄	1956	河南省舞钢县杨庄乡柏庄村	113°27′	33°18′	
201	洪河	滚河	50320250	柴厂	1967	河南省舞阳工区尹集公社柴厂村	113°35′	33°13′	1985 年撤销
202	洪河	滚河	50320300	尹集	1952	河南省舞钢县尹集村	113°55′	33°15′	1957 年撤销
203	洪河	滚河	50320350	石漫滩	1952	河南省舞钢县石漫滩水库	113°33′	33°17′	1965 年刊为东经 113°34′,北纬 33°18′,1980 年撤销
204	洪河	滚河	50320400	滚河李	1980	河南省舞钢区武功乡滚河李村	113°35′	33°20′	1997 年撤销
205	洪河	洪河	50320450	安寨	1967	河南省舞钢县枣林乡安寨村	113°39′	33°23′	
206	洪河	洪河	50320500	出山	1976	河南省西平县出山乡焦之纲村	113°39′	33°18′	1985 年撤销
207	洪河	洪河	50320550	合水	1976	河南省西平县杨庄乡合水村	113°46′	33°21′	1985 年撤销

序号	水系	河名	测站编码	站名	设站时间	观测场地址	坐标		附注
							东经	北纬	
208	洪河	韦河	50320600	王楼	1967	河南省舞钢县枣林乡王楼村	113°33′	33°23′	
209	洪河	滚河	50320650	舞阳	1959	河南省舞钢县城关镇	113°37′	33°23′	1960 年撤销
210	洪河	洪溪河	50320700	吕店	1983	河南省西平县吕店乡吕店村	113°43′	33°23′	
211	洪河	棠溪河	50320750	黄湾	1967	河南省西平县酒店乡谭山水库	113°42′	33°19′	
212	洪河	吉斗河	50320800	秦王寺	1966	河南省遂平县槐树乡李兴楼村	113°39′	33°12′	
213	洪河	吉斗河	50320850	谭山	1975	河南省西平县酒店乡谭山水库	113°41′	33°15′	1979 年撤销
214	洪河	洪河	50320900	杨庄	1953	河南省西平县杨庄乡李湾村	113°50′	33°20′	1965 年刊为东经 113°54′,北纬 33°23′
215	洪河	洪河	50320950	桂李	1954	河南省西平县谭店乡桂李闸	113°58′	33°23′	
216	洪河	洪河	50321000	西平	1933	河南省西平县城关镇	114°01′	33°24′	1933～1937 年、1950～1952 年、1959～1970 年有统计资料
217	洪河	洪河	50321050	陈坡寨	1953	河南省西平县五沟营乡陈坡寨村	114°05′	33°25′	1985 年撤销
218	洪河	淤泥河	50321100	权寨	1976	河南省西平县权寨镇	113°52′	33°27′	
219	洪河	淤泥河	50321150	人和	1976	河南省西平县人和乡大郭村	114°02′	33°30′	
220	洪河	洪河	50321200	五沟营	1959	河南省西平县五沟营乡五沟营镇	114°16′	33°27′	1963～1965 年、1973～1975 年无资料
221	洪河	洪河	50321250	西洪桥	1952	河南省上蔡县西洪桥乡西洪村	114°17′	33°22′	1965 年刊为东经 114°18′,北纬 33°21′
222	洪河	洪河	50321300	塔桥	1959	河南省上蔡县塔桥村	114°26′	33°17′	1962 年撤销
223	洪河	杨岗河	50321350	杨岗	1967	河南省上蔡县齐海乡杨岗村	114°22′	33°18′	
224	洪河	杨岗河	50321400	洙湖	1952	河南省上蔡县洙湖乡	114°20′	33°16′	1956 年撤销
225	洪河	洪河	50321450	贺道桥	1959	河南省上蔡县洙湖乡贺道桥村	114°29′	33°13′	1965 年刊为东经 114°28′,北纬 33°13′
226	洪河	马肠河	50321500	上蔡	1933	河南省上蔡县蔡都镇	114°16′	33°17′	
227	洪河	马肠河	50321550	李集	1967	河南省汝南县留盆乡贾庄村	114°23′	33°07′	
228	洪河	洪河	50321600	射桥	1976	河南省平舆县射桥乡射桥村	114°36′	33°09′	1985 年撤销
229	洪河	洪河	50321650	张老人埠	1952	河南省平舆县张老人埠村	114°37′	33°06′	1957 年撤销
230	洪河	洪河	50321700	庙湾	1956	河南省平舆县庙湾乡庙湾镇	114°41′	33°05′	1965 年刊为东经 114°40′,北纬 33°04′

序号	水系	河名	测站编码	站名	设站时间	观测场地址	坐标		附注
							东经	北纬	
231	洪河	大黄港	50321750	贾岭	1967	河南省项城县贾岭乡贾岭村	114°51′	33°07′	1985 年撤销
232	洪河	洪河	50321800	小任庄	1967	河南省平舆县杨埠乡前邢寨村	114°49′	32°59′	
233	洪河	小清河	50321850	前岗	1976	河南省平舆县李屯乡前岗村	114°28′	33°00′	1985 年撤销
234	洪河	小清河	50321900	万寨	1957	河南省平舆县万冢乡大赵庄村	114°32′	33°04′	
235	洪河	小清河	50321950	平舆	1975	河南省平舆县城关镇	114°38′	32°57′	
236	洪河	小清河	50322000	万金店	1963	河南省平舆县万金店乡瓦房村	114°41′	32°52′	
237	洪河	洪河	50322030	常湾	1974	河南省新蔡县李桥乡常湾村	114°47′	32°54′	1992 年撤销,设李桥站
238	洪河	洪河	50322050	李桥	1992	河南省新蔡县李桥镇李桥集	114°51′	32°51′	
239	洪河	洪河	50322100	邢庄	1967	河南省新蔡县龙口乡邢庄村	114°55′	32°53′	
240	洪河	洪河	50322150	新蔡	1922	河南省新蔡县古城关镇丁湾村	114°59′	32°46′	1965 年刊为东经114°57′,北纬33°45′
241	洪河	沙河	50322200	梅林寺	1976	河南省泌阳县付庄乡梅林寺村	113°25′	32°57′	
242	洪河	沙河	50322250	对谷窑沟	1982	河南省泌阳县贾楼乡对谷窑沟村	113°22′	32°54′	
243	洪河	沙河	50322300	后稻谷田	1976	河南省泌阳县贾楼乡后稻谷田村	113°24′	32°54′	
244	洪河	沙河	50322350	林子岗	1982	河南省泌阳县付庄乡林子岗村	113°26′	32°55′	
245	洪河	沙河	50322400	立新	1976	河南省泌阳县付庄乡付庄村	113°28′	32°57′	1985 年刊为东经113°29′,北纬32°57′
246	洪河	汝河	50322450	龙王庙	1952	河南省泌阳县春水公社龙王庙村	113°28′	32°58′	1970 年刊为东经113°29′,北纬32°58′,1977 年撤销
247	洪河	汝河	50322500	贾楼	1952	河南省泌阳县贾楼乡贾楼村	113°27′	32°54′	
248	洪河	汝河	50322550	林场	1976	河南省泌阳县付庄乡黄岗村	113°29′	32°55′	1985 年撤销
249	洪河	汝河	50322600	蚂蚁沟	1963	河南省泌阳县付庄乡蚂蚁沟村	113°33′	32°56′	1965 年刊为东经113°34′,北纬32°56′
250	洪河	大沙河	50322650	桃花店	1962	河南省泌阳县黄山口乡茨园村	113°23′	33°01′	1965 年刊为东经113°22′,北纬33°02′
251	洪河	大沙河	50322700	火石山	1970	河南省泌阳县春水乡火石山水库	113°25′	33°02′	
252	洪河	大沙河	50322750	象河关	1952	河南省泌阳县象河关乡象河关村	113°26′	33°07′	
253	洪河	大沙河	50322800	双庙	1959	河南省泌阳县春水乡双庙村	113°31′	33°04′	1965 年刊为东经113°33′,北纬33°02′

序号	水系	河名	测站编码	站名	设站时间	观测场地址	坐标		附注
							东经	北纬	
254	洪河	大沙河	50322850	岗庄	1954	河南省泌阳县岗庄村	113°29′	33°02′	1958 年撤销
255	洪河	大沙河	50322900	时庄	1958	河南省泌阳县春水乡时庄村	113°30′	33°01′	
256	洪河	石河	50322950	石灰窑	1963	河南省泌阳县板桥乡石灰窑村	113°34′	33°07′	1976 年撤销
257	洪河	石河	50323000	芹菜沟	1973	河南省泌阳县板桥乡芹菜沟村	113°35′	33°06′	1976 年撤销
258	洪河	石河	50323050	口门	1978	河南省泌阳县板桥乡口门水库	113°37′	33°06′	1985 年撤销
259	洪河	石河	50323100	下陈	1966	河南省泌阳县下碑寺乡下陈村	113°34′	33°04′	
260	洪河	石河	50323150	林庄	1967	河南省泌阳县板桥乡林庄村	113°39′	33°03′	
261	洪河	石河	50323200	祖师庙	1956	河南省泌阳县板桥乡孙堰村	113°33′	33°01′	1976 年撤销
262	洪河	汝河	50323250	板桥	1951	河南省泌阳县板桥水库	113°38′	32°59′	1965 年刊为东经 113°38′,北纬 32°58′
263	洪河	汝河	50323300	张台	1977	河南省遂平县张台乡张台村	113°42′	33°04′	
264	洪河	汝河	50323350	嵖岈山	1976	河南省遂平县嵖岈山乡李庄村	113°44′	33°08′	
265	洪河	汝河	50323400	沙河店	1951	河南省泌阳县沙河店乡沙河店村	113°44′	33°00′	
266	洪河	汝河	50323450	文城	1976	河南省遂平县文城乡文城街	113°48′	33°03′	1985 年撤销
267	洪河	黄溪河	50323500	老君	1966	河南省泌阳县董岗乡马庄村	113°43′	32°55′	
268	洪河	黄溪河	50323550	鲁湾	1976	河南省确山县蚁蜂乡鲁湾村	113°50′	33°54′	1985 年撤销
269	洪河	汝河	50323600	臧集	1955	河南省确山县胡庙乡臧集村	113°52′	33°00′	1965 年刊为东经 113°56′,北纬 33°01′
270	洪河	汝河	50323650	诸市	1977	河南省遂平县诸市乡诸市街	113°52′	33°03′	1985 年撤销
271	洪河	汝河	50323700	亓楼	1966	河南省遂平县阳丰乡亓楼村	113°53′	33°06′	1976 年撤销
272	洪河	汝河	50323750	阳丰	1976	河南省遂平县阳丰乡赵庄	113°52′	33°08′	
273	洪河	汝河	50323800	遂平	1933	河南省遂平县车站乡赵庄	113°58′	33°08′	1965 年刊为东经 114°01′,北纬 33°10′
274	洪河	汝河	50323850	东风	1977	河南省遂平县关王庙乡关王庙村	113°58′	33°07′	1985 年撤销
275	洪河	南柳堰河	50323900	张桥	1963	河南省上蔡县黄埠乡张桥村	114°12′	33°12′	1965 年刊为东经 114°12′,北纬 33°12′,1973 年撤销
276	洪河	北柳堰河	50323950	神沟庙	1967	河南省遂平县沈寨乡神沟庙村	113°54′	33°17′	

序号	水系	河名	测站编码	站名	设站时间	观测场地址	坐标		附注
							东经	北纬	
277	洪河	北柳堰河	50324000	重渠	1967	河南省西平县重渠乡陈夹道村	114°05′	33°18′	
278	洪河	南柳堰河	50324050	焦庄	1967	河南省西平县焦庄乡粮库	114°03′	33°15′	
279	洪河	奎旺河	50324100	下宋	1959	河南省遂平县嵖岈山乡下宋村	113°54′	33°12′	
280	洪河	奎旺河	50324150	土山	1954	河南省遂平县土山镇	113°44′	33°11′	1959 年撤销
281	洪河	奎旺河	50324200	玉山	1976	河南省遂平县玉山乡姬庄村	113°49′	33°12′	1985 年撤销
282	洪河	奎旺河	50324250	奎旺河	1976	河南省遂平县和兴乡寄桥村	114°00′	33°10′	1981 年撤销
283	洪河	奎旺河	50324300	常庄	1976	河南省遂平县常庄乡常庄	114°05′	33°11′	1985 年撤销
284	洪河	北汝河	50324350	蔡埠口	1971	河南省上蔡县黄埠乡马埠口村	114°13′	33°13′	
285	洪河	练江河	50324400	胡庙	1965	河南省确山县胡庙乡胡庙村	113°54′	32°56′	
286	洪河	练江河	50324450	吴李庄	1967	河南省确山县胡庙乡吴李庄	113°56′	32°55′	
287	洪河	练江河	50324500	大张庄	1972	河南省驻马店市韩庄乡大张庄	113°58′	32°56′	1977 年撤销
288	洪河	练江河	50324550	刘阁	1967	河南省驻马店市刘阁乡刘阁庄	113°57′	32°59′	
289	洪河	练江河	50324600	小高庄	1967	河南省确山县刘阁乡小高庄	113°59′	32°54′	1985 年撤销
290	洪河	练江河	50324650	张庄	1962	河南省确山县香山乡张庄	114°00′	32°57′	1965 年刊为东经 114°08′,北纬 32°43′
291	洪河	练江河	50324700	驻马店	1921	河南省驻马店市老街乡黑泥沟村	114°01′	32°58′	
292	洪河	练江河	50324750	洪沟庙	1962	河南省确山县古城乡洪沟庙村	114°07′	32°55′	1985 年撤销
293	洪河	练江河	50324800	和庄	1956	河南省汝南县水屯乡大石庄	114°10′	32°58′	
294	洪河	练江河	50324850	羊楼	1954	河南省汝南县羊楼村	114°17′	33°01′	1957 年撤销
295	洪河	泥河	50324900	罗店	1967	河南省汝南县罗店乡罗店村	114°07′	33°04′	
296	洪河	宿鸭湖	50324950	楚铺	1976	河南省汝南县大王桥乡楚铺村	114°11′	33°01′	1985 年撤销
297	洪河	宿鸭湖	50325000	桂庄	1959	河南省汝南县宿鸭湖水库	114°18′	33°02′	
298	洪河	溱头河	50325050	柴岗	1965	河南省确山县竹沟镇柴岗村	113°41′	32°45′	
299	洪河	溱头河	50325100	段庄	1967	河南省确山县石滚河乡段庄村	113°41′	32°43′	

序号	水系	河名	测站编码	站名	设站时间	观测场地址	坐标		附注
							东经	北纬	
300	洪河	溱头河	50325150	竹沟	1953	河南省确山县竹沟乡竹沟镇	113°44′	32°47′	
301	洪河	溱头河	50325200	龙山口	1965	河南省确山县竹沟乡龙山口水库	113°48′	32°48′	
302	洪河	溱头河	50325250	石滚河	1965	河南省确山县石滚河乡石滚河村	113°46′	32°48′	
303	洪河	溱头河	50325300	刘楼	1953	河南省确山县石滚河乡刘楼村	113°45′	32°42′	
304	洪河	溱头河	50325350	王岗	1965	河南省确山县竹沟乡王岗村	113°48′	32°48′	1972 年撤销
305	洪河	溱头河	50325400	瓦岗	1952	河南省确山县瓦岗乡瓦岗村	113°49′	32°47′	
306	洪河	溱头河	50325450	芦庄	1957	河南省确山县瓦岗乡芦庄	113°51′	32°43′	1954～1955 年刊为程洼站,1956～1963 年刊为李庄站
307	洪河	溱头河	50325500	李庄	1957	河南省确山县瓦岗乡李庄村	113°54′	32°47′	1965 年撤销
308	洪河	溱头河	50325550	猴庙	1955	河南省确山县任店乡猴庙村	113°50′	32°39′	
309	洪河	溱头河	50325600	薄山	1951	河南省确山县薄山水库	113°57′	32°39′	
310	洪河	溱头河	50325650	新安店	1977	河南省确山县新安店乡朱庄村	114°01′	32°37′	
311	洪河	溱头河	50325700	邢河集	1951	河南省确山县普会寺公社邢河集村	114°05′	32°40′	1985 年撤销
312	洪河	溱头河	50325750	大黑刘庄	1967	河南省确山县留庄乡大黑刘庄	114°11′	32°37′	
313	洪河	溱头河	50325800	确山	1933	河南省确山县城关镇	114°01′	32°49′	
314	洪河	溱头河	50325850	焦庄	1971	河南省确山县刘店乡刘店镇	114°08′	32°48′	
315	洪河	溱头河	50325900	和孝店	1956	河南省汝南县和孝店乡和孝店镇	114°17′	32°44′	
316	洪河	韩溪河	50325950	康店	1976	河南省汝南县老君乡康店村	114°14′	32°54′	1985 年撤销
317	洪河	溱头河	50326000	夏屯	1958	河南省汝南县三桥乡杜庄	114°19′	32°55′	
318	洪河	溱头河	50326050	程洼	1953	河南省确山县程洼村	113°53′	32°20′	1956 年撤销
319	洪河	溱头河	50326100	陈湾	1954	河南省汝南县陈湾村	114°20′	32°56′	1958 年撤销
320	洪河	汝河	50326150	汝南	1933	河南省汝南县城关镇	114°22′	33°02′	1959 年撤销
321	洪河	汝河	50326200	沙口	1952	河南省汝南县三桥乡刘寨村	114°25′	32°53′	
322	洪河	汝河	50326250	高楼	1951	河南省平舆县高楼村	114°32′	32°54′	1955 年撤销

序号	水系	河名	测站编码	站名	设站时间	观测场地址	坐标		附注
							东经	北纬	
323	洪河	汝河	50326300	西洋店	1955	河南省平舆县西洋店村	114°32′	32°54′	1958 年撤销
324	洪河	汝河	50326350	下湾	1976	河南省汝南县张岗乡下湾村	114°31′	32°51′	1985 年撤销
325	洪河	文殊河	50326400	马乡	1976	河南省汝南县马乡乡沈庄	114°21′	32°47′	1985 年撤销
326	洪河	文殊河	50326450	余店	1976	河南省汝南县余店乡余店村	114°28′	32°47′	
327	洪河	汝河	50326500	孙庄	1967	河南省新蔡县蛟亭湖乡孙庄村	114°39′	32°44′	
328	洪河	慎水河	50326550	正阳	1933	河南省正阳县正阳镇陈庄	114°23′	32°37′	
329	洪河	慎水河	50326600	袁寨	1967	河南省正阳县袁寨乡小岗村	114°32′	32°41′	
330	洪河	汝河	50326650	小李湾	1964	河南省平舆县西洋店小李湾村	114°36′	32°46′	
331	洪河	汝河	50326700	汝南埠	1975	河南省正阳县汝南埠乡汝南埠村	114°44′	32°39′	
332	洪河	汝河	50326750	冯围孜	1967	河南省新蔡县佛阁寺乡冯围孜村	114°49′	32°41′	
333	洪河	汝河	50326800	薛庄	1952	河南省新蔡县黄园村	114°55′	32°41′	1964 年撤销
334	洪河	洪河	50326850	班台	1951	河南省新蔡县顿岗乡班台村	115°04′	32°43′	
335	洪河	洪河	50326900	化庄集	1957	河南省新蔡县化庄乡邵港渡村	115°08′	32°49′	
336	淮河	倒流水河	50326950	岗李店	1976	河南省息县岗李店乡岗李店村	114°59′	32°38′	
337	淮河	西马港	50327000	防胡	1977	河南省淮滨县防胡乡大程庄村	115°07′	32°33′	
338	淮河	洪河	50327100	赵集	1978	河南省淮滨县赵集乡赵集村	115°15′	32°35′	
339	淮河	黑河	50428100	逊母口	1957	河南省太康县逊母口乡逊母口村	114°42′	34°01′	1957 年刊为东经 114°42′,北纬 34°01′
340	淮河	黑河	50428200	李彩集	1967	河南省太康县符草楼乡李彩集村	114°53′	33°59′	
341	淮河	黑河	50428300	槐寺集	1967	河南省太康县符草楼乡槐寺集村	114°58′	33°55′	
342	淮河	黑河	50428400	刘坊店	1965	河南省淮阳县安岭镇刘坊店村	114°51′	33°53′	
343	淮河	黑河	50428500	临蔡	1978	河南省淮阳县临蔡乡临蔡村	114°58′	33°50′	1985 年撤销
344	淮河	黑河	50428600	李楼	1966	河南省郸城县李楼乡张清于庄	115°06′	33°46′	
345	淮河	黑河	50428650	邢老家	1960	河南省郸城县虎头岗乡邢老家村	115°15′	33°42′	1960～1980 年无资料,1992 年撤销

序号	水系	河名	测站编码	站名	设站时间	观测场地址	坐标		附注
							东经	北纬	
346	淮河	黑河	50428700	周堂桥	1960	河南省郸城县城郊乡周堂桥	115°15′	33°42′	1961~1964 年刊为周党桥站
347	淮河	黑河	50428800	贺店	1964	河南省鹿邑县辛集公社贺店村	115°04′	33°56′	1978~1980 年无资料,1985 年撤销
348	淮河	黑河	50428900	罗头张庄	1977	河南省郸城县南丰镇罗头张庄	115°26′	33°38′	
349	淮河	名河	50429000	郸城	1951	河南省郸城县城关镇	115°11′	33°39′	1951 年刊为东经 115°12′,北纬 33°39′
350	淮河	皇姑河	50429100	秋渠	1977	河南省郸城县秋渠乡秋渠村	115°21′	33°33′	
351	淮河	清水河	50429400	丁桥口	1977	河南省鹿邑县生铁冢乡丁桥口村	115°20′	33°48′	
352	淮河	清水河	50429500	张完集	1975	河南省郸城县张完集公社张完集村	115°30′	33°42′	
353	淮河	淮河	50522900	三河尖	1919	河南省固始县三河尖镇	115°54′	32°33′	
354	淮河	史河	50522950	孙滩	1978	河南省固始县陈淋乡孙滩	115°53′	31°47′	1981 年撤销
355	史河	史河	50523000	陈淋	1976	河南省固始县陈淋乡陈淋	115°53′	31°50′	
356	史河	史河	50523100	长兴	1976	河南省固始县黎集乡长兴集	115°53′	31°50′	1985 年撤销
357	史河	史河	50523200	黎集	1951	河南省固始县黎集乡黎集	115°51′	31°59′	
358	史河	史河	50523300	石佛	1976	河南省固始县石佛乡石佛	115°49′	32°04′	
359	史河	羊行河	50523400	武庙集	1955	河南省固始县武庙乡武庙集	115°47′	31°51′	
360	史河	急流涧	50523500	赵岗	1976	河南省固始县赵岗乡赵乡村	115°41′	31°58′	1985 年撤销
361	史河	石槽河	50523600	二道河	1978	河南省固始县方集乡二道河	115°36′	31°50′	
362	史河	子安河	50523700	方集	1958	河南省固始县方集乡方集	115°37′	31°53′	
363	史河	石槽河	50523800	郭陆滩	1956	河南省固始县郭陆滩乡	115°41′	32°03′	
364	史河	沙河	50523900	丰集	1976	河南省商城县丰集乡丰集	115°30′	31°50′	
365	史河	史河	50524000	固始	1933	河南省固始县城郊乡徐嘴子	115°42′	32°11′	
366	史河	灌河	50524100	黄柏山	1966	河南省商城县长竹园乡黄柏山村	115°20′	31°25′	
367	史河	百战坪河	50524200	百战坪	1976	河南省商城县长竹园乡百战坪	115°20′	31°27′	
368	史河	灌河	50524300	长竹园	1952	河南省商城县长竹园乡长竹园村	115°16′	31°30′	

序号	水系	河名	测站编码	站名	设站时间	观测场地址	坐标		附注
							东经	北纬	
369	史河	黑河	50524400	黑河	1978	河南省商城县达权店乡董氏祠	115°23′	31°33′	
370	游河	游河	50524500	上大造	1966	河南省商城县达权店乡上大造村	115°14′	31°33′	1987 年撤销
371	史河	灌河	50524600	新建坳	1977	河南省商城县达权店乡新建坳	115°20′	31°36′	
372	史河	灌河	50524700	杨家桥	1953	河南省商城县杨家桥村	115°23′	31°36′	1957 年撤销
373	史河	毛坪河	50524800	大木厂	1978	河南省商城县伏山乡大木厂	115°25′	31°38′	1985 年撤销
374	史河	普救河	50524900	枫香树	1963	河南省商城县伏山乡枫香树	115°21′	31°40′	
375	史河	下马河	50525000	余子店	1978	河南省商城县伏山乡余子店	115°28′	31°42′	1985 年撤销
376	史河	陶家河	50525020	河口	1977	河南省商城县四顾墩乡河口	115°27′	31°48′	1980 年撤销
377	史河	陶家河	50525080	铁佛寺	1977	河南省商城县城郊公社铁佛寺	115°25′	31°47′	1980 年撤销
378	史河	黄陂河	50525100	通城店	1963	河南省商城县冯店乡通城店	115°17′	31°38′	
379	史河	灌河	50525150	汤泉池	1986	河南省商城县吴河乡汤泉池村	115°20′	31°42′	
380	史河	灌河	50525200	鲇鱼山	1951	河南省商城县鲇鱼山水库	115°22′	31°44′	
381	史河	灌河	50525300	商城	1922	河南省商城县上石桥镇	115°28′	31°57′	1922 年、1923 年、1935~1937 年有资料,1938 年撤销
382	史河	灌河	50525400	双铺	1977	河南省商城县双铺乡双铺	115°23′	31°56′	1985 年撤销
383	史河	灌河	50525500	上石桥	1956	河南省商城县上石桥乡上石桥	115°26′	31°59′	
384	史河	灌河	50525600	白塔集	1956	河南省商城县白塔集镇	115°27′	32°03′	1963 年撤销
385	史河	灌河	50525700	马罡	1976	河南省固始县马罡会光村	115°25′	32°04′	
386	史河	灌河	50525800	宋集	1967	河南省固始县汪棚乡宋集村	115°37′	32°09′	
387	史河	灌河	50525900	丁家埠	1952	河南省固始县何家砦村	115°40′	32°11′	1957 年撤销
388	史河	灌河	50526000	胡族	1965	河南省固始县胡族乡胡族	115°28′	32°11′	
389	史河	灌河	50526100	阳关	1977	河南省固始县郊乡阳关镇	115°34′	32°11′	1981 年撤销
390	史河	灌河	50526200	杨集	1976	河南省固始县杨集乡杨集	115°31′	32°18′	
391	史河	灌河	50526300	洪埠	1976	河南省固始县洪埠乡洪埠	115°41′	32°16′	1985 年撤销

序号	水系	河名	测站编码	站名	设站时间	观测场地址	坐标 东经	坐标 北纬	附注
392	史河	史河	50526400	蒋家集	1951	河南省固始县蒋家集乡大埠口	115°44′	32°18′	
393	史河	灌河	50526500	老李集	1977	河南省固始县李店乡老李集	115°46′	32°22′	1985 年撤销
394	史河	史河	50526600	桥沟	1977	河南省固始县桥沟乡	115°47′	32°25′	
395	史河	灌河	50526700	分水	1976	河南省固始县分水乡固桥	115°49′	32°13′	1985 年撤销
396	史河	泉河	50526800	安山	1978	河南省固始县泉河乡安山	115°54′	32°15′	
397	史河	泉河	50526900	陈集	1968	河南省固始县陈集乡陈集	115°53′	32°17′	
398	颖河	颖河	50620050	钱岭	1966	河南省登封县君召乡钱岭村	112°52′	34°26′	
399	颖河	颖河	50620100	石道	1954	河南省登封县石道乡石道村	112°53′	34°22′	
400	颖河	颖河	50620150	大金店	1953	河南省登封县大金店乡大金店村	112°58′	34°22′	
401	颖河	颖河	50620200	西沟	1976	河南省登封县城关乡西沟村	112°55′	34°29′	
402	颖河	寺河	50620250	西白坪	1954	河南省登封县西白坪乡西白坪村	113°04′	34°19′	
403	颖河	颖河	50620300	登封	1931	河南省登封县城关镇西关	113°02′	34°28′	
404	颖河	颖河	50620350	会善寺	1955	河南省登封县会善寺村	113°03′	34°27′	1950 年以前有部分资料,1960 年、1961 年无资料,1964 年撤销
405	颖河	颖河	50620400	告成	1954	河南省登封县告成乡告成村	113°08′	34°24′	1954~1964 年刊为曲河站
406	颖河	石崇河	50620450	纸房	1976	河南省登封县芦店乡纸房水库	113°06′	34°32′	1985 年撤销
407	颖河	石漯河	50620500	芦店	1954	河南省登封县芦店镇芦店村	113°09′	34°28′	
408	颖河	颖河	50620550	曲河	1954	河南省登封县曲河村	113°11′	34°23′	1964 年撤销
409	颖河	马峪河	50620600	小张庄	1965	河南省登封县徐庄乡小张庄村	113°05′	34°17′	1968 年撤销
410	颖河	马峪河	50620650	徐庄	1965	河南省登封县徐庄乡徐庄村	113°10′	34°19′	
411	颖河	马峪河	50620700	鱼洞河	1954	河南省登封县马峪乡鱼洞河村	113°13′	34°20	1968 年撤销
412	颖河	朱洞河	50620750	王村	1976	河南省登封县王村乡王村	113°16′	34°22′	1985 年撤销
413	颖河	颖河	50620800	白沙	1951	河南省禹县白沙水库	113°15′	34°20′	
414	颖河	涌泉河	50620850	方山	1976	河南省禹县方山乡方山村	113°13′	34°15′	1985 年撤销

序号	水系	河名	测站编码	站名	设站时间	观测场地址	坐标		附注
							东经	北纬	
415	颍河	颍河	50620900	顺店	1966	河南省禹县顺店乡顺店村	113°20′	34°14′	
416	颍河	金山河	50620950	牛头	1976	河南省禹县苌庄乡郭楼村	113°21′	34°19′	
417	颍河	涌泉河	50621000	金盆	1979	河南省禹县鸠山乡金盆水库	113°08′	34°14′	1985 年撤销
418	颍河	涌泉河	50621050	鸠山	1953	河南省禹县鸠山乡唐庄村	113°09′	34°12′	
419	颍河	涌泉河	50621100	唐庄	1953	河南省禹县唐庄乡唐庄村	113°13′	34°14′	1970 年撤销
420	颍河	涌泉河	50621150	候沟	1979	河南省禹县磨街乡候沟村	113°10′	34°10′	1985 年撤销
421	颍河	涌泉河	50621200	纸坊	1979	河南省禹县方山镇纸坊水库	113°14′	34°13′	
422	颍河	书堂河	50621250	马家门	1967	河南省禹县浅井乡马家门村	113°24′	34°19′	1985 年撤销
423	颍河	颍河	50621300	禹州	1931	河南省禹县城关镇张良洞村	113°28′	34°10′	
424	颍河	颍河	50621350	颍桥	1953	河南省襄城县颍桥乡大桥村	113°37′	33°57′	1985 年撤销
425	颍河	颍河	50621400	化行	1984	河南省襄城县双庙乡化行村	113°40′	33°55′	
426	颍河	吴公渠	50621450	范湖	1967	河南省襄城县范湖乡范湖村	113°41′	33°51′	
427	颍河	黄花渠	50621500	韦寺	1973	河南省临颍县繁城乡韦寺村	113°44′	33°51′	1976 年撤销
428	颍河	黄花渠	50621550	大杜	1973	河南省临颍县繁城乡大杜村	113°47′	33°52′	1976 年撤销
429	颍河	黄花渠	50621600	扁担杨	1973	河南省临颍县繁城乡扁担杨	113°47′	33°50′	1976 年撤销
430	颍河	马拉河	50621650	姜庄	1966	河南省襄城县姜庄乡姜庄村	113°43′	33°44′	
431	颍河	马拉河	50621700	吕庄	1952	河南省郾城县吕庄村	113°51′	33°41′	1955 年撤销
432	颍河	颍河	50621750	商桥	1967	河南省郾城县商桥镇商桥村	113°58′	33°43′	
433	颍河	清潩河	50621800	千户寨	1976	河南省新郑县千户寨乡老龙窝村	113°32′	34°21′	1985 年撤销
434	颍河	清潩河	50621850	五虎赵	1976	河南省新郑县辛店乡五虎赵水库	113°38′	34°21′	1985 年撤销
435	颍河	清潩河	50621900	杨庄	1966	河南省新郑县观音寺乡杨庄水库	113°40′	34°20′	
436	颍河	清潩河	50621950	长葛	1922	河南省长葛县城关镇	113°40′	34°13′	1985 年刊为东经 113°46′
437	颍河	清潩河	50622000	古城	1959	河南省禹县古城镇唐凹村	113°34′	34°13′	

序号	水系	河名	测站编码	站名	设站时间	观测场地址	坐标		附注
							东经	北纬	
438	颍河	清潩河	50622050	泉店	1966	河南省许昌县灵井乡泉店村	113°37′	34°05′	1971 年撤销
439	颍河	清潩河	50622100	许昌	1951	河南省许昌县南平定街	113°50′	34°02′	
440	颍河	清水河	50622150	赵庄	1976	河南省许昌县蒋李集镇赵庄村	113°49′	33°58′	
441	颍河	清潩河	50622200	临颍	1933	河南省临颍县城关镇西五头村	113°57′	33°48′	
442	颍河	颍河	50622250	奉母	1977	河南省西华县奉母镇奉母村	114°10′	33°44′	
443	颍河	颍河	50622300	逍遥	1978	河南省西华县逍遥镇逍遥大闸	114°15′	33°46′	
444	颍河	莲花河	50622350	石象	1985	河南省长葛县石象乡石象村	113°56′	34°11′	
445	颍河	老潩河	50622400	五女店	1985	河南省许昌县五女店镇五女店村	114°01′	34°04′	
446	颍河	清流河	50622450	钱桥	1967	河南省鄢陵县只乐乡钱桥村	114°04′	33°57′	
447	颍河	清流河	50622500	屯沟	1958	河南省鄢陵县南坞乡屯沟村	114°14′	33°56′	
448	颍河	汨罗江	50622550	鄢陵	1933	河南省鄢陵县城关镇	114°11′	34°07′	
449	颍河	颍河	50622600	黄桥	1951	河南省西华县黄桥乡黄桥村	114°27′	33°46′	1952~1957 年有蒸发项目
450	颍河	颍河	50622650	李湾	1951	河南省西华县李湾村	114°23′	33°47′	1959 年以前刊为朱湾,1988 年撤销
451	颍河	颍河	50622700	石坡	1967	河南省西华县迟营乡石坡村	114°30′	33°43′	
452	颍河	沙河	50622750	独嘴	1976	河南省鲁山县二郎庙乡独嘴村	112°17′	33°47′	
453	颍河	沙河	50622800	下坪	1966	河南省鲁山县二郎庙乡下坪村	112°21′	33°44′	
454	颍河	沙河	50622850	二郎庙	1951	河南省鲁山县二郎庙乡二郎庙村	112°23′	33°45′	
455	颍河	沙河	50622900	坪沟	1962	河南省鲁山县四棵树乡坪沟村	112°28′	33°42′	
456	颍河	千眼沟	50622950	东下坪	1976	河南省鲁山县二郎庙乡千眼沟村	112°26′	33°41′	
457	颍河	沙河	50623000	双石滚	1976	河南省鲁山县二郎庙乡双石碑村	112°22′	33°48′	
458	颍河	沙河	50623050	赵村	1976	河南省鲁山县赵村乡赵村	112°28′	33°45′	
459	颍河	沙河	50623100	白草坪	1954	河南省鲁山县赵村乡白草坪村	112°29′	33°49′	
460	颍河	三叉口河	50623150	南庄	1972	河南省鲁山县赵村乡南庄村	112°33′	33°48′	1976 年撤销

序号	水系	河名	测站编码	站名	设站时间	观测场地址	坐标		附注
							东经	北纬	
461	颖河	三叉口河	50623200	二道沟	1972	河南省鲁山县赵村乡二道沟村	112°35′	33°48′	1976 年撤销
462	颖河	三叉口河	50623250	三叉口	1972	河南省鲁山县赵村乡三叉口村	112°33′	33°46′	1976 年撤销
463	颖河	沙河	50623300	中汤	1961	河南省鲁山县赵村乡中汤村	112°34′	33°45′	
464	颖河	四棵树河	50623350	合庄	1954	河南省鲁山县四棵树乡合庄村	112°33′	33°38′	
465	颖河	清水河	50623400	牛王庙	1976	河南省鲁山县鸡冢乡牛王庙村	112°38′	33°38′	1985 年撤销
466	颖河	四棵树河	50623450	南沟	1976	河南省鲁山县四棵树乡南沟村	112°35′	33°41′	
467	颖河	太山庙河	50623500	豹子沟	1961	河南省鲁山县鸡冢乡石碑湾村	112°40′	33°37′	
468	颖河	太山庙河	50623550	鸡冢	1963	河南省鲁山县鸡冢乡鸡冢村	112°41′	33°38′	
469	颖河	太山庙河	50623600	五道庙	1966	河南省鲁山县鸡冢乡五道庙村	112°41′	33°37′	
470	颖河	太山庙河	50623650	玉皇庙	1963	河南省鲁山县鸡冢乡玉皇庙村	112°41′	33°38′	
471	颖河	太山庙河	50623700	九道沟	1966	河南省鲁山县鸡冢乡九道沟村	112°43′	33°38′	
472	颖河	太山庙河	50623750	鸡冢(二)	1957	河南省鲁山县鸡冢乡西坡村	112°42′	33°39′	
473	颖河	沙河	50623800	下汤	1951	河南省鲁山县下汤乡林楼村	112°41′	33°43′	
474	颖河	沙河	50623850	玉皇庙	1978	河南省鲁山县库区玉皇庙村	112°43′	33°44′	
475	颖河	琉璃河	50623900	磁盘岭	1976	河南省鲁山县瓦屋乡磁盘岭村	112°38′	33°50′	
476	颖河	乱石盘河	50623950	王化庄	1979	河南省鲁山县下汤乡王化庄村	112°40′	33°47′	汛期站,1985 年撤销
477	颖河	荡泽河	50624000	背孜街	1962	河南省鲁山县背孜街乡背孜街村	112°36′	33°58′	
478	颖河	长河	50624050	井河口	1976	河南省鲁山县背孜街乡井河口村	112°32′	33°55′	
479	颖河	荡泽河	50624100	土门	1966	河南省鲁山县土门乡土门村	112°35′	33°53′	
480	颖河	荡泽河	50624150	叶坪	1985	河南省鲁山县土门乡叶坪村	112°36′	33°49′	
481	颖河	荡泽河	50624200	瓦屋	1953	河南省鲁山县瓦屋乡瓦屋村	112°40′	33°53′	
482	颖河	荡泽河	50624250	下孤山	1961	河南省鲁山县观音寺乡下孤山村	112°43′	33°52′	
483	颖河	荡泽河	50624300	曹楼	1952	河南省鲁山县库区乡曹楼村	112°45′	33°47′	

序号	水系	河名	测站编码	站名	设站时间	观测场地址	坐标		附注
							东经	北纬	
484	颍河	沙河	50624350	昭平台	1959	河南省鲁山县昭平台水库	112°46′	33°43′	
485	颍河	瀼河	50624400	响潭沟	1979	河南省鲁山县熊背乡响潭沟村	112°45′	33°36′	
486	颍河	瀼河	50624450	三间房	1967	河南省鲁山县熊背乡三间房村	112°50′	33°38′	1976 年撤销
487	颍河	瀼河	50624500	熊背	1967	河南省鲁山县熊背乡熊背村	112°49′	33°40′	
488	颍河	白河	50624550	堂南岭	1976	河南省鲁山县仓头乡堂南岭村	112°46′	33°54′	
489	颍河	香盘河	50624600	袁寨	1980	河南省鲁山县库区乡袁寨村	112°54′	33°43′	1985 年撤销
490	颍河	沙河	50624650	鲁山	1933	河南省鲁山县张店乡梁庄村	112°54′	33°45′	
491	颍河	肥河	50624700	马楼	1976	河南省鲁山县马楼乡马楼村	112°59′	33°41′	1980 年撤销
492	颍河	南里河	50624750	梁洼	1967	河南省鲁山县梁洼镇梁洼村	112°56′	33°51′	
493	颍河	沙河	50624800	辛集	1976	河南省鲁山县辛集乡辛集村	113°00′	33°47′	1985 年撤销
494	颍河	沙河	50624850	白村	1961	河南省鲁山县白村	113°01′	33°44′	1962 年、1963 年无资料,1964 年撤销
495	颍河	澎河	50624900	栗树底	1979	河南省南召县皇后乡栗树底村	112°50′	33°33′	1985 年撤销
496	颍河	澎河	50624950	李庄	1979	河南省方城县四里店乡李庄村	112°53′	33°30′	
497	颍河	澎河	50625000	达店	1957	河南省方城县四里店乡达店村	112°53′	33°33′	1965 年刊为东经 112°48′,北纬 33°31′
498	颍河	澎河	50625050	张庄	1979	河南省方城县四里店乡张庄村	112°54′	33°36′	汛期站
499	颍河	澎河	50625100	澎河	1966	河南省鲁山县马楼乡宋口村	113°00′	33°39′	
500	颍河	沙河	50625150	滍阳	1953	河南省平顶山市薛庄乡薛庄村	113°08′	33°47′	
501	颍河	沙河	50625200	白龟山	1954	河南省平顶山市白龟山水库	113°14′	33°42′	
502	颍河	沙河	50625250	叶县	1922	河南省叶县城关镇刘家门村	113°20′	33°37′	
503	颍河	沙河	50625300	胡庄	1953	河南省舞阳县胡庄	113°41′	33°40′	1953 年、1955 年无资料,1958 年撤销
504	颍河	北汝河	50625350	孙店	1954	河南省嵩县车村镇下地村	112°03′	33°47′	
505	颍河	北汝河	50625400	车村	1977	河南省嵩县车村乡车村	112°07′	33°48′	1985 年撤销
506	颍河	北汝河	50625450	龙王庙	1954	河南省嵩县车村镇树仁村	112°12′	33°47′	

序号	水系	河名	测站编码	站名	设站时间	观测场地址	坐标		附注
							东经	北纬	
507	颍河	北汝河	50625500	两河口	1951	河南省嵩县车村镇两河口村	112°16′	33°52′	
508	颍河	北汝河	50625550	蝉螳	1954	河南省嵩县木植街乡蝉螳村	112°05′	33°54′	
509	颍河	北汝河	50625600	木植街	1962	河南省嵩县木植街乡木植街村	112°10′	33°58′	
510	颍河	北汝河	50625650	黄庄	1953	河南省嵩县黄庄乡黄庄村	112°16′	34°05′	
511	颍河	靳村河	50625700	排路	1966	河南省汝阳县付店镇排路村	112°15′	33°51′	1985 年刊为东经 112°17′,北纬 33°50′
512	颍河	靳村河	50625750	沙坪	1967	河南省汝阳县靳村乡靳村	112°15′	33°55′	
513	颍河	汝河	50625800	小白	1954	河南省汝阳县小白村	112°19′	33°58′	1957 年撤销
514	颍河	付店河	50625850	付店	1953	河南省汝阳县付店镇付店村	112°21′	33°56′	
515	颍河	北汝河	50625900	娄子沟	1953	河南省汝阳县竹园乡窑厂村	112°21′	34°06′	
516	颍河	莘椿河	50625950	十八盘	1977	河南省汝阳县十八盘乡十八盘村	112°25′	34°02′	
517	颍河	北汝河	50626000	秦亭	1966	河南省汝阳县柏树乡秦亭村	112°23′	34°12′	
518	颍河	马兰河	50626050	王坪	1962	河南省汝阳县王坪乡王坪村	112°28′	33°56′	
519	颍河	马兰河	50626100	三屯	1955	河南省汝阳县三屯乡三屯村	112°30′	34°04′	
520	颍河	莲溪寺沟	50626150	龙化沟	1972	河南省汝阳县小店乡龙化沟村	112°30′	34°13′	1983 年撤销
521	颍河	莲溪寺沟	50626200	马山口	1971	河南省汝阳县小店乡马山口村	112°31′	34°13′	1983 年撤销
522	颍河	莲溪寺沟	50626250	闫爬	1971	河南省汝阳县小店乡闫爬村	112°31′	34°12′	1983 年撤销
523	颍河	莲溪寺沟	50626300	白堂沟	1971	河南省汝阳县小店乡白堂沟村	112°31′	34°12′	1983 年撤销
524	颍河	莲溪寺沟	50626350	里沟	1971	河南省汝阳县小店乡里沟村	112°31′	34°12′	1983 年撤销
525	颍河	莲溪寺沟	50626400	莲溪寺	1971	河南省汝阳县小店乡莲溪寺	112°31′	34°11′	1983 年撤销
526	颍河	北汝河	50626450	紫罗山	1951	河南省汝阳县小店镇紫罗山坡下	112°31′	34°10′	
527	颍河	北汝河	50626500	临汝镇	1953	河南省临汝县临汝镇乡郝寨村	112°36′	34°16′	
528	颍河	荆河	50626550	夏店	1963	河南省临汝县夏店乡夏店村	112°44′	34°17′	
529	颍河	康河	50626600	寄料街	1957	河南省临汝县寄料乡寄料街村	112°38′	34°03′	

序号	水系	河名	测站编码	站名	设站时间	观测场地址	坐标		附注
							东经	北纬	
530	颍河	颍河	50626650	纸房店	1953	河南省临汝县牛圪塔村	112°56′	34°16′	1958 年撤销
531	颍河	北汝河	50626700	汝州	1931	河南省临汝县汝州镇郭庄村	112°51′	34°09′	
532	颍河	蟒川河	50626750	蟒川	1963	河南省临汝县蟒川乡尹村	112°46′	34°03′	
533	颍河	黄涧河	50626800	棉花窑	1963	河南省临汝县大峪店乡棉花窑村	113°00′	34°17′	
534	颍河	黄涧河	50626850	班庄	1975	河南省临汝县大峪店乡东窑村	113°02′	34°16′	汛期站,1985 年撤销
535	颍河	黄涧河	50626900	大泉	1963	河南省临汝县大峪店乡路泉村	112°59′	34°15′	
536	颍河	黄涧河	50626950	十字口	1972	河南省临汝县大峪店乡十字口村	113°01′	34°15′	1975 年撤销
537	颍河	黄涧河	50627000	大峪店	1957	河南省临汝县大峪店乡大峪店村	113°02′	34°15′	
538	颍河	黄涧河	50627050	许台	1965	河南省临汝县大峪店乡许台村	113°00′	34°13′	1964 年以前刊为安沟站
539	颍河	黄涧河	50627100	安沟	1958	河南省临汝县纸房乡安沟村	112°57′	34°08′	1965 年撤销
540	颍河	蝗牛河	50627150	小河	1976	河南省郏县茨芭乡大石鹏村	113°04′	34°08′	
541	颍河	北汝河	50627200	韩店	1955	河南省郏县薛店乡韩店村	113°03′	34°02′	
542	颍河	青龙河	50627250	老虎洞	1976	河南省郏县黄道乡老虎洞水库	113°08′	34°05′	
543	颍河	北汝河	50627300	渣元	1979	河南省郏县渣元乡渣元村	113°09′	33°59′	汛期站,1985 年撤销
544	颍河	北汝河	50627350	郏县(城关)	1971	河南省郏县城关镇	113°12′	33°59′	
545	颍河	石河	50627400	龙兴寺	1976	河南省宝丰县前营乡龙兴寺水库	112°50′	34°00′	
546	颍河	朝川河	50627450	小屯街	1977	河南省临汝县小屯乡小屯村	112°56′	34°03′	1985 年撤销
547	颍河	净肠河	50627500	大营	1957	河南省宝丰县大营乡大营村	112°53′	33°56′	
548	颍河	玉带河	50627550	河陈	1976	河南省宝丰县张八桥乡河陈村	112°57′	33°53′	
549	颍河	净肠河	50627600	宝丰	1931	河南省宝丰县城关镇高庄村	113°02′	33°52′	
550	颍河	北汝河	50627650	郏县	1933	河南省郏县堂街镇刘家冏村	113°19′	33°55′	
551	颍河	北汝河	50627700	闹店	1979	河南省宝丰县闹店乡闹店村	113°13′	33°51′	汛期站,1985 年撤销

序号	水系	河名	测站编码	站名	设站时间	观测场地址	坐标		附注
							东经	北纬	
552	颍河	肖河	50627750	神后	1953	河南省禹州市神后镇	113°13′	34°07′	
553	颍河	肖河	50627800	老山薛	1967	河南省郏县安良乡老山薛村	113°13′	34°05′	1985 年撤销
554	颍河	肖河	50627850	牛村	1967	河南省郏县安良乡牛村	113°15′	34°04′	1985 年撤销
555	颍河	肖河	50627900	刘武店	1967	河南省郏县安良镇刘武店村	113°17′	34°02′	
556	颍河	吕梁江	50627950	辛庄	1967	河南省禹县张得乡辛庄	113°26′	34°04′	1985 年撤销
557	颍河	兰河	50628000	冢头	1979	河南省郏县冢头乡陈寨	113°21′	34°01′	汛期站,1985 年撤销
558	颍河	北汝河	50628050	襄城	1941	河南省襄城县城关镇	113°28′	33°51′	
559	颍河	北汝河	50628100	大陈	1979	河南省襄城县山头店乡大陈村	113°34′	33°49′	
560	颍河	湛河	50628150	东高皇	1967	河南省平顶山市东高皇乡东高皇村	113°22′	33°45′	
561	颍河	灰河	50628200	桔茨园	1967	河南省鲁山县张官营镇桔茨园村	113°10′	33°34′	
562	颍河	灰河	50628250	水寨	1976	河南省叶县水寨乡水寨村	113°33′	33°37′	
563	颍河	沙河	50628300	马湾	1955	河南省舞阳县莲花镇马湾村	113°45′	33°36′	
564	颍河	泥河	50628350	纸房	1976	河南省舞阳县莲花镇纸房退水闸	113°49′	33°36′	
565	颍河	沙河	50628400	十五里店	1979	河南省郾城县龙城镇十五里店村	113°55′	33°36′	汛期站
566	颍河	澧河	50628450	油坊庄	1965	河南省方城县四里店乡葡萄庄村	112°54′	33°26′	汛期站
567	颍河	澧河	50628500	四里店	1955	河南省方城县四里店乡四里店村	112°55′	33°28′	
568	颍河	澧河	50628550	大田庄	1965	河南省方城县拐河镇大田庄村	113°00′	33°25′	
569	颍河	澧河	50628600	母猪窝	1965	河南省方城县拐河镇母猪窝村	112°57′	33°30′	
570	颍河	澧河	50628650	拐河	1955	河南省方城县拐河镇拐河村	113°00′	33°28′	1965 年刊为东经 113°01′,北纬 33°27′
571	颍河	澧河	50628700	板凳沟	1965	河南省方城县拐河镇板凳沟村	113°04′	33°26′	汛期站,1965 年刊为东经 113°00′,北纬 33°24′
572	颍河	澧河	50628750	横山马	1962	河南省方城县拐河镇横山马村	112°59′	33°32′	
573	颍河	澧河	50628800	孤石滩	1950	河南省叶县常村乡小呼沱村	113°06′	33°30′	
574	颍河	澧河	50628850	常村	1951	河南省叶县常村	113°07′	33°32′	1955 年撤销

序号	水系	河名	测站编码	站名	设站时间	观测场地址	坐标		附注
							东经	北纬	
575	颍河	烧车河	50628900	高庄	1976	河南省叶县保安镇罗冲村	113°15′	33°28′	汛期站
576	颍河	澧河	50628950	旧县	1966	河南省叶县旧县乡旧县村	113°17′	33°30′	汛期站
577	颍河	干江河	50629000	马道	1966	河南省方城县二郎庙乡马道村	113°04′	33°13′	
578	颍河	脱脚河	50629050	金汤寨	1954	河南省方城县古庄店乡金汤寨村	113°06′	33°16′	
579	颍河	干江河	50629100	吴沟	1966	河南省方城县古庄店乡吴沟村	113°13′	33°14′	汛期站
580	颍河	干江河	50629150	范沟	1976	河南省方城县小史店镇二郎店村	113°13′	33°07′	
581	颍河	干江河	50629200	小史店	1951	河南省方城县小史店镇小史店村	113°19′	33°09′	
582	颍河	颍河	50629250	前李庄	1954	河南省方城县前李庄村	113°14′	33°12′	1957 年撤销
583	颍河	干江河	50629300	治平	1966	河南省方城县杨楼乡治平村	113°17′	33°15′	
584	颍河	贾河	50629350	小刘庄	1966	河南省方城县独树镇小刘庄村	113°04′	33°23′	
585	颍河	贾河	50629400	大辛庄	1976	河南省方城县独树乡大辛庄	113°07′	33°24′	汛期站,1985 年撤销
586	颍河	贾河	50629450	独树	1953	河南省方城县独树镇独树村	113°09′	33°20′	
587	颍河	贾河	50629500	蔡岗	1967	河南省方城县古庄店乡蔡岗村	113°13′	33°17′	汛期站
588	颍河	贾河	50629550	刘岗	1967	河南省方城县杨楼乡刘岗村	113°16′	33°20′	汛期站
589	颍河	干江河	50629600	保安	1976	河南省叶县保安乡保安村	113°14′	33°23′	1985 年撤销
590	颍河	干江河	50629650	官寨	1954	河南省叶县辛店乡新杨庄村	113°19′	33°23′	2009 年撤销
591	颍河	大梁沟	50629700	关庄	1973	河南省叶县辛店乡关庄村	113°24′	33°22′	汛期站,1976 年撤销
592	颍河	大梁沟	50629750	高先沟	1973	河南省叶县辛店乡高先沟	113°22′	33°22′	汛期站,1976 年撤销
593	颍河	大梁沟	50629800	杨茂吴	1973	河南省叶县辛店乡杨茂吴村	113°22′	33°23′	汛期站,1976 年撤销
594	颍河	澧河	50629850	上澧河店	1976	河南省舞阳县保和乡关庄村	113°20′	33°30′	1983 年撤销
595	颍河	马子河	50629900	孟寨	1979	河南省舞阳县孟寨乡孟寨村	113°37′	33°33′	汛期站
596	颍河	澧河	50629950	何口	1955	河南省舞阳县姜店乡冻庄村	113°44′	33°32′	1985 年刊为东经 113°44′,北纬 33°31′
597	颍河	枯河	50630000	下魏	1952	河南省郾城县下魏村	113°23′	33°34′	1956 年撤销

###

续表

序号	水系	河名	测站编码	站名	设站时间	观测场地址	坐标		附注
							东经	北纬	
598	颍河	唐河	50630050	保和	1955	河南省舞阳县保和乡保和村	113°31′	33°27′	
599	颍河	唐河	50630100	坡杨	1976	河南省舞阳县吴城镇坡杨村	113°43′	33°30′	
600	颍河	唐河	50630150	问十	1967	河南省郾城县问十乡问十村	113°49′	33°28′	汛期站
601	颍河	沙河	50630200	漯河	1931	河南省漯河市源汇区	114°02′	33°35′	
602	颍河	沙河	50630220	张庄	1978	河南省西华县西夏镇张庄村	114°22′	33°42′	汛期站
603	颍河	贾鲁河	50630250	白寨	1964	河南省密县白寨乡白寨村	113°31′	34°36′	
604	颍河	贾鲁河	50630300	山白	1982	河南省密县白寨乡山白村	113°28′	34°37′	汛期站,1987年撤销,设高庙站
605	颍河	贾鲁河	50630350	三李	1982	河南省郑州市侯寨乡三李村	113°32′	34°38′	汛期站
606	颍河	贾鲁河	50630370	高庙	1987	河南省郑州市刘胡垌乡高庙村	113°30′	34°38′	
607	颍河	贾鲁河	50630400	申河	1975	河南省郑州市刘胡垌乡申河村	113°31′	34°39′	汛期站,1982年撤销,设山白站
608	颍河	贾鲁河	50630450	牛王庙嘴	1964	河南省郑州市侯寨乡牛王庙嘴村	113°35′	34°37′	1965年刊为东经113°33′,北纬34°43′
609	颍河	贾鲁河	50630500	杨垛	1954	河南省郑州市杨垛村	113°37′	34°39′	1956年撤销
610	颍河	贾鲁河	50630550	尖岗	1954	河南省郑州市侯寨乡尖岗水库	113°34′	34°42′	
611	颍河	贾鲁河	50630600	郑州	1931	河南省郑州市南郊丘寨	113°34′	34°47′	1966年撤销
612	颍河	贾鲁河	50630650	常庙	1954	河南省郑州市须水乡常庙村	113°33′	34°43′	1970年撤销
613	颍河	贾峪河	50630700	小王庄	1967	河南省密县袁庄乡小王庄	113°24′	34°36′	汛期站
614	颍河	贾峪河	50630750	双楼郭	1954	河南省荥阳县双楼郭镇	113°29′	34°42′	1957年撤销
615	颍河	贾峪河	50630800	常庄	1980	河南省郑州市须水乡常庄水库	113°33′	34°44′	2009年以后增加蒸发项目
616	颍河	贾峪河	50630850	申富嘴	1954	河南省郑州市郊申富嘴村	113°34′	34°40′	1960年撤销
617	颍河	潀河	50630900	张花岭	1979	河南省密县袁庄乡张花岭村	113°22′	34°36′	汛期站,1985年撤销
618	颍河	潀河	50630950	邵寨	1966	河南省荥阳县崔庙乡邵寨村	113°22′	34°39′	汛期站,1985年撤销
619	颍河	潀河	50631000	老邢	1980	河南省荥阳县贾峪乡老邢水库	113°25′	34°38′	
620	颍河	潀河	50631050	孙家台	1979	河南省荥阳县贾峪乡王村	113°25′	34°40′	汛期站,1985年撤销

序号	水系	河名	测站编码	站名	设站时间	观测场地址	坐标		附注
							东经	北纬	
621	颖河	漯河	50631100	王宗店	1979	河南省荥阳县崔庙乡王宗店村	113°19′	34°38′	
622	颖河	漯河	50631150	竹园	1979	河南省荥阳县崔庙乡黄沟村	113°19′	34°41′	汛期站,1985 年撤销
623	颖河	漯河	50631200	丁店	1979	河南省荥阳县乔楼乡丁店水库	113°23′	34°43′	1992 年撤销
624	颖河	漯河	50631250	荥阳	1933	河南省荥阳县城关镇南街	113°22′	34°47′	1954～1956 年有蒸发项目,1965 年刊为东经 113°23′,北纬 34°40′
625	颖河	潮河	50631300	司赵	1966	河南省郑州市南曹乡司赵村	113°48′	34°41′	
626	颖河	油坊头沟	50631350	三刘寨	1976	河南省中牟县万滩乡三刘寨闸	113°57′	34°53′	汛期站,1985 年撤销
627	颖河	十八里河	50631400	后湖	1976	河南省新郑县小桥乡后湖水库	113°40′	34°37′	1985 年撤销
628	颖河	潮河	50631450	孟庄	1976	河南省新郑县孟庄乡谢庄车站	113°48′	34°36′	1985 年撤销
629	颖河	贾鲁河	50631500	大吴	1967	河南省中牟县刘集乡大吴村	113°51′	34°49′	汛期站
630	颖河	七里河	50631550	白沙	1976	河南省中牟县白沙村	113°53′	34°44′	汛期站,1985 年撤销
631	颖河	贾鲁河	50631600	中牟	1953	河南省中牟县官渡镇邢庄	114°02′	34°44′	1965 年刊为东经 113°59′,北纬 34°42′
632	颖河	新沙河	50631650	姚家	1976	河南省中牟县姚家乡姚家庄	114°02′	34°40′	汛期站,1980 年年鉴刊为东经 114°01′,1985 年撤销
633	颖河	丈八沟	50631700	八岗	1966	河南省中牟县八岗乡八岗村	113°56′	34°36′	
634	颖河	马河	50631750	坡东李	1972	河南省中牟县刁家乡坡东李村	114°05′	34°33′	
635	颖河	贾鲁河	50631800	歇马营	1976	河南省尉氏县庄头乡歇马营村	114°13′	34°31′	
636	颖河	贾鲁河	50631850	尉氏	1933	河南省尉氏县张市乡五里河村	114°10′	34°25′	1967 年撤销
637	颖河	贾鲁河	50631900	高集	1978	河南省扶沟县白潭乡高集村	114°22′	34°15′	汛期站
638	颖河	康沟河	50631950	大营	1964	河南省尉氏县大营乡大营林场	114°02′	34°26′	
639	颖河	康沟河	50632000	大桥	1966	河南省尉氏县大桥乡大桥村	114°09′	34°24′	
640	颖河	康沟河	50632050	西黄庄	1966	河南省尉氏县南曹乡西黄庄村	114°09′	34°18′	
641	颖河	双洎河	50632100	李湾	1963	河南省密县牛店乡李湾水库	113°13′	34°30′	1965 年刊为东经 113°13′,北纬 34°34′
642	颖河	双洎河	50632150	尖山	1976	河南省密县尖山乡尖山村	113°15′	34°37′	
643	颖河	双洎河	50632200	密县	1931	河南省密县城关镇	113°22′	34°31′	1965 年刊为东经 113°23′,北纬 34°31′

序号	水系	河名	测站编码	站名	设站时间	观测场地址	坐标		附注
							东经	北纬	
644	颍河	双洎河	50632250	大冶	1966	河南省登封县大冶镇大冶村	113°15′	34°27′	
645	颍河	双洎河	50632300	饮虎泉	1966	河南省密县平陌乡马坡村	113°21′	34°23′	1975 年刊为东经 113°21′,北纬 34°26′
646	颍河	双洎河	50632350	王村	1976	河南省密县超化乡王村	113°24′	34°28′	
647	颍河	双洎河	50632400	大潭嘴	1963	河南省密县苟堂乡大潭嘴村	113°29′	34°28′	1965 年刊为东经 113°30′,北纬 34°24′
648	颍河	双洎河	50632450	云岩宫	1976	河南省密县刘寨乡云岩宫水库	113°32′	34°28′	1985 年撤销
649	颍河	双洎河	50632500	岳村	1976	河南省密县岳村乡桥沟村	113°28′	34°38′	
650	颍河	双洎河	50632550	曲梁	1965	河南省密县曲梁乡马士骑沟村	113°36′	34°31′	1965 年刊为东经 113°36′,北纬 34°32′
651	颍河	双洎河	50632600	人和	1965	河南省新郑县辛店乡人和村	113°39′	34°31′	1975 年年鉴错刊为 1967 年设站,刊为东经 113°39′,北纬 34°26′
652	颍河	双洎河	50632650	新郑	1931	河南省新郑县城关镇周庄村	113°43′	34°24′	1965 年刊为东经 113°42′,北纬 34°25′
653	颍河	双洎河	50632700	郭店	1976	河南省新郑县郭店乡长郭店村	113°42′	34°33′	汛期站,1985 年撤销
654	颍河	双洎河	50632750	冯寺	1976	河南省新郑县郭店乡冯寺村	113°40′	34°31′	汛期站,1985 年撤销
655	颍河	双洎河	50632800	老观寨	1976	河南省新郑县新村乡老观寨水库	113°42′	34°29′	
656	颍河	双洎河	50632850	薛店	1976	河南省新郑县薛店乡薛店车站	113°48′	34°30′	汛期站
657	颍河	双洎河	50632900	高老庄	1967	河南省新郑县车站乡高老庄	113°48′	34°26′	汛期站,1985 年撤销
658	颍河	双洎河	50632950	八千	1976	河南省新郑县八千乡范庄	113°49′	34°22′	汛期站,1985 年撤销
659	颍河	小清河	50633000	三官庙	1976	河南省中牟县三官庙乡三官庙村	113°55′	34°31′	汛期站,1985 年撤销
660	颍河	康沟河	50633050	韩佐	1954	河南省尉氏县岗李乡韩佐村	113°56′	34°25′	1965 年刊为东经 113°56′,北纬 34°25′
661	颍河	康沟河	50633100	洧川	1953	河南省尉氏县洧川乡华桥刘村	113°59′	34°17′	1965 年刊为东经 113°28′,北纬 34°19′
662	颍河	双洎河	50633150	西孟亭	1954	河南省扶沟县西孟亭村	114°16′	34°11′	1957 年撤销
663	颍河	贾鲁河	50633200	扶沟	1931	河南省扶沟县城关镇	114°24′	34°04′	1965 年刊为东经 114°22′,北纬 34°05′
664	颍河	贾鲁河	50633250	练寺	1977	河南省扶沟县练寺乡薄村	114°25′	33°57′	汛期站
665	颍河	贾鲁河	50633300	阎岗	1959	河南省西华县聂堆镇阎岗村	114°30′	33°53′	汛期站
666	颍河	贾鲁河	50633350	皮营	1978	河南省西华县皮营乡皮营村	114°37′	33°47′	汛期站

续表

序号	水系	河名	测站编码	站名	设站时间	观测场地址	坐标 东经	坐标 北纬	附注
667	颍河	颍河	50633400	周口	1922	河南省周口市川汇区	114°39′	33°38′	1965年刊为东经114°39′,北纬33°39′,2009年以后增加蒸发项目
668	颍河	清水沟	50633450	白潭	1967	河南省扶沟县白潭乡白潭村	114°23′	34°15′	汛期站
669	颍河	新运河	50633500	魏桥	1977	河南省扶沟县吕潭乡魏桥村	114°33′	34°07′	汛期站
670	颍河	清水沟	50633550	曹家	1978	河南省扶沟县汴岗乡曹家村	114°31′	33°57′	汛期站,1985年撤销
671	颍河	新运河	50633600	搬口	1977	河南省淮阳县搬口乡张寨	114°43′	33°39′	1978~1985年有蒸发,1980年撤销
672	颍河	黄水沟	50633650	东夏	1975	河南省西华县东夏镇河道林场	114°41′	33°53′	
673	颍河	青龙河	50633700	靳庄	1978	河南省淮阳县郑集乡靳庄村	114°48′	33°47′	
674	颍河	新运河	50633750	龙路口	1975	河南省淮阳县郑集乡龙路口村	114°45′	33°41′	1980年撤销
675	颍河	清水河	50633800	练集	1967	河南省商水县练集镇练集村	114°44′	33°32′	汛期站
676	颍河	清水河	50633850	贺庄	1977	河南省商水县袁老乡郭庄村	114°47′	33°26′	汛期站
677	颍河	颍河	50633900	水寨	1953	河南省项城市水寨镇	114°54′	33°27′	1965年刊为东经114°47′,北纬33°31′
678	颍河	谷河	50633950	黄营	1975	河南省项城县丁集乡黄营村	114°56′	33°19′	
679	颍河	颍河	50634000	槐店	1953	河南省沈丘县槐店镇	115°05′	33°23′	1965年刊为东经115°05′,北纬33°25′
680	颍河	新蔡河	50634050	鲁台	1975	河南省淮阳县鲁台镇桥南村	115°02′	33°30′	
681	颍河	新蔡河	50634100	淮阳	1933	河南省淮阳县城关镇	114°52′	33°44′	1965年刊为东经114°53′,北纬33°45′;1975年刊为东经114°51′,北纬33°44′
682	颍河	新蔡河	50634150	买臣集	1966	河南省淮阳县刘振屯乡买臣集村	114°53′	33°39′	
683	颍河	新蔡河	50634200	将军寺	1966	河南省郸城县汲冢镇将军寺村	115°02′	33°38′	
684	颍河	新蔡河	50634250	豆庄	1976	河南省郸城县钱店乡豆庄村	115°10′	33°34′	1994年撤销,设钱店站
685	颍河	新蔡河	50634250	钱店	1966	河南省郸城县钱店镇钱店村	115°10′	33°34′	1976年撤销,设豆庄站,1994年恢复
686	颍河	新蔡河	50634350	宜路	1975	河南省郸城县宜路乡宜路村	115°15′	33°29′	1986年撤销
687	颍河	颍河	50634400	新安集	1977	河南省沈丘县新安集镇新安集村	115°12′	33°22′	汛期站
688	颍河	汾河	50634750	大陈	1976	河南省郾城县大刘乡大陈村	113°54′	33°30′	1985年撤销

续表

序号	水系	河名	测站编码	站名	设站时间	观测场地址	坐标		附注
							东经	北纬	
689	颍河	汾河	50634800	于庄	1966	河南省郾城县邓襄镇邓襄村	114°08′	33°30′	汛期站
690	颍河	汾河	50634850	归村	1966	河南省郾城县召陵镇归村	114°11′	33°35′	汛期站
691	颍河	汾河	50634900	砖桥	1963	河南省郾城县青年乡砖桥村	114°16′	33°32′	1985年撤销
692	颍河	汾河	50634950	上城	1952	河南省商水县董村	114°22′	33°33′	1955年撤销
693	颍河	汾河	50635000	尚集	1963	河南省商水县张明乡尚集村	114°17′	33°38′	汛期站
694	颍河	汾河	50635050	巴村	1984	河南省商水县巴村镇巴村	114°22′	33°33′	汛期站
695	颍河	汾河	50635100	张庄	1964	河南省商水县张庄乡张庄村	114°27′	33°36′	汛期站
696	颍河	汾河	50635150	王爷庙	1953	河南省商水县汤庄乡雷坡村	114°30′	33°33′	1965年刊为东经114°36′,北纬33°34′
697	颍河	汾河	50635200	白寺	1967	河南省商水县白寺镇郭洼村	114°30′	33°28′	
698	颍河	颍河	50635250	华陂	1953	河南省上蔡县华陂镇	114°18′	33°29′	1957年撤销
699	颍河	汾河	50635300	三里桥	1977	河南省商水县潭庄乡三里桥村	114°20′	33°33′	汛期站,1984年撤销
700	颍河	汾河	50635350	黄冲	1953	河南省商水县姚集乡黄冲村	114°36′	33°29′	1979年撤销
701	颍河	界沟河	50635400	坡杨	1983	河南省上蔡县朱里乡坡杨村	114°27′	33°25′	汛期站
702	颍河	界沟河	50635450	郭屯	1983	河南省商水县白寺乡郭屯村	114°29′	33°27′	汛期站,1985年撤销
703	颍河	界沟河	50635500	王营	1967	河南省上蔡县东岸乡王营村	114°31′	33°25′	汛期站
704	颍河	界沟河	50635550	小赵庄	1983	河南省商水县姚集乡小赵庄村	114°32′	33°27′	汛期站,1985年撤销
705	颍河	界沟河	50635600	豆湾	1983	河南省商水县姚集乡豆湾村	114°35′	33°26′	1985年撤销
706	颍河	汾河	50635650	周庄	1979	河南省商水县袁老乡周庄村	114°39′	33°27′	
707	颍河	汾河	50635700	蒋桥	1964	河南省项城县范集乡蒋寨村	114°44′	33°19′	1968年撤销
708	颍河	汾河	50635750	申营	1977	河南省项城县范集乡申营村	114°46′	33°19′	汛期站
709	颍河	汾河	50635800	王营	1953	河南省项城县王营村	114°47′	33°18′	1960年撤销
710	颍河	汾河	50635850	官会	1977	河南省项城县官会乡官会高中	115°00′	33°15′	汛期站
711	颍河	直河	50635900	王寨	1978	河南省沈丘县莲池乡王寨村	115°06′	33°19′	汛期站

序号	水系	河名	测站编码	站名	设站时间	观测场地址	坐标		附注
							东经	北纬	
712	颍河	汾河	50635950	金庄	1953	河南省沈丘县金庄村	115°05′	33°14′	1956 年撤销
713	颍河	黑河	50636000	朱里	1976	河南省上蔡县朱里乡朱里村	114°24′	33°24′	汛期站
714	颍河	黑河	50636050	庄头	1953	河南省上蔡县庄头村	114°28′	33°22′	1956 年撤销
715	颍河	黑河	50636100	蔡沟	1985	河南省上蔡县蔡沟乡蔡沟村	114°37′	33°16′	汛期站
716	颍河	杨河	50636150	赵庄	1975	河南省上蔡县韩寨乡赵庄村	114°35′	33°20′	汛期站,1985 年撤销
717	颍河	黑河	50636200	康庄	1976	河南省上蔡县和店乡康庄村	114°39′	33°13′	汛期站,1985 年撤销
718	颍河	泥河	50636250	李五庄	1956	河南省项城县李五庄村	114°41′	33°13′	无资料
719	颍河	泥河	50636300	李寨	1977	河南省项城县李寨乡李寨村	114°45′	33°10′	汛期站
720	颍河	泥河	50636350	小郑营	1977	河南省项城县孙店乡小郑营村	114°44′	33°14′	汛期站
721	颍河	泥河	50636400	石桥口	1957	河南省项城县贾岭镇石桥口村	114°50′	33°10′	
722	颍河	泥河	50636450	项城	1931	河南省项城县老城乡秣陵镇	114°50′	33°12′	1950 年前有部分资料
723	颍河	泥河	50636500	木庄	1975	河南省沈丘县李老庄乡木庄村	115°00′	33°10′	汛期站
724	颍河	泥河	50636550	崔寨	1953	河南省沈丘县崔寨村	115°04′	33°10′	1957 年撤销
725	颍河	泉河	50636600	沈丘	1933	河南省沈丘县城关镇李坟村	115°07′	33°10′	1965 年刊为东经 115°08′,北纬 33°11′
726	颍河	泉河	50636650	赵德营	1975	河南省沈丘县赵德营乡赵德营村	115°12′	33°15′	
727	涡河	马家沟	50820100	杏花营	1977	河南省开封县杏花营乡杏花营	114°15′	34°46′	1985 年撤销
728	涡河	马家沟	50820200	赤仓	1966	河南省开封县范村乡赤仓村	114°25′	34°39′	
729	涡河	惠贾渠	50820300	小城	1966	河南省通许县冯庄乡小城村	114°28′	34°34′	汛期站
730	涡河	运粮河	50820400	东漳	1976	河南省中牟县东漳乡东漳村	114°05′	34°53′	汛期站
731	涡河	运粮河	50820500	韩庄	1976	河南省中牟县仓寨乡韩庄镇	114°09′	34°46′	汛期站
732	涡河	运粮河	50820600	朱仙镇	1964	河南省开封县朱仙镇乡朱仙镇	114°16′	34°36′	
733	涡河	孙城河	50820700	孙营	1977	河南省通许县孙营乡孙营村	114°22′	34°31′	汛期站
734	涡河	涡河	50820800	通许	1931	河南省通许县城关乡下洼村	114°28′	34°29′	

序号	水系	河名	测站编码	站名	设站时间	观测场地址	坐标		附注
							东经	北纬	
735	涡河	涡河	50820900	邸阁	1963	河南省通许县邸阁乡赫庄	114°29′	34°21′	
736	涡河	百邸沟	50821000	水坡	1976	河南省尉氏县水坡乡扬店	114°15′	34°29′	1985年撤销
737	涡河	百邸沟	50821100	竖岗	1972	河南省通许县竖岗乡竖岗	114°20′	34°27′	1985年撤销
738	涡河	标台沟	50821200	玉皇庙	1976	河南省通许县玉皇庙乡玉皇庙	114°34′	34°20′	1985年撤销
739	涡河	小青河	50821300	朱砂	1976	河南省通许县朱砂乡朱砂村	114°32′	34°32′	1985年撤销
740	涡河	小青河	50821400	四所楼	1976	河南省通许县四所楼乡四所楼村	114°34′	34°25′	1985年撤销
741	涡河	小白河	50821500	沙沃	1966	河南省杞县沙沃乡沙沃村	114°39′	34°26′	汛期站
742	涡河	涡河	50821600	圉镇	1957	河南省杞县圉镇乡圉镇村	114°42′	34°20′	
743	涡河	涡河	50821700	芝麻洼	1964	河南省太康县芝麻洼乡范寨	114°40′	34°13′	
744	涡河	涡河	50821800	魏湾闸	1960	河南省太康县城郊乡魏湾闸	114°52′	34°05′	1965~1978年刊印为太康站
745	涡河	尉扶河	50821900	张市	1976	河南省尉氏县张市乡张市村	114°18′	34°21′	汛期站
746	涡河	尉扶河	50822000	永兴	1976	河南省尉氏县永兴乡阎岗村	114°22′	34°19′	1985年撤销
747	涡河	尉扶河	50822100	崔桥	1966	河南省扶沟县崔桥乡崔桥村	114°34′	34°12′	汛期站
748	涡河	老涡河	50822200	清集	1978	河南省太康县清集乡清集村	114°42′	34°20′	汛期站,1985年撤销
749	涡河	大清沟	50822300	范庙	1978	河南省太康县王集乡范庙村	114°50′	34°10′	汛期站,1985年撤销
750	涡河	大新沟	50822400	高朗	1978	河南省太康县高朗乡高朗村	114°57′	34°07′	汛期站,1985年撤销
751	涡河	铁底河	50822500	晃村	1967	河南省杞县葛岗乡晃村	114°38′	34°34′	汛期站
752	涡河	铁底河	50822600	付集	1960	河南省杞县付集乡庞屯	114°47′	34°25′	汛期站,1961年撤销,1976年复设,1985年撤销
753	涡河	铁底河	50822700	板木	1976	河南省杞县板木乡板木村	114°46′	34°18′	汛期站
754	涡河	铁底河	50822800	铁佛寺	1975	河南省太康县杨庙乡铁佛寺	114°55′	34°13′	汛期站
755	涡河	铁底河	50822900	周寨	1966	河南省太康县朱口乡周寨村	115°05′	34°04′	汛期站
756	涡河	涡河	50823000	古桥	1976	河南省柘城县安平乡古桥	115°09′	34°01′	1985年撤销
757	涡河	涡河	50823100	玄武	1958	河南省鹿邑县玄武镇操庄	115°17′	33°59′	

序号	水系	河名	测站编码	站名	设站时间	观测场地址	坐标		附注
							东经	北纬	
758	涡河	涡河	50823200	鹿邑	1951	河南省鹿邑县城郊乡张小庄村	115°29′	33°52′	
759	涡河	惠济河	50823300	南北堤	1978	河南省开封市水稻乡南北堤村	114°16′	34°54′	
760	涡河	惠济河	50823400	王府寨	1978	河南省开封市西郊乡王府寨	114°14′	34°50′	1984年撤销
761	涡河	惠济河	50823500	开封	1922	河南省开封市龙亭区文昌后街	114°21′	34°49′	
762	涡河	惠济河	50823600	汪屯	1978	河南省开封县汪屯乡高楼	114°24′	34°46′	1985年撤销
763	涡河	惠济河	50823700	陈留	1972	河南省开封县陈留镇西关	114°32′	34°40′	
764	涡河	惠济河	50823800	杞县	1923	河南省杞县唐寨村	114°49′	34°34′	1924~1930年无资料,1939年停测,1954年复设,1963年撤销
765	涡河	柳元口干渠	50823900	牛庄	1978	河南省开封县柳元口乡牛庄	114°21′	34°51′	1985年撤销
766	涡河	开兰干渠	50824000	土柏岗	1978	河南省开封市土柏岗乡土柏岗	114°26′	34°49′	1985年撤销
767	涡河	淤泥河	50824100	小庄	1967	河南省开封县杜良乡小庄村	114°29′	34°51′	汛期站
768	涡河	淤泥河	50824200	八里湾	1977	河南省开封县八里湾乡邮电所	114°35′	34°45′	
769	涡河	淤泥河	50824300	郭君寨	1966	河南省杞县平城乡郭君乡邮电所	114°40′	34°41′	汛期站,1985年撤销
770	涡河	圈章河	50824400	曲兴	1966	河南省开封县曲兴乡曲兴村	114°41′	34°50′	
771	涡河	淤泥河	50824500	柿园	1966	河南省杞县柿园乡柿园村	114°48′	34°38′	
772	涡河	淤泥河	50824600	小寨	1764	河南省杞县泥沟乡小寨村	114°43′	34°40′	1977年撤销
773	涡河	淤泥河	50824700	兰考	1931	河南省兰考县城关镇	114°49′	34°51′	
774	涡河	惠济河	50824800	大王庙	1952	河南省杞县裴村店乡大王庙	114°51′	34°33′	
775	涡河	通惠渠	50824900	匡城	1966	河南省睢县西陵寺乡匡城村	114°16′	34°24′	1970年撤销
776	涡河	惠济河	50825000	榆厢铺	1951	河南省睢县榆厢铺	114°56′	34°28′	1953年无资料,1955年停测,1959年复设,1959年以前刊为睢杞站,1961年撤销
777	涡河	通惠渠	50825100	内黄集	1977	河南省民权县人和乡内黄集	114°58′	34°46′	汛期站
778	涡河	通惠渠	50825200	龙塘	1975	河南省民权县龙塘乡龙塘	115°03′	34°36′	
779	涡河	茅草河	50825300	尹店集	1975	河南省民权县尹店乡尹店	114°56′	34°38′	汛期站

序号	水系	河名	测站编码	站名	设站时间	观测场地址	坐标		附注
							东经	北纬	
780	涡河	茅草河	50825400	赵屯	1976	河南省睢县蓼堤乡赵屯	114°56′	34°31′	1985 年撤销
781	涡河	通惠渠	50825500	睢县	1933	河南省睢县城隍乡董园村	115°03′	34°26′	1935 年停测,1956 年复设
782	涡河	惠济河	50825600	平岗	1959	河南省睢县平岗乡平岗	115°04′	34°04′	1962 年停测,1976 复设,1985 年撤销
783	涡河	惠济河	50825700	黄岗	1967	河南省宁陵县黄岗乡黄岗村	115°12′	34°17′	汛期站,1969 年、1973 年无资料,1975 年撤销
784	涡河	废黄河	50825800	唐洼	1976	河南省宁陵县黄岗乡唐洼	115°13′	34°18′	汛期站
785	涡河	惠济河	50825900	李滩店	1961	河南省柘城县慈圣乡李滩店	115°11′	34°11′	
786	涡河	小蒋河	50826000	诸皮岗	1971	河南省杞县五里河乡诸皮岗	114°44′	34°32′	汛期站,1985 年撤销
787	涡河	蒋河	50826100	潮庄	1964	河南省睢县潮庄乡潮庄	114°57′	34°16′	
788	涡河	蒋河	50826200	余公集	1966	河南省睢县尚屯乡余公集	114°56′	34°26′	
789	涡河	马头沟	50826300	马头	1978	河南省太康县马头乡后庙村	115°03′	34°11′	1985 年撤销
790	涡河	惠济河	50826400	柘城	1931	河南省柘城县气象站	115°18′	34°04′	
791	涡河	惠济河	50826500	砖桥闸	1951	河南省柘城县陈青集乡砖桥村	115°21′	34°01′	
792	涡河	太平沟	50826550	大陈	1975	河南省鹿邑县马铺镇梁油坊	115°32′	33°59′	
793	涡河	大沙河	50826700	民权	1931	河南省民权县城关镇	115°08′	34°38′	
794	涡河	大沙河	50826800	伯党	1967	河南省民权县花园乡伯党集	115°08′	34°34′	汛期站
795	涡河	废黄河	50826900	平乐	1966	河南省宁陵县阳驿乡平乐村	115°12′	34°24′	汛期站,1970 年撤销
796	涡河	洮河	50827000	郭屯	1966	河南省宁陵县阳驿乡郭屯	115°15′	34°25′	汛期站,1966～1969 年无资料,1985 年撤销
797	涡河	洮河	50827100	勒马	1964	河南省商丘市区勒马乡勒马	115°23′	34°11′	
798	涡河	太平沟	50827200	大仵	1975	河南省柘城县大仵乡大仵	115°24′	34°08′	
799	涡河	大沙河	50827300	宁陵	1933	河南省宁陵县城关镇西关	115°20′	34°27′	
800	涡河	清水河	50827400	王事业楼	1967	河南省商丘市区观堂乡王事业楼	115°25′	34°27′	
801	涡河	清水河	50827500	孙六口	1975	河南省民权县孙六口乡孙六口	115°17′	34°27′	汛期站,1985 年撤销
802	涡河	古宋河	50827600	孔集	1964	河南省宁陵县孔集乡孔集	115°23′	34°33′	

序号	水系	河名	测站编码	站名	设站时间	观测场地址	坐标		附注
							东经	北纬	
803	涡河	古宋河	50827700	水池铺	1966	河南省商丘市水池铺乡水池铺	115°30′	34°25′	
804	涡河	古宋河	50827800	李口	1964	河南省商丘市李口乡李口	115°35′	34°16′	1985年以前刊为徐村铺站
805	涡河	大沙河	50827900	包公庙	1975	河南省商丘市包公庙乡包公庙	115°35′	34°06′	
806	涡河	杨大河	50828300	柳王庄	1975	河南省商丘市南郊乡柳王庄	115°37′	34°22′	1985年撤销
807	涡河	杨大河	50828400	坞墙	1975	河南省商丘市坞墙乡坞墙	115°42′	34°09′	汛期站
808	涡河	清水河	50828700	前尹王	1975	河南省鹿邑县丘集乡前尹王村	115°17′	33°53′	1986年撤销
809	洪泽湖	包河	50920100	曹楼	1967	河南省商丘市李庄乡曹楼	115°37′	34°31′	本站为汛期站
810	洪泽湖	包河	50920200	商丘	1951	河南省商丘市周庄乡孙庄	115°40′	34°27′	
811	洪泽湖	包河	50920300	芒种桥	1975	河南省虞城县芒种桥乡芒种桥	115°43′	34°18′	
812	洪泽湖	包河	50920400	杜集	1964	河南省虞城县杜集乡杜集	115°49′	34°11′	
813	洪泽湖	包河	50920500	界沟	1967	河南省虞城县界沟乡王桥	115°52′	34°03′	
814	洪泽湖	包河	50920600	裴桥	1975	河南省永城县裴桥乡裴桥	116°06′	33°51′	汛期站,1986年撤销
815	洪泽湖	包河	50920700	梅庙	1975	河南省永城县马桥乡梅庙	116°14′	33°46′	
816	洪泽湖	包河	50920800	鱼地	1954	河南省永城县鱼地村	116°18′	33°47′	1955年停测,1962年复设,1965年撤销
817	洪泽湖	包河	50921000	张阁	1975	河南省商丘市张阁乡张阁	115°46′	34°25′	汛期站
818	洪泽湖	包河	50921100	大侯	1966	河南省虞城县大侯乡刘楼	115°54′	34°18′	
819	洪泽湖	包河	50921200	后何路口	1975	河南省夏邑县济阳乡后何路口	115°57′	34°08′	
820	洪泽湖	包河	50921300	业庙	1958	河南省夏邑县业庙乡业庙	116°02′	34°03′	
821	洪泽湖	洺沟	50921400	浑河集	1975	河南省永城县洪桥乡浑河集	116°00′	33°55′	
822	洪泽湖	浍河	50921500	大王集	1967	河南省永城县大王集乡大王集	116°15′	33°55′	
823	洪泽湖	大涧沟	50921600	吕庄	1975	河南省永城县马牧乡吕庄	116°11′	34°02′	汛期站,1985年撤销
824	洪泽湖	浍河	50921700	黄口集闸	1962	河南省永城县黄口乡黄口村	116°21′	33°49′	
825	洪泽湖	响河	50928700	虞城	1933	河南省虞城县城郊乡罗庄	115°53′	34°24′	

序号	水系	河名	测站编码	站名	设站时间	观测场地址	坐标		附注
							东经	北纬	
826	洪泽湖	响河	50928800	桑固	1962	河南省夏邑县桑固乡桑固	115°56′	34°14′	
827	洪泽湖	李集沟	50928900	郑集	1978	河南省虞城县郑集乡郑集	115°56′	34°24′	
828	洪泽湖	李集沟	50929000	李魏庄	1974	河南省虞城县郑集乡李魏庄	115°56′	34°22′	
829	洪泽湖	李集沟	50929100	营盘	1978	河南省虞城县营盘乡营盘	115°58′	34°19′	
830	洪泽湖	毛河	50929200	刘堤圈	1962	河南省夏邑县车站乡刘堤圈	116°01′	34°24′	
831	洪泽湖	毛河	50929300	牛王固	1983	河南省夏邑县车站乡牛王固	116°00′	34°23′	1989年撤销
832	洪泽湖	毛河	50929400	红山庙	1983	河南省夏邑县车站乡红山庙	116°03′	34°22′	1989年撤销
833	洪泽湖	毛河	50929500	杨营	1967	河南省夏邑县车站乡杨营村	115°58′	34°21′	1971年撤销
834	洪泽湖	毛河	50929600	关楼	1983	河南省夏邑县李集乡关楼	116°01′	34°20′	1989年撤销
835	洪泽湖	毛河	50929700	吴寨	1962	河南省夏邑县车站乡吴寨	116°01′	34°21′	
836	洪泽湖	毛河	50929800	李集	1974	河南省夏邑县李集乡司庄	116°04′	34°19′	
837	洪泽湖	毛河	50929900	夏邑	1933	河南省夏邑县气象站	116°08′	34°14′	1935年停测,1951年复测
838	洪泽湖	虬龙沟	50930000	贾寨	1966	河南省虞城县贾寨乡治安村	115°54′	34°32′	
839	洪泽湖	虬龙沟	50930100	利民	1931	河南省虞城县利民镇	115°54′	34°31′	
840	洪泽湖	虬龙沟	50930200	范庄	1967	河南省虞城县刘集乡范庄	115°58′	34°29′	1985年撤销
841	洪泽湖	虬龙沟	50930300	刘寨	1967	河南省虞城县稍岗乡刘寨	115°57′	34°28′	1985年撤销
842	洪泽湖	虬龙沟	50930400	杨庄	1967	河南省虞城县稍岗乡杨庄村	116°02′	34°27′	1973年撤销
843	洪泽湖	虬龙沟	50930500	杨集	1967	河南省虞城县杨集乡杨集	116°06′	34°28′	汛期站,1973年撤销
844	洪泽湖	虬龙沟	50930600	姜楼	1973	河南省虞城县杨集乡姜楼	116°04′	34°26′	
845	洪泽湖	虬龙沟	50930700	王集	1954	河南省夏邑县王集乡王集	116°08′	34°21′	
846	洪泽湖	宋沟	50930800	辛集	1967	河南省夏邑县孔庄乡辛集	116°18′	34°13′	汛期站
847	洪泽湖	沱河	50930900	蒋口	1965	河南省永城县蒋口乡蒋口	116°17′	34°03′	
848	洪泽湖	歧河	50931000	郭店	1975	河南省夏邑县郭店乡郭店	116°05′	34°09′	

序号	水系	河名	测站编码	站名	设站时间	观测场地址	坐标 东经	坐标 北纬	附注
849	洪泽湖	韩沟	50931100	房集	1975	河南省永城县顺和乡房集	116°21′	34°08′	1975年无资料,1985年撤销
850	洪泽湖	小白河	50931200	陈集	1975	河南省永城县陈集乡陈集	116°25′	34°02′	
851	洪泽湖	沱河	50931300	永城闸	1931	河南省永城县城镇乡张桥	116°24′	33°56′	
852	洪泽湖	洪河	50931800	张集	1978	河南省虞城县张集乡张集	116°07′	34°32′	
853	洪泽湖	巴清河	50932000	骆集	1975	河南省夏邑县骆集乡骆集	116°15′	34°22′	
854	洪泽湖	王引河	50932200	温庄	1965	河南省永城县芒山乡温庄	116°29′	34°11′	
855	洪泽湖	王引河	50932400	茴村	1975	河南省永城县茴村乡茴村	116°33′	33°59′	
856	洪泽湖	小运河	50932500	双庙	1975	河南省永城县高庄乡双庙	116°36′	33°55′	汛期站,1985年撤销
857	洪泽湖	碱河	50932600	条河	1978	河南省永城县条河乡条河	116°31′	34°15′	汛期站,1976年停测,1978年复设,1985年撤销
858	涡河	军程河	51232160	东坝头	1977	河南省兰考县东坝头乡东坝头村	114°47′	34°56′	2007年以前测站编码为50824740
859	涡河	黄蔡河	51232170	堌阳	1976	河南省兰考县堌阳乡堌阳村	114°58′	34°58′	2007年以前测站编码为50824710
860	涡河	黄蔡河	51232180	南彰	1976	河南省兰考县南彰乡南彰村	115°09′	34°57′	2007年以前测站编码为50824730
861	涡河	贺李河	51232190	张君墓	1963	河南省兰考县张君墓乡大胡庄	115°16′	34°51′	汛期站,2007年以前测站编码为50824720
862	涡河	小堤河	51232520	北关	1962	河南省民权县北关镇北关	115°17′	34°47′	2007年以前测站编码为50826850
863	涡河	黄河故道	51232580	郑阁	1975	河南省商丘市李庄乡郑阁	115°33′	34°34′	2007年以前测站编码为50826950

长江流域雨量站沿革表

序号	水系	河名	测站编码	站名	设站时间	观测场地址	坐标 东经	坐标 北纬	附注
1	丹江	排子河	61948900	邹楼	1967	河南省淅川县九重乡邹楼村	111°42′	32°44′	1969 年河名由刁河改为排子河
2	丹江	排子河	61949100	林扒	1956	河南省邓县林扒乡林扒村	111°54′	32°34′	
3	丹江	丹江	62027800	荆紫关	1953	河南省淅川县荆紫关镇汉王坪	111°01′	33°15′	
4	丹江	丹江	62027900	黄河	1976	河南省淅川县寺湾乡黄河	110°09′	33°09′	1982 年撤销
5	丹江	淇河	62028000	狮子坪	1985	河南省卢氏县狮子坪乡狮子坪村	110°52′	33°38′	
6	丹江	淇河	62028200	里曼坪	1966	河南省卢氏县瓦窑沟乡里曼坪	110°58′	33°39′	部分年份刊为里漫坪站
7	丹江	淇河	62028400	瓦窑沟	1954	河南省卢氏县瓦窑沟乡瓦窑沟	111°03′	33°40′	1960 年停测,1961 年恢复
8	丹江	杨淇河	62028600	罗家庄	1966	河南省西峡县西坪乡罗家庄村	111°02′	33°30′	部分年份河名刊为淇河
9	丹江	峡河	62028700	赛岭	1971	河南省西峡县寨根乡赛岭	111°11′	33°38′	原为实验站,1971 年年鉴刊为 1970 年设站,但 1970 年无资料,1985 年撤销
10	丹江	峡河	62028800	跑马沟	1971	河南省西峡县寨根乡跑马沟	111°10′	33°37′	原为实验站,1971 年年鉴刊为 1970 年设站,但 1970 年无资料,1978 年撤销
11	丹江	峡河	62028900	马沟	1971	河南省西峡县寨根乡马沟	111°11′	33°37′	原为实验站,1971 年年鉴刊为 1970 年设站,但 1970 年无资料,1977 年撤销
12	丹江	峡河	62029000	捷道沟	1971	河南省西峡县寨根乡捷道沟	111°12′	33°37′	原为实验站,1971 年年鉴刊为 1970 年设站,但 1970 年无资料,1977 年撤销
13	丹江	峡河	62029100	方家庄	1958	河南省西峡县寨根乡方家庄	111°11′	33°34′	
14	丹江	峡河	62029200	界牌	1967	河南省西峡县寨根乡界牌	111°09′	33°32′	已撤销
15	丹江	淇河	62029600	西坪	1951	河南省西峡县西坪乡尚庄村	111°04′	33°26′	
16	丹江	淇河	62030200	西簧	1976	河南省淅川县西簧乡西簧街	111°10′	33°14′	部分年份刊为西黄站
17	丹江	丹江	62030400	磨峪湾	1959	河南省淅川县大石桥乡磨峪湾	111°14′	33°05′	
18	丹江	滔河	62032200	白沙岗	1976	河南省淅川县滔河乡白沙岗	111°16′	32°56′	
19	丹江	丹江	62032400	城关	1976	河南省淅川县老城镇	111°22′	32°59′	1944～1948 年刊为淅川站,1976 年恢复
20	丹江	老灌河	62032800	香山	1966	河南省卢氏县双槐树乡香山村	110°56′	33°50′	
21	丹江	叫河	62033000	三川	1967	河南省栾川县三川乡东地村	111°24′	33°56′	
22	丹江	叫河	62033200	叫河	1965	河南省栾川县叫河乡麻沟村	111°18′	33°51′	
23	丹江	汤河	62033400	黄坪	1967	河南省卢氏县汤河乡前边村	111°07′	33°51′	部分年份河名刊为叫河
24	丹江	老灌河	62033600	朱阳关	1951	河南省卢氏县朱阳关乡莫家营	111°10′	33°44′	1959 年、1981 年资料未刊布
25	丹江	老灌河	62033800	桑坪	1966	河南省西峡县桑坪乡桑坪	111°15′	33°39′	
26	丹江	老灌河	62034000	黑烟镇	1954	河南省西峡县石界河乡黑烟镇	111°22′	33°40′	

序号	水系	河名	测站编码	站名	设站时间	观测场地址	坐标		附注
							东经	北纬	
27	丹江	赶丈沟	62034100	杨栗坪	1972	河南省西峡县米坪乡杨栗坪	111°25′	33°39′	原为实验站,1972年年鉴刊为1971年8月设站,但1971年无资料,1979年撤销
28	丹江	赶丈沟	62034200	仓房	1972	河南省西峡县米坪乡金钟寺村	111°23′	33°37′	原为实验站,1972年年鉴刊为1971年设站,但1971年无资料,1979年撤销
29	丹江	赶丈沟	62034300	牛庄	1972	河南省西峡县米坪乡牛庄	111°24′	33°36′	原为实验站,1972年年鉴刊为1971年设站,但1971年无资料,1979年撤销
30	丹江	赶丈沟	62034400	肖庄	1971	河南省西峡县米坪乡肖庄	111°24′	33°35′	原为实验站,1971年年鉴刊为1970年设站,但1970年无资料,1979年撤销
31	丹江	老灌河	62034500	米坪	1956	河南省西峡县米坪乡金钟寺村	111°22′	33°35′	
32	丹江	官山河	62034700	新庄	1963	河南省西峡县米坪乡大庄村	111°30′	33°37′	
33	丹江	军马河	62034900	香房	1956	河南省栾川县合峪乡香房	111°34′	33°41′	1958年撤销
34	丹江	军马河	62035100	黄石庵	1967	河南省西峡县太平镇乡黄石庵	111°37′	33°40′	
35	丹江	军马河	62035300	军马河	1982	河南省西峡县军马河乡军马河村	111°29′	33°32′	
36	丹江	蛇尾河	62035500	太平镇	1956	河南省西峡县太平镇乡太平镇	111°44′	33°37′	
37	丹江	蛇尾河	62035700	二郎坪	1957	河南省西峡县二郎坪乡二郎坪	111°41′	33°31′	1960年刊为中坪站
38	丹江	蛇尾河	62035900	蛇尾	1966	河南省西峡县蛇尾乡蛇尾	111°32′	33°27′	
39	丹江	丁河	62036300	重阳	1954	河南省西峡县重阳乡重阳村	111°15′	33°23′	部分年份刊为重阳店站
40	丹江	陈阳河	62036500	陈阳坪	1966	河南省西峡县陈阳坪乡上湾	111°17′	33°29′	
41	丹江	丁河	62036700	丁河	1958	河南省西峡县丁河乡丁河	111°20′	33°21′	
42	丹江	八迭河	62036900	彪地	1972	河南省西峡县蛇尾乡彪地	111°35′	33°23′	原为实验站,1972年年鉴刊为1971年设站,但1971年无资料,1975年撤销
43	丹江	八迭河	62037000	黑籽村	1972	河南省西峡县五离桥乡黑籽村	111°34′	33°20′	原为实验站,1972年年鉴刊为1971年设站,但1971年无资料,1975年撤销
44	丹江	古装河	62037100	燕岗	1972	河南省西峡县五离桥乡燕岗	111°31′	33°19′	原为实验站,1972年年鉴刊为1971年设站,但1971年无资料,1975年撤销
45	丹江	八迭河	62037200	上河	1971	河南省西峡县五离桥乡上河	111°31′	33°19′	原为实验站,1971年年鉴刊为1970年设站,但1970年无资料,1975年撤销
46	丹江	老灌河	62037300	西峡	1951	河南省西峡县五里桥乡黄湾村	111°29′	33°16′	
47	丹江	索河	62037500	安沟	1976	河南省淅川县毛堂乡安沟	111°19′	33°15′	
48	丹江	老灌河	62037700	淅川	1982	河南省淅川县篙坪乡后营村	111°29′	33°09′	
49	丹江	音土河	62037900	庙岗	1977	河南省内乡县庙岗乡庙岗	111°38′	33°02′	
50	丹江	丹江	62038100	黄庄	1976	河南省淅川县黄庄乡黄庄	111°34′	32°56′	
51	丹江	丹江	62038300	白渡滩	1953	河南省淅川县黄庄乡白渡滩	111°30′	32°55′	已淹没在丹江库区,1969年撤销
52	丹江	丹江	62038500	田川	1976	河南省淅川县宋湾乡田川	111°27′	32°54′	1985年撤销

序号	水系	河名	测站编码	站名	设站时间	观测场地址	坐标		附注
							东经	北纬	
53	丹江	丹江	62038700	仓坊	1976	河南省淅川县仓坊乡侯坡	111°29′	32°47′	
54	丹江	丹江	62038900	李官桥	1950	河南省淅川县李官桥镇	111°30′	32°44′	1954年撤销
55	丹江	丹江	62039100	方岗	1956	河南省淅川县方岗乡方岗	111°40′	32°40′	1956~1958年、1962~1968年刊为泉店站,1985年撤销
56	唐白河	白河	62040500	白河	1960	河南省嵩县白河乡白河村	111°57′	33°38′	1960年以前刊为龙王庙站,1961年停测,1963年5月恢复
57	唐白河	东状河	62040600	竹园	1966	河南省南召县乔端乡桑树坪村	112°06′	33°37′	部分年份河名刊为东壮河
58	唐白河	白河	62040700	乔端	1963	河南省南召县乔端乡东乔村	112°06′	33°34′	
59	唐白河	淞河	62040800	玉葬	1963	河南省南召县乔端乡洞街村	112°03′	33°31′	
60	唐白河	空运河	62040900	小街	1963	河南省南召县板山坪乡小街	112°09′	33°22′	
61	唐白河	淞河	62041000	钟店	1953	河南省南召县板山坪乡钟店	112°10′	33°28′	部分年份河名刊为松河
62	唐白河	淞河	62041100	板山坪	1971	河南省南召县板山坪乡板山坪	112°13′	33°28′	原为实验站,1972年撤销
63	唐白河	白河	62041200	余坪	1966	河南省南召县板山坪乡余坪	112°17′	33°28′	
64	唐白河	白河	62041300	白土岗	1951	河南省南召县白土岗乡白河店	112°24′	33°26′	
65	唐白河	黄鸭河	62041400	焦园	1963	河南省南召县马市坪乡焦园村	112°09′	33°41′	1964年刊为焦元站
66	唐白河	黄鸭河	62041500	马市坪	1958	河南省南召县马市坪乡马市坪	112°15′	33°34′	
67	唐白河	黄鸭河	62041600	菜园	1959	河南省南召县城郊乡菜园	112°20′	33°32′	
68	唐白河	狮子河	62041700	李家庄	1982	河南省南召县马市坪乡南坪村	112°18′	33°39′	
69	唐白河	古路河	62041800	羊马坪	1963	河南省南召县崔庄乡羊马坪	112°23′	33°36′	
70	唐白河	回龙沟	62041900	二道河	1982	河南省南召县崔庄乡二道河村	112°28′	33°33′	
71	唐白河	黄鸭河	62042000	李青店	1977	河南省南召县城郊乡西沟村	112°26′	33°29′	
72	唐白河	白河	62042100	苗庄	1982	河南省南召县南河店乡苗庄	112°28′	33°24′	
73	唐白河	大河	62042200	花子岭	1983	河南省南召县白土岗乡花子岭	112°16′	33°23′	
74	唐白河	排路河	62042400	廖庄	1960	河南省南召县四棵树乡铁炉村	112°20′	33°20′	
75	唐白河	关庄河	62042500	四棵树	1976	河南省南召县四棵树乡盆窑	112°21′	33°17′	
76	唐白河	排路河	62042600	南河店	1954	河南省南召县南河店乡南河店	112°24′	33°21′	1960年停测,1977年年鉴刊为1976年设站,但1976年无资料,1994年撤销
77	唐白河	白河	62042700	下店	1982	河南省南召县太山庙乡下店	112°31′	33°21′	
78	唐白河	大沟河	62042800	斗垜	1956	河南省南召县留山乡斗垜村	112°33′	33°34′	1968年停测,1972年恢复

序号	水系	河名	测站编码	站名	设站时间	观测场地址	坐标		附注
							东经	北纬	
79	唐白河	大沟河	62042900	上官庄	1968	河南省南召县留山乡五路村	112°32′	33°32′	1968 年以前刊为斗垛站
80	唐白河	留山河	62043000	下石笼	1972	河南省南召县留山乡下石笼村	112°34′	33°31′	原为实验站,1972 年年鉴刊为 1971 年设站,但 1971 年无资料,部分年份刊为下石龙站
81	唐白河	留山河	62043100	土门	1972	河南省南召县留山乡土门	112°32′	33°29′	原为实验站,1972 年年鉴刊为 1971 年设站,但 1971 年无资料,1982 年撤销
82	唐白河	留山河	62043200	油房	1972	河南省南召县留山乡油房	112°34′	33°29′	原为实验站,1972 年年鉴刊为 1971 年 9 月设站,但 1971 年无资料,部分年份刊为油坊站,1982 年撤销
83	唐白河	留山河	62043300	留山	1972	河南省南召县留山乡河口村	112°32′	33°28′	原为径流实验站,1971 年刊为南岗站
84	唐白河	白河	62043400	万庄	1956	河南省南召县刘村乡小黄道沟	112°34′	33°21′	1960 年撤销
85	唐白河	鸭河	62043500	辛庄	1960	河南省南召县皇后乡辛庄水库	112°45′	33°30′	1960 年刊为新庄站,1962 年撤销
86	唐白河	皇后河	62043600	郭庄	1966	河南省南召县皇后乡郭庄	112°44′	33°32′	
87	唐白河	鸭河	62043700	云阳	1951	河南省南召县云阳镇五红村	112°43′	33°27′	
88	唐白河	鸡河	62043800	杨西庄	1985	河南省南召县云阳镇杨西庄	112°41′	33°30′	
89	唐白河	空山河	62043900	建坪	1963	河南省南召县小店乡东场村	112°38′	33°40′	
90	唐白河	川店河	62044000	小店	1966	河南省南召县小店乡南岗村	112°37′	33°28′	1973 年河名刊为小店河
91	唐白河	鸭河	62044100	口子河	1959	河南省南召县太山庙乡黄土岭村	112°39′	33°25′	
92	唐白河	鸭河	62044200	小庄	1983	河南省南召县太山庙乡小庄	112°38′	33°21′	
93	唐白河	白河	62044300	鸭河口	1959	河南省南召县皇路店乡东抬头村	112°38′	33°18′	
94	唐白河	白河	62044400	黑山头	1951	河南省南召县皇路店乡沽沱村	112°41′	33°16′	1959 年 6 月撤销
95	唐白河	泗水河	62044500	龙王沟	1985	河南省南阳市卧龙区蒲山镇龙王沟		33°11′	
96	唐白河	柳扒河	62044600	石门	1976	河南省南召县石门乡石门村	112°29′	33°17′	1979 年恢复刊印
97	唐白河	白河	62044700	蒲山店	1963	河南省南阳县蒲店乡山圪磢村	112°41′	33°16′	1966 年撤销
98	唐白河	博望河	62044800	小周庄	1976	河南省方城县博望镇小周庄	112°45′	33°13′	
99	唐白河	白河	62044900	南阳	1951	河南省南阳市宛城区白河镇盆窑村	112°37′	33°01′	1931 ~ 1939 年、1946 ~ 1948 年有资料
100	唐白河	白河	62045000	瓦店	1954	河南省南阳市宛城区瓦店镇遗营	112°31′	32°46′	
101	唐白河	潦河	62045100	陡坡	1960	河南省镇平县老庄乡陡坡水库	112°17′	33°10′	
102	唐白河	潦河	62045200	潦河坡	1956	河南省南阳县潦河坡	112°25′	33°12′	1958 年撤销
103	唐白河	潦河	62045300	大马石眼	1965	河南省南阳市安皋乡大马石眼村	112°24′	33°11′	1970 年、1980 年无资料

序号	水系	河名	测站编码	站名	设站时间	观测场地址	坐标		附注
							东经	北纬	
104	唐白河	潦河	62045400	王村铺	1959	河南省南阳市卧龙区王村乡柴庄	112°24′	33°01′	1968 年撤销
105	唐白河	潦河	62045500	赵庄	1967	河南省南阳市卧龙区王村乡赵庄	112°25′	32°59′	
106	唐白河	潦河	62045600	李和庄	1967	河南省镇平县彭桥乡邱董村	112°25′	32°59′	1982 年撤销
107	唐白河	湍河	62045700	葛条爬	1956	河南省内乡县夏馆镇葛条爬	111°53′	33°29′	
108	唐白河	七潭河	62045800	老庙	1966	河南省内乡县七里坪乡老庙	111°57′	33°24′	1968 年撤销,设大龙站
109	唐白河	湍河	62045900	大龙	1969	河南省内乡县七里坪乡大龙村	111°55′	33°23′	1969 年以前河名刊为七潭河
110	唐白河	玉道河	62046000	板厂	1963	河南省内乡县板厂乡板厂村	111°43′	33°24′	1982 年无资料
111	唐白河	雁岭河	62046100	雁岭街	1966	河南省内乡县板厂乡雁岭街	111°40′	33°23′	
112	唐白河	栗坪河	62046200	大栗坪	1958	河南省内乡县夏馆镇大栗坪	111°46′	33°26′	1960 年刊为栗坪站
113	唐白河	黄龙河	62046300	青杠树	1958	河南省内乡县夏馆镇赵庄村	111°48′	33°25′	
114	唐白河	湍河	62046500	后会	1953	河南省内乡县七里坪乡柏凹村	111°49′	33°18′	
115	唐白河	湍河	62046600	赤眉	1966	河南省内乡县赤眉镇黄岗村	111°48′	33°12′	
116	唐白河	丹水河	62046700	丹水	1954	河南省西峡县丹水乡街北	111°40′	33°13′	
117	唐白河	阳城河	62046800	阳城	1967	河南省西峡县阳城乡阳城村	111°41′	33°17′	
118	唐白河	长城河	62046900	赵店	1967	河南省内乡县阳城关花园	111°51′	33°03′	1982 年撤销
119	唐白河	湍河	62047000	内乡	1951	河南省内乡县城关镇花园村	111°51′	33°03′	1937～1945 年有资料,刊为赤眉站
120	唐白河	黄水河	62047100	黄营	1976	河南省内乡县赵店乡黄营	111°45′	33°05′	
121	唐白河	默河	62047200	马山口	1956	河南省内乡县马山口镇朱岗	112°00′	33°13′	
122	唐白河	默河	62047300	王店	1976	河南省内乡县王店乡黄河村	111°57′	33°08′	
123	唐白河	湍河	62047400	杨砦	1967	河南省邓县十林乡夏庄	111°52′	32°56′	1986 年撤销
124	唐白河	湍河	62047500	张村	1976	河南省邓州市张村乡张北村	111°55′	32°51′	
125	唐白河	湍河	62047600	邓县	1967	河南省邓县东城办事处南桥店	112°06′	32°41′	1931～1937 年、1946～1948 年有资料
126	唐白河	西赵河	62047700	正南沟	1971	河南省镇平县二龙乡正南沟	112°10′	33°18′	原为径流实验站,1980 年撤销
127	唐白河	西赵河	62047800	红崖	1971	河南省镇平县二龙乡红崖	112°10′	33°17′	原为径流实验站,1980 年撤销
128	唐白河	西赵河	62047900	高峰	1967	河南省镇平县二龙乡石庙村	112°11′	33°17′	
129	唐白河	西赵河	62048000	前房	1971	河南省镇平县二龙乡前房村	112°11′	33°14′	原为径流实验站,1980 年撤销

序号	水系	河名	测站编码	站名	设站时间	观测场地址	坐标		附注
							东经	北纬	
130	唐白河	西赵河	62048100	后河	1970	河南省镇平县二龙乡后河	112°12′	33°12′	原为径流实验站,1980年撤销
131	唐白河	西赵河	62048200	二潭	1963	河南省镇平县二龙乡二潭庙	112°13′	33°17′	
132	唐白河	西赵河	62048300	柳树底	1985	河南省镇平县二龙乡柳树底	112°14′	33°15′	
133	唐白河	西赵河	62048400	杏山	1967	河南省镇平县二龙乡碾坪村	112°09′	33°14′	
134	唐白河	西赵河	62048500	棠梨树	1966	河南省镇平县二龙乡棠梨树村	112°10′	33°10′	
135	唐白河	西赵河	62048600	赵湾	1960	河南省镇平县石佛寺赵湾水库	112°09′	33°07′	1974年撤销
136	唐白河	西赵河	62048700	镇平	1951	河南省镇平县城关镇北关	112°15′	33°02′	1931~1938年有资料,1958年停测,1961年恢复
137	唐白河	严陵河	62048800	高丘	1954	河南省镇平县高丘乡高丘	112°08′	33°18′	1956年停测,1960年恢复,1961年撤销
138	唐白河	严陵河	62048900	芦医	1967	河南省镇平县芦医乡芦医街南	112°03′	33°06′	1971年无资料
139	唐白河	严陵河	62049000	贾宋	1967	河南省镇平县贾宋乡黑龙庙村	112°03′	32°57′	
140	唐白河	严陵河	62049100	大王集	1956	河南省邓县夏集乡大王集村	112°04′	32°49′	
141	唐白河	严陵河	62049200	白牛	1976	河南省邓县白牛乡故事桥村	112°12′	32°45′	
142	唐白河	湍河	62049300	湍滩	1951	河南省邓县湍滩镇廖寨村	112°16′	32°41′	
143	唐白河	沙河	62049400	常营	1972	河南省镇平县遮山乡倒座堂	112°19′	33°00′	
144	唐白河	淇河	62049450	裴庄	1972	河南省镇平县安子营乡裴庄	112°17′	32°56′	1982年撤销
145	唐白河	礓石河	62049500	秦营	1977	河南省镇平县彭营乡秦营	112°24′	32°56′	部分年份河名刊为江石河,1982年撤销
146	唐白河	礓石河	62049600	袁场	1972	河南省南阳县青华乡袁场	112°20′	32°55′	部分年份河名刊为江石河,1984年撤销
147	唐白河	礓石河	62049700	华张庄	1972	河南省南阳县潦河乡华张庄	112°22′	32°54′	部分年份河名刊为江石河,1982年撤销
148	唐白河	礓石河	62049800	下潘营	1972	河南省南阳县青华乡华寨	112°23′	32°50′	部分年份河名刊为江石河
149	唐白河	礓石河	62049900	小官寺	1972	河南省南阳县英庄乡小官寺	112°25′	34°48′	部分年份河名刊为江石河,1982年撤销
150	唐白河	礓石河	62050000	粮东	1966	河南省邓县粮东镇粮东	112°17′	32°51′	部分年份河名刊为江石河
151	唐白河	礓石河	62050100	青华	1993	河南省南阳市卧龙区青华乡青华村	112°20′	32°54′	1993年测站站码为62050150,部分年份河名刊为江石河
152	唐白河	礓石河	62050150	油李寨	1972	河南省邓县元庄公社油李寨	112°16′	32°47′	部分年份河名刊为江石河,1996年撤销
153	唐白河	礓石河	62050200	礓石河	1972	河南省新野县歪子乡王小桥	112°21′	32°43′	部分年份河名刊为江石河,1993年无资料,1996年撤销
154	唐白河	运粮河	62050300	桑庄	1976	河南省邓县歪子乡桑庄	112°13′	32°36′	
155	唐白河	白河	62050400	沙堰	1976	河南省新野县沙堰乡孟营	112°28′	32°38′	

序号	水系	河名	测站编码	站名	设站时间	观测场地址	坐标		附注
							东经	北纬	
156	唐白河	白河	62050500	新野	1951	河南省新野县城郊乡西乱庄	112°21′	32°32′	1931~1937年、1945~1948年有资料,1954年停测,1967年4月恢复
157	唐白河	刁河	62050600	蚱岫	1955	河南省内乡县蚱岫乡蚱岫	111°42′	32°59′	2006年改为蚱曲
158	唐白河	刁河	62050700	时家庄	1967	河南省内乡县师岗乡时家庄	111°44′	32°55′	部分年份河名刊为庞山河,石家庄站,1982年撤销
159	唐白河	刁河	62050800	苇集	1954	河南省内乡县瓦亭乡邮电局	111°42′	32°53′	
160	唐白河	山河	62050900	刘楼	1963	河南省内乡县瓦亭乡刘楼	111°40′	32°56′	1969年以前刊为袁营站,1968年无资料,1985年撤销
161	唐白河	刁河	62051000	半店	1954	河南省邓县九龙乡姚营村	115°10′	32°43′	
162	唐白河	刁河	62051100	刁河店	1951	河南省邓县刁河店村	112°07′	32°45′	1954年5月撤销
163	唐白河	刁河	62051200	构林	1976	河南省邓县构林镇构林	112°07′	32°30′	
164	唐白河	白河	62051300	新店铺	1953	河南省新野县新店铺镇	112°18′	32°25′	
165	唐白河	十里河	62051400	袁老家	1976	河南省南阳县溧河乡袁老家	112°37′	32°55′	1985年撤销
166	唐白河	赵河	62051700	维摩寺	1976	河南省方城县四里店乡维摩寺	112°51′	33°22′	
167	唐白河	大冲河	62051800	赵庄	1966	河南省方城县柳河乡后赵庄	112°47′	33°22′	
168	唐白河	赵河	62051900	罗汉山	1960	河南省方城县袁店乡袁店庄	112°51′	33°16′	
169	唐白河	赵河	62052000	平高台	1976	河南省方城县赵河乡平高台	112°53′	33°09′	
170	唐白河	潘河	62052100	杨集	1966	河南省方城县杨集乡杨集街	113°00′	33°21′	
171	唐白河	潘河	62052200	方城	1951	河南省方城县城关镇交通街	113°01′	33°15′	1935年、1940年、1941年有资料
172	唐白河	江石拉河	62052300	望花亭	1960	河南省方城县二郎庙乡望花亭	113°03′	33°12′	1961~1964年无资料,1965年5月恢复
173	唐白河	沙河	62052400	陌陂	1976	河南省社旗县陌陂乡街北	113°02′	33°06′	
174	唐白河	唐河	62052500	社旗	1951	河南省社旗县郝寨镇年庄村	112°58′	33°01′	1966年以前刊为赊旗镇站
175	唐白河	掉枪河	62052600	青台	1976	河南省社旗县青台乡青台	112°54′	32°56′	1985年撤销
176	唐白河	唐河	62052700	半坡	1976	河南省社旗县李店乡半坡村	112°54′	32°51′	
177	唐白河	沘河	62052800	华山	1961	河南省泌阳县羊册乡华山水库	113°19′	33°05′	部分年份河名刊为比河
178	唐白河	饶良河	62052900	酒店	1976	河南省社旗县东升乡酒店	113°08′	33°05′	1985年撤销
179	唐白河	饶良河	62053000	郭集	1976	河南省泌阳县郭集乡郭集	113°07′	32°59′	1985年撤销
180	唐白河	饶良河	62053100	饶良	1955	河南省社旗县饶良乡饶良	113°03′	32°53′	
181	唐白河	饶良河	62053200	坑黄	1966	河南省社旗县下洼乡坑黄	113°05′	33°00′	

序号	水系	河名	测站编码	站名	设站时间	观测场地址	坐标		附注
							东经	北纬	
182	唐白河	十八道河	62053300	闵庄	1962	河南省泌阳县大路庄乡陶庄	113°37′	32°52′	
183	唐白河	十八道河	62053400	羊进冲	1967	河南省泌阳县大路庄乡羊进冲	113°37′	32°49′	
184	唐白河	十八道河	62053500	邓庄铺	1955	河南省泌阳县大路庄乡庙上村	113°36′	32°47′	
185	唐白河	铜山沟	62053600	铜峰	1975	河南省泌阳县大路庄乡凤凰山村	113°35′	32°44′	
186	唐白河	十八道河	62053700	宋家场	1956	河南省泌阳县高邑乡宋家场水库	113°32′	32°46′	
187	唐白河	柳河	62053800	柳河	1959	河南省泌阳县大路庄乡茨园	113°33′	32°52′	1960 年停测,1976 年恢复
188	唐白河	柳河	62053900	王店	1966	河南省泌阳县王店乡下坡村	113°29′	32°48′	
189	唐白河	马沙河	62054000	马谷田	1966	河南省泌阳县马谷田乡马谷田村	113°29′	32°40′	
190	唐白河	泌河	62054100	二铺	1976	河南省泌阳县杨集乡二铺村	113°23′	32°48′	
191	唐白河	石门沟	62054200	高庄	1966	河南省泌阳县陈庄乡栗园村	113°22′	32°39′	
192	唐白河	泌河	62054300	泌阳	1951	河南省泌阳县泌水镇邱庄村	113°18′	32°43′	1931～1937 年有资料
193	唐白河	甜水河	62054400	丰山	1976	河南省泌阳县陈庄乡丰山水库	113°17′	32°37′	1985 年撤销
194	唐白河	洪水	62054500	郭庄	1976	河南省泌阳县双苗乡老吕庄	113°12′	32°37′	1985 年撤销
195	唐白河	温凉河	62054600	羊册	1953	河南省泌阳县羊册镇	113°10′	33°04′	1957 年、1958 年无资料,1962 年撤销
196	唐白河	梁河	62054700	官庄	1967	河南省泌阳县官庄乡官庄村	113°18′	32°53′	
197	唐白河	温凉河	62054800	少拜寺	1976	河南省唐河县少拜寺乡少拜寺村	113°08′	32°48′	
198	唐白河	泌阳河	62054900	大河屯	1956	河南省唐河县大河屯乡乔庄村	113°04′	32°44′	部分年份河名刊为泌河
199	唐白河	小清河	62055000	武砦	1966	河南省南阳市宛城区红泥湾乡武砦	112°43′	33°06′	部分年份河名刊为桐河
200	唐白河	小清河	62055100	三户寨	1976	河南省南阳县红泥湾乡三户寨	112°45′	33°01′	1985 年撤销
201	唐白河	桐河	62055200	高庙	1959	河南省南阳县高庙乡高庙	112°47′	32°58′	1985 年撤销
202	唐白河	桐河	62055300	桐河	1962	河南省唐河县桐河乡申庄村	112°46′	32°53′	
203	唐白河	唐河	62055400	唐河	1951	河南省唐河县城关镇西关	112°49′	32°42′	1931～1937 年、1947 年、1948 年有资料
204	唐白河	三夹河	62055500	新城	1963	湖北省随县新城镇新城村	113°12′	32°21′	1963 年年鉴刊为 1962 年设站,但 1962 年无资料
205	唐白河	栗沟	62055600	太山庙	1971	河南省桐柏县程湾乡太山庙	113°08′	32°24′	1971 年年鉴刊为 1970 年设站,但 1970 年年鉴无资料,1975 年撤销
206	唐白河	三夹河	62055700	吴井	1966	河南省桐柏县程湾乡吴井	113°07′	32°27′	1966 年叫吴沟
207	唐白河	越沟	62055800	小河南	1971	河南省桐柏县程湾乡小河南	113°06′	32°26′	1971 年年鉴刊为 1970 年设站,但 1970 年年鉴无资料,1975 年撤销

序号	水系	河名	测站编码	站名	设站时间	观测场地址	坐标		附注
							东经	北纬	
208	唐白河	寨沟	62055900	下寨沟	1971	河南省桐柏县程湾乡下寨沟	113°07′	32°29′	1971 年年鉴刊为 1970 年设站,但 1970 年年鉴无资料,1975 年撤销
209	唐白河	大磨沟	62056000	大张庄	1971	河南省桐柏县程湾乡大张庄	113°07′	32°27′	1971 年年鉴刊为 1970 年设站,但 1970 年年鉴无资料,1975 年撤销
210	唐白河	鸿仪河	62056100	鸿仪河	1962	河南省桐柏县鸿仪河乡石头庙村	113°13′	32°28′	1962 年河名刊为洪义河
211	唐白河	鸿鸭河	62056200	二郎山	1962	河南省桐柏县大河乡下堰村	113°17′	32°35′	1975 年停测,1986 年恢复
212	唐白河	三夹河	62056300	平氏	1953	河南省桐柏县埠江镇前埠村	113°03′	32°33′	
213	唐白河	丑河	62056400	大张庄	1974	河南省唐河县马振扶乡大张庄	112°59′	32°23′	1977 年、1980 年无资料,1985 年撤销
214	唐白河	丑河	62056500	张马店	1976	河南省唐河县祁仪乡张马店	112°55′	32°25′	1976 年年鉴错刊为 1974 年,1980 年停测,1982 年恢复
215	唐白河	丑河	62056600	前庄	1976	河南省唐河县马振扶乡前庄	112°57′	32°28′	1976 年年鉴错刊为 1974 年,1980 年撤销
216	唐白河	丑河	62056700	郭桥	1976	河南省唐河县马振扶乡郭桥	112°58′	32°28′	1976 年年鉴错刊为 1975 年,1980 年撤销
217	唐白河	丑河	62056800	虎山	1976	河南省唐河县马振扶乡小李园	113°00′	32°32′	1976 年年鉴错刊为 1974 年,1980 年撤销
218	唐白河	江河	62056900	安棚	1976	河南省桐柏县安棚乡季岗	113°09′	32°35′	
219	唐白河	江河	62057000	毕店	1976	河南省唐河县毕店乡毕店	113°03′	32°28′	
220	唐白河	清水河	62057100	祁仪	1960	河南省唐河县祁仪乡祁仪	112°53′	32°29′	1960 年年鉴为 1958 年设站,从该年起有资料,1970 年停测,1976 年 5 月恢复
221	唐白河	清水河	62057200	耸岗	1976	河南省唐河县耸岗乡耸岗	112°51′	32°35′	
222	唐白河	唐河	62057300	黑龙镇	1976	河南省唐河县黑龙镇乡黑龙镇	112°42′	32°30′	1985 年撤销
223	唐白河	唐河	62057400	郭滩	1956	河南省唐河县郭滩镇	112°39′	32°53′	
224	唐白河	涧河	62057500	大路张	1967	河南省南阳市宛城区汉冢乡大路张	112°41′	32°51′	
225	唐白河	涧河	62057600	白秋	1967	河南省唐河县张店镇白秋	112°39′	32°43′	
226	唐白河	涧河	62057700	忽桥	1967	河南省南阳市宛城区官庄乡忽桥	112°35′	32°41′	
227	唐白河	蓼阳河	62057800	湖阳	1953	河南省唐河县湖阳镇湖阳村	112°47′	32°25′	
228	唐白河	唐河	62057900	苍台	1976	河南省唐河县苍台乡苍台	112°31′	32°25′	部分年份刊为仓台站
229	唐白河			南召	1932	河南省南召县崔庄乡二道河村	112°24′	33°39′	仅刊布 1934 年、1935 年资料,1938 年撤销
230	唐白河	庞山河		袁营	1963	河南省内乡县瓦亭乡袁营村	111°34′	33°04′	1970 年撤销
231	唐白河	湍河		朱庄	1966	河南省内乡县七里坪乡杨庄村	111°55′	33°22′	1969 年撤销
232	唐白河	清水河		宋庄	1958	河南省唐河县祁仪镇宋庄	112°04′	32°32′	1966 年撤销

四、部分站水准基面关系及水位改正数表

长江流域水准基面关系及水位改正数表

水系	河名	站名	起讫时间 (年-月)	原刊资料的 基面名称及 系统	原刊基面与 冻结基面之 差(m)	冻结基面与绝对基面 的高差(m)		用绝对基面表示的水位 改正数(m)		备注
						吴淞(平差)	黄海	吴淞(平差后)	黄海	
唐白河	丹江	荆紫关	1954-01～1959-06	长委吴淞	0.000	-0.265	—	-0.265	—	荆紫关(李家营)站改名,水尺仍在原处
	丹江	荆紫关	1958-01～1965-12	长委吴淞	0.000	-0.265	—	-0.265	—	1958年6月起基本水尺上迁400 m
	丹江	白渡滩	1953-01～1954-12	长委吴淞	0.000	-0.265	-2.044	-0.265	-2.044	
	丹江	白渡滩	1955-01～1965-12	长委吴淞	0.000	-0.265	-2.044	-0.265	-2.044	
	唐白河	董坡	1965-01～1965-12	平差吴淞	0.000	0.000	-1.771	0.000	-1.771	1955年6月起基本水尺上迁100 m
	白河	鸭河口(库内)	1961-01～1965-12	平差吴淞	0.000	0.000	-1.772	0.000	-1.772	
	白河	蒲山店	1962-09～1965-12	平差吴淞	0.000	0.000	-1.774	0.000	-1.774	
	白河	南阳	1951-03～1962-12	长委吴淞	0.000	-0.289	—	-0.289	—	
	白河	南阳	1965-01～1965-12	长委吴淞	0.000	-0.289	—	-0.289	—	
	白河	新店铺	1953-05～1965-12	长委吴淞	0.000	-0.289	-2.081	-0.289	-2.081	
	唐河	唐河	1951-05～1965-12	长委吴淞	0.000	-0.289	—	-0.289	—	
	唐河	郭滩	1965-05～1965-12	吴淞	0.000	+0.148	-1.635	+0.148	-1.635	
	泌阳	泌阳(西关)	1954-01～1954-12	假定	+47.798	+0.016	-1.762	+47.814	+46.036	
	泌阳	泌阳	1955-01～1956-12	假定	+47.798	+0.016	-1.762	+47.814	+46.036	
	泌阳	泌阳	1957-01～1965-12	吴淞	0.000	+0.016	-1.762	+0.016	-1.762	系泌阳(西关)站改名,水尺仍在原处
	桐河	桐河	1962-03～1965-12	平差吴淞	0.000	0.000	-1.777	0.000	-1.777	冻结基面第一次平差吴淞系数,较第二次平差吴淞基面系统高0.016 m

淮河流域水准基面关系及水位改正数表

河名	站名	资料年份	刊布资料所用基面	换算为废黄河口（精密高）时需用订正数	刊布机关	备注
淮河	大坡岭	1952~1953	废黄河口	+1.372	水利部治淮委员会	
		1954~1955	废黄河口（精密高）	-0.001	水利部治淮委员会	
	平昌关	1951	假定	-6.988	水利部治淮委员会	
		1952~1953	废黄河口	+0.383	水利部治淮委员会	
		1954~1955	废黄河口（精密高）	0.000	水利部治淮委员会	
	长台关	1950~1951	假定	26.600	水利部治淮委员会	
		1952	废黄河口	0.262	水利部治淮委员会	
		1953~1955	废黄河口（精密高）	0.000	水利部治淮委员会	
	江湾	1952	废黄河口	0.292	水利部治淮委员会	
		1953~1955	废黄河口（精密高）	0.000	水利部治淮委员会	
	息县	1950~1951	假定	-1.314	水利部治淮委员会	
		1952	废黄河口	0.139	水利部治淮委员会	
		1953~1955	废黄河口（精密高）	0.000	水利部治淮委员会	
	踅子集	1951	假定	-15.010	水利部治淮委员会	
		1952	废黄河口	-0.016	水利部治淮委员会	
		1953~1955	废黄河口（精密高）	-0.002	水利部治淮委员会	
	淮滨	1952	废黄河口	0.182	水利部治淮委员会	
		1953~1955	废黄河口（精密高）	-0.018	水利部治淮委员会	
	洪河口	1950~1951	废黄河口	0.555	水利部治淮委员会	
		1952	废黄河口	0.167	水利部治淮委员会	
		1953~1955	废黄河口（精密高）	-0.019	水利部治淮委员会	
	三河尖	1939~1949	废黄河口	0.150	水利部治淮委员会	
		1950~1952	废黄河口	0.127	水利部治淮委员会	
		1953~1955	废黄河口（精密高）	0.000	水利部治淮委员会	

河名	站名	资料年份	刊布资料所用基面	换算为废黄河口(精密高)时需用订正数	刊布机关	备注
淮河	南湾	1951	假定	−18.628	水利部治淮委员会	
		1952～1953	废黄河口	0.022	水利部治淮委员会	
		1954～1955	废黄河口(精密高)	0.000	水利部治淮委员会	
	陡山冲	1952～1953	废黄河口	0.230	水利部治淮委员会	
		1954	废黄河口(精密高)	0.000	水利部治淮委员会	
	竹竿铺	1952～1953	废黄河口	0.197	水利部治淮委员会	
		1954～1955	废黄河口(精密高)	0.000	水利部治淮委员会	
	罗山	1952～1953	废黄河口	0.268	水利部治淮委员会	
		1954～1955	废黄河口(精密高)	0.009	水利部治淮委员会	
	寨河	1953～1955	废黄河口(精密高)	−0.008	水利部治淮委员会	
	龙山	1952	废黄河口	−0.138	水利部治淮委员会	
		1953～1955	废黄河口(精密高)	0.000	水利部治淮委员会	
	潢川	1951	假定	13.893	水利部治淮委员会	
		1952～1953	废黄河口	−0.080	水利部治淮委员会	
		1954～1955	废黄河口(精密高)	0.000	水利部治淮委员会	
	石漫滩(库内)	1952～1953	假定	−468.813	水利部治淮委员会	
		1954～1955	废黄河口(精密高)	−0.001	水利部治淮委员会	
	石漫滩(库外)	1952～1953	假定	−468.813	水利部治淮委员会	
		1954～1955	废黄河口(精密高)	−0.001	水利部治淮委员会	
	杨庄	1954～1955	废黄河口(精密高)	−0.001	水利部治淮委员会	
	桂李	1954	废黄河口(精密高)	−0.001	水利部治淮委员会	1955年改为观测老王坡进水口
	陈坡寨	1953～1955	废黄河口(精密高)	0.000	水利部治淮委员会	

河名	站名	资料年份	刊布资料所用基面	换算为废黄河口(精密高)时需用订正数	刊布机关	备注
淮河	新蔡	1950	废黄河口	1.983	水利部治淮委员会	
		1951	废黄河口	0.130	水利部治淮委员会	
		1952	废黄河口	0.135	水利部治淮委员会	
		1953~1955	废黄河口(精密高)	0.005	水利部治淮委员会	
	班台	1951~1952	废黄河口	0.084	水利部治淮委员会	
		1953~1955	废黄河口(精密高)	0.000	水利部治淮委员会	
	板桥(库内)	1953~1955	假定	55.858	水利部治淮委员会	
	板桥(库外)	1951~1954.5.31	假定	55.858	水利部治淮委员会	本站1954年6月1日迁至输水道观测,迁之前订正数为55.865,迁移后订正数为55.858
		1954.6.1~1955	假定	55.859	水利部治淮委员会	
	遂平	1951~1952	废黄河口	-1.314	水利部治淮委员会	
		1953	废黄河口(精密高)	0.000	水利部治淮委员会	
		1954~1955	废黄河口(精密高)	-0.001	水利部治淮委员会	
	汝南	1951~1953	废黄河口	0.068	水利部治淮委员会	
		1954~1955	废黄河口(精密高)	0.000	水利部治淮委员会	
	薛庄	1952	废黄河口	0.120	水利部治淮委员会	
		1953	废黄河口(精密高)	0.038	水利部治淮委员会	
		1954~1955	废黄河口(精密高)	0.000	水利部治淮委员会	
	三岔口	1952	废黄河口	0.082	水利部治淮委员会	本站1955年撤销
		1953~1954	废黄河口(精密高)	0.000	水利部治淮委员会	
	羊楼	1954~1955	废黄河口(精密高)	0.000	水利部治淮委员会	
	薄山(库外)	1952~1953	假定	41.588	水利部治淮委员会	
		1954~1955	废黄河口(精密高)	0.000	水利部治淮委员会	
	邢河集	1951~1953	假定	-1.518	水利部治淮委员会	
		1954~1955	废黄河口(精密高)	0.000	水利部治淮委员会	

河名	站名	资料年份	刊布资料所用基面	换算为废黄河口(精密高)时需用订正数	刊布机关	备注
淮河	陈湾	1954~1955	废黄河口(精密高)	-0.004	水利部治淮委员会	
	双轮河	1952~1953	废黄河口(精密高)	-0.016	水利部治淮委员会	
	北庙集	1951	假定	1.237	水利部治淮委员会	
		1952	废黄河口	0.133	水利部治淮委员会	
		1953~1955	废黄河口	0.126	水利部治淮委员会	
史河	固始	1935~1947	废黄河口	0.854	水利部治淮委员会	
		1950~1951	废黄河口	0.854	水利部治淮委员会	
		1952	废黄河口	0.138	水利部治淮委员会	
		1953~1955	废黄河口(精密高)	0.000	水利部治淮委员会	
	蒋家集	1951~1953	废黄河口	0.162	水利部治淮委员会	
灌河	鲢鱼山	1952~1955	废黄河口	0.299	水利部治淮委员会	
	丁家埠	1952~1953	废黄河口	0.153	水利部治淮委员会	
颖河	曲河	1954~1955	假定	138.660	水利部治淮委员会	由告成站告水 B.M 引来改正
	白沙	1951~1953	假定	100.916	水利部治淮委员会	
		1954~1955	废黄河口(精密高)	-0.002	水利部治淮委员会	
	禹县	1951~1953	假定	52.314	水利部治淮委员会	
		1954~1955	废黄河口(精密高)	0.000	水利部治淮委员会	
	杜曲	1954~1955	废黄河口(精密高)	0.000	水利部治淮委员会	杜曲站1935~1937年、1942年、1943年、1947年、1950年无法更正
沙河	逍遥(沙)	1954~1955	废黄河口(精密高)	0.000	水利部治淮委员会	逍遥站1950年资料无法考证
颖河	逍遥(颖)	1954~1955	废黄河口(精密高)	0.000	水利部治淮委员会	
颖河	崔庄	1954~1955	废黄河口(精密高)	0.000	水利部治淮委员会	
	水寨	1953	废黄河口	1.204	水利部治淮委员会	
		1954~1955	废黄河口(精密高)	0.000	水利部治淮委员会	
驸马沟	水寨	1953	废黄河口	1.204	水利部治淮委员会	
		1954~1955	废黄河口(精密高)	0.000	水利部治淮委员会	

河名	站名	资料年份	刊布资料所用基面	换算为废黄河口（精密高）时需用订正数	刊布机关	备注
沙河	下汤	1951～1952	假定	88.014	水利部治淮委员会	
		1953～1955	废黄河口（精密高）	－0.002	水利部治淮委员会	
	叶县	1951-01～1951-08	假定	20.488	水利部治淮委员会	
		1951-08～1952	假定	20.474	水利部治淮委员会	
		1953～1955	废黄河口（精密高）	－0.002	水利部治淮委员会	
	胡庄	1953	废黄河口	1.485	水利部治淮委员会	
	漯河	1942～1947	第二假定	－39.711	水利部治淮委员会	
		1950～1951	第三假定	8.743	水利部治淮委员会	
		1952	废黄河口	1.349	水利部治淮委员会	
		1953～1955	废黄河口（精密高）	0.000	水利部治淮委员会	
汝河	紫罗山	1953～1955	废黄河口（精密高）	－0.002	水利部治淮委员会	
	襄城	1941～1944	第一假定	－18.817	水利部治淮委员会	
澧河	孤石滩	1952～1953	假定	43.433	水利部治淮委员会	
		1954～1955	废黄河口（精密高）	－0.002	水利部治淮委员会	
	下魏	1952	废黄河口	1.309	水利部治淮委员会	
		1953	废黄河口	－0.050	水利部治淮委员会	
		1954～1955	废黄河口（精密高）	－0.002	水利部治淮委员会	
贾鲁河	扶沟	1950	假定	3.538	水利部治淮委员会	
		1951～1952	假定	3.338	水利部治淮委员会	
		1953	废黄河口	1.760	水利部治淮委员会	
		1954～1955	废黄河口（精密高）	0.000	水利部治淮委员会	
双洎河	新郑	1950～1953	假定	－0.035	水利部治淮委员会	
		1954～1955	废黄河口（精密高）	0.000	水利部治淮委员会	
	西孟亭	1952	假定	1.660	水利部治淮委员会	
		1953	假定	1.666	水利部治淮委员会	
		1954～1955	废黄河口（精密高）	0.000	水利部治淮委员会	

表

河名	站名	资料年份	刊布资料所用基面	换算为废黄河口(精密高)时需用订正数	刊布机关	备注
驸马沟	水寨	1954～1955	废黄河口(精密高)	0.000	水利部治淮委员会	
汾河	上城	1953	假定	2.989	水利部治淮委员会	
		1954	废黄河口(精密高)	0.000	水利部治淮委员会	
	爬头河	1953	废黄河口	0.835	水利部治淮委员会	本站精密高由王爷庙所测 B. M15 之精密高度引来得此改正数
		1954	废黄河口(精密高)	0.000	水利部治淮委员会	
	王爷庙	1953	废黄河口	1.019	水利部治淮委员会	1955年所用基点与1954年的 B. M15 关系不明，故不予以改正
		1954	废黄河口	0.150	水利部治淮委员会	
	王营	1953～1955	废黄河口	-0.082	水利部治淮委员会	本站改正数-0.082由王水 B. M. 1 高度42.650(精密高)引测与原高比较而得
	金庄	1954～1955	废黄河口(精密高)	0.000	水利部治淮委员会	
泉河(汾河区)	沈邱	1951	第一假定	-11.626	水利部治淮委员会	
		1952	第二假定	0.852	水利部治淮委员会	
		1953	第三假定	0.003	水利部治淮委员会	
		1954～1955	废黄河口(精密高)	0.000	水利部治淮委员会	
	大田集	1954～1955	废黄河口(精密高)	0.000	水利部治淮委员会	
谷河(汾河区)	邓湾	1953	假定	0.883	水利部治淮委员会	
		1954～1955	废黄河口(精密高)	0.000	水利部治淮委员会	
	胡寨	1953～1955	废黄河口	-0.007	水利部治淮委员会	
黑河(汾河区)	庄头	1953	假定	7.139	水利部治淮委员会	
		1954～1955	废黄河口(精密高)	0.000	水利部治淮委员会	
泥河(汾河区)	李五庄	1953	假定	-0.008	水利部治淮委员会	
		1954～1955	废黄河口(精密高)	0.000	水利部治淮委员会	
	崔寨	1953～1955	废黄河口	-0.052	水利部治淮委员会	
涡河	鹿邑	1951～1952	假定	1.307	水利部治淮委员会	

参 考 文 献

［1］ 长江水利委员会. 水文资料［Z］. 武汉：长江水利委员会,1950～1955.

［2］ 淮河水利委员会. 水文资料［Z］. 蚌埠：淮河水利委员会,1950～1955.

［3］ 黄河水利委员会. 水文资料［Z］. 郑州：黄河水利委员会,1950～1955.

［4］ 海河水利委员会. 水文资料［Z］. 天津：海河水利委员会,1950～1955.

［5］ 河北省水文水资源勘测局. 河北省水文年鉴. 1956～1990.

［6］ 山东省水文水资源勘测局. 山东省水文年鉴. 1956～1990.

［7］ 河南省水文水资源局. 河南省水文年鉴. 1956～1990.

［8］ 长江水利委员会. 长江水利委员会水文年鉴. 1956～1990.

［9］ 黄河水利委员会. 黄河水利委员会水文年鉴. 1956～1990.

［10］ 中华人民共和国水利部. 水文年鉴. 2006～2010.

［11］ 河南省水文水资源局. 河南省水文志. 2000.

［12］ 水利部水文局. 全国水文测站编码［M］. 武汉：长江出版社,2010.

［13］ 中华人民共和国水利部. SL 502—2010 水文测站代码编制码导测［M］. 北京：水利电力出版社,2011.

［14］ 中央人民政府水利部水文局. 水文资料整编方法. 1954.

［15］ 中华人民共和国水利电力部. 水文年鉴审编刊印暂行规范［M］. 北京：水利电力出版社,1964.

［16］ 中华人民共和国水利电力部. 水文测验手册［M］. 北京：水利出版社,1980.

［17］ 中华人民共和国水利电力部. SD 244—87 水文年鉴编印规范［M］. 北京：水利电力出版社,1988.

［18］ 中华人民共和国水利电力部. SD 247—1999 水文资料整编规范［M］. 北京：水利电力出版社,2000.

［19］ 中华人民共和国水利电力部. SD 247—1999 水文资料整编规范［M］. 北京：水利电力出版社,2000.

［20］ 中华人民共和国水利电力部. SD 247—2010 水文年鉴汇编刊印规范［M］. 北京：水利电力出版社,2009.